제2판

식품재료학

오상룡 · 강우원

보문각

• 공저자

오상룡(경북대학교)

강우원(경북대학교)

식품재료학 제2판

2판 2쇄발행 2024년3월26일
초판발행 2014년 5월 12일

지은이 오상룡·강우원
펴낸이 이호동
발행처 보문각
블로그 http://blog.naver.com/bomungak
e-mail bomungak@naver.com
주소 서울시 서초구 바우뫼로7길 세신상가 707호
등록번호 302-2003-00085
전화 02)468-0457
팩스 02)468-0458

값 15,000원

ISBN 978-89-6220-331-8 93570

책머리에

전통식품의 산업화를 위해 한창 공부할 때 우리나라 아니 세계에서 가장 된장의 맛이 좋다는 통도사 축서암에 된장 담그는 비법을 공부하러 간 적이 있었다. 그 때 가기 전에는 이번에 가서 좋은 된장을 담그는 여러 가지 방법들을 배워올 것이라는 기대를 가지고 출발하였으나 막상 거기에서 우리는 레시피를 배운 것이 아니라 정성을 다하는 방법을 배우고 왔다. 즉 된장을 담그는 원료에서부터 단계 단계마다 최선을 다해야 맛있는 된장이 될 수 있다는 이야기만 듣고 정작 만드는 방법에 대해서는 한마디도 배우지 못하고 돌아온 적이 있었다. 그 당시에는 그 말들이 그렇게 귀한 줄을 몰랐으나 10여년이 지나고서야 그것이 올바른 가르침이라는 것을 알게 되었다.

공산품은 물론 농수축산 가공품인 식품의 제조에서도 모두 원료가 제품 품질의 반이상을 차지하게 된다. 좋은 식품 재료를 생산되기 위해서는

첫째, 유전자 조작을 하지 않은 튼튼한 씨앗이 있어야 한다.
둘째, 생명체는 끊임없는 호흡작용을 하기 때문에 맑은 공기가 있는 곳이어야 한다.
셋째, 그 생명체들이 자라는데 필요한 오염되지 않은 물이 있어야 한다.
넷째, 제초제 등으로 오염되지 않은 좋은 땅에서 자라야 한다.
다섯째, 화학적 합성품이 아닌 양질의 영양성분이 있어야 한다.
여섯째, 그것을 기르는 맑은 기운을 가진 사람이 정성들여 관리하여야 한다.

우리는 가공용 재료를 육체의 눈으로 보고 평가하는 것의 한계를 극복하기 위해 여러 가지 물리, 화학, 기기적인 방법으로 품질을 측정 하여 그 재료의 품질을 평가 하게 된다. 그러나 과학적인 방법이라는 것들도 한계가 있다. 왜냐하면 소위 과학적인 방법은 물질의 에너지 값은 분석 할 수 있다고 하여도 그 원료가 갖는 비물질적인 에너지 값은 분석을 할 수 없기 때문이다.

예를 들면 우리 눈은 바싹 마른 변과 된장을 육안으로 구별하지 못한다. 그렇다고 그것을 맛을 보고 알 수도 없는 노릇이다. 그래서 우리는 보이지 않는 비물질의 에너지 값을 볼 수 있는 눈을 가져야 식품재료에 대한 정확한 판단이 가능하다.

그러기 위해서는 원료의 색, 향, 미와 조직감을 보고, 맛의 일어나고 사라짐을 보고 어리석은 마음을 없애게 되면 모든 태어난 것은 죽게 마련이다(生者必滅)는 것을 알 수 있고, 사람은 생노병사(生老病死), 사물은 생주이멸(生住異滅), 우주는 성주괴공(成住壞空)하는 것과 같음을 보는 힘을 기르자.

우리 조상들은 이세상은 항상 변화하는 것임을 보고 무상(無常)을, 모든 것은 관계성임을 보고 연기(緣起)를, 독립된 실체가 없음을 보고 무아(無我)를, 고정된 실체가 없음을 보고 공(空)을 알았다.

이 책을 준비하면서 사실 수년 전부터 우주 변화의 원리를 알고, 비물질의 에너지 값을 볼 수 있는 힘을 기르기 위한 부분을 마련하려고 노력하였으나 이 분야가 아직 세계적으로 시도된 바가 없어 참고 문헌이 전무하여 추가하지 못함을 아쉽게 생각하며 증보판에서 추가하려고 한다.

이 책을 읽은 모든 사람이 다 같이 직관력을 키워 마침내 비물질의 에너지 값을 볼 수 있는 힘을 기르기를 기원하며, 아울러 이 작은 책이 식품재료를 바로 보기위한 계기가 되길 바란다.

저자 일동

제1장 식품재료학이란

제2장 농산식품 재료

제4장 수산식품 재료

제5장 기타 식품재료 및 물질

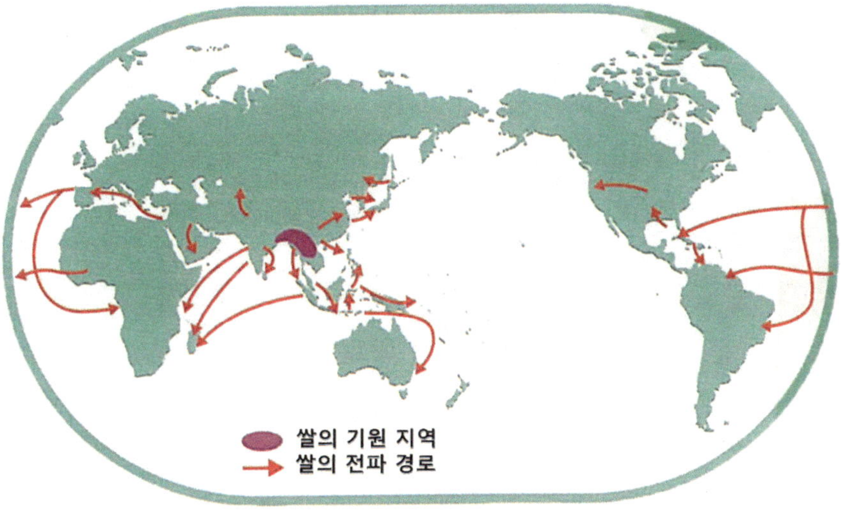

〈쌀의 전파도〉

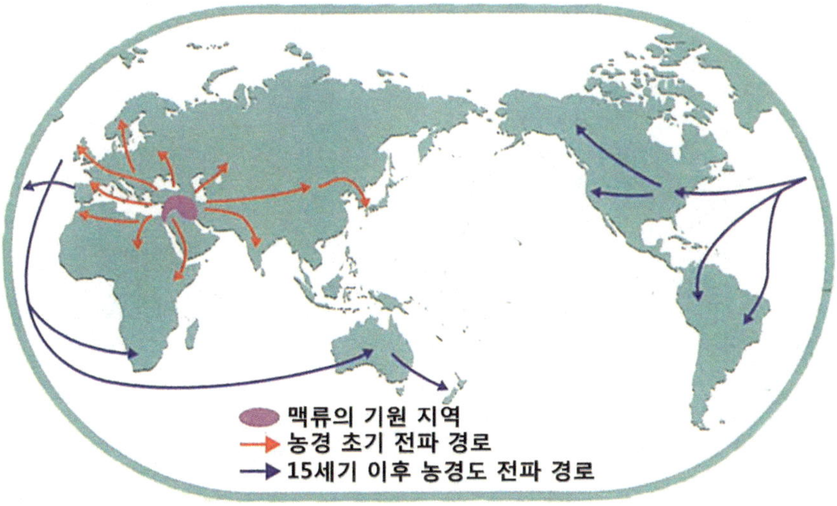

〈맥류의 전파도〉

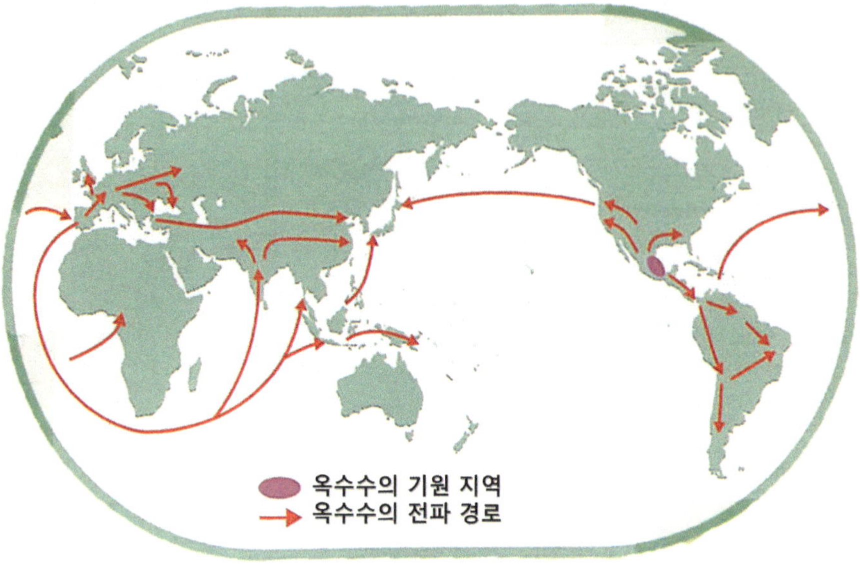

〈옥수수의 전파도〉

〈맥류의 전파도〉

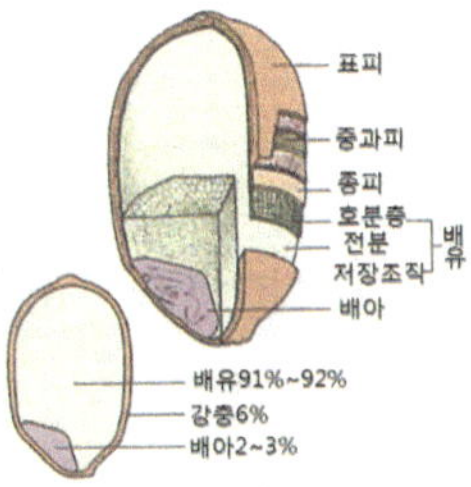

〈벼의 구조와 조직의 단면도〉

〈이삭 형태에 따른 분류(2조종과 6조종)〉

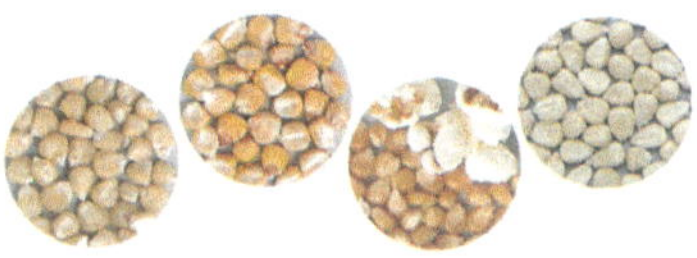

〈경립종, 마치종 폭렬종 나종〉

〈땅콩〉

〈팥과 녹두〉

〈고구마〉

〈참마와 카사바〉

〈콜리플라워, 브로콜리, 브루셀 스프라우트〉

〈시금치와 파〉

〈무우, 붉은색 무우, 알타리 무〉

〈당근과 마늘〉

〈양파〉

〈호박〉

〈가지의 형태에 따른 분류〉

〈토마토와 딸기〉

〈수박과 참외〉

〈배〉

〈감귤, 오렌지, 레몬〉

〈자두와 앵두〉

〈포도와 야생포도〉

〈표고버섯과 송이버섯〉

〈노루궁뎅이버섯과 트뤼플버섯〉

〈여러가지알과 오리알〉

〈참치와 참치살〉

〈명태알, 명태, 명태말린 것〉

〈가다랑어〉

〈가자미〉

〈고등어〉

〈꽁치〉

〈넙치〉

〈도루묵〉

〈상어와 상어지느러미 음식〉

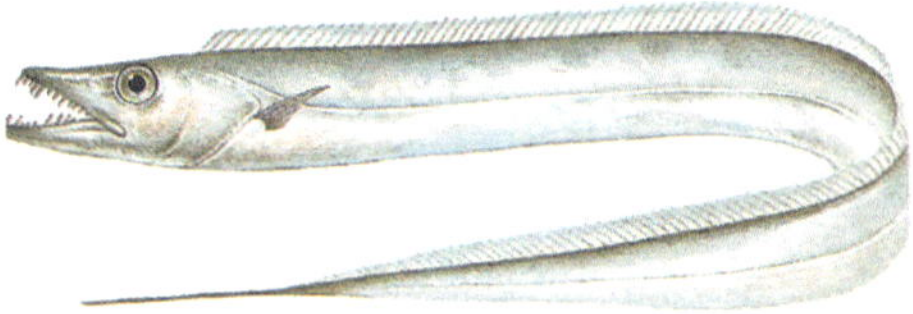

〈갈치〉

〈백합과 피조개〉

〈홍합〉

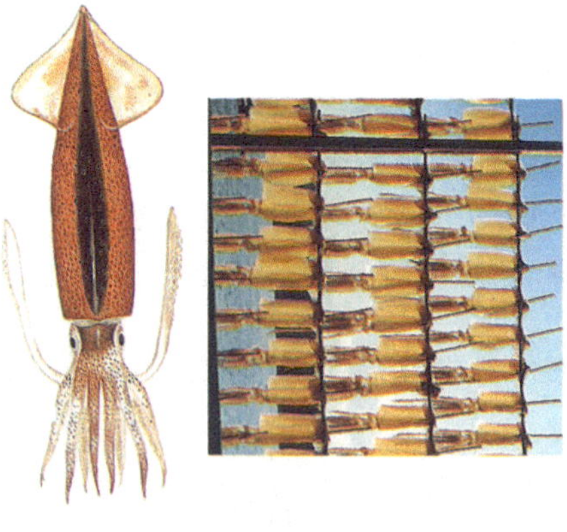

〈오징어와 오징어 말린 것〉

01 식품재료학이란

인간이 생명현상을 유지하고 일상생활을 영위하기 위해서는 에너지를 만들고 체형을 유지하는 등의 원동력이 되는 먹이를 필요로 한다. 즉, 먹이가 되는 물질인 여러 가지 영양소를 함유한 식품(food)을 섭취함으로써 생명현상을 유지할 수 있으므로 식품재료는 인간의 삶에서 매우 중요한 물질의 소재라 할 수 있다.

식품이란 인간에게 필요한 한 종류 이상의 영양소, 즉 탄수화물, 지방질, 단백질, 비타민, 무기질 등을 함유하고 유해물질이 들어 있지 않은 천연물 또는 가공물을 말한다. 식품이 갖는 기본적인 요소로는 영양성, 기호성, 안전성, 경제성 등을 들 수 있다. 그러나 식품이란 어느 정도의 가공공정을 거쳐서 식품이 갖추어야 할 조건들을 지니고 있어 직접 섭취할 수 있는 것을 말하지만, 식품이 갖추어야 할 조건을 지니고 있으나 직접 먹을 수 없는 상태의 것, 즉 가공되지 않은 것은 식품재료 혹은 식료품이라 한다. 예를 들면 쌀, 배추는 식품재료이고 밥과 김치는 식품이며 우유와 과일은 식품재료인 동시에 식품이라 할 수 있다.

식품재료는 대부분 동 · 식물체에서 얻어지는데, 이들 식품재료는 어떻게 생산되고 어디에서 생산되었는가에 따라서 그 구성성분이 각기 다르다. 또한 식품 내에 유리상태로 존재하기보다는 여러 가지 성분들이 서로 결합된 형태로 구성되어 있어 식품마다 다른 성질을 가지고 있다.

1. 식품재료의 분류

식품재료는 일상적인 식생활을 통해 주로 이용되고 있는 것으로 약 300여종에 달하며 분류 방법은 일반적으로 식품재료를 구성하는 성분에 의한 분류, 생산 출처에 의한 분류 두 가지로 분류할 수 있다.

1) 식품재료를 구성하는 성분에 의한 분류

식품재료의 일반성분은 다음과 같이 수분과 수분 이외의 고형분으로 나눌 수 있으며, 고형분은 유기물과 무기물로 나눈다.

일반성분은 수분, 탄수화물, 지방질, 단백질 등의 기본 성분과 무기질, 비타민 등의 미량 성분이 포함되는데, 이 일반성분들은 주로 열량을 내거나 체내의 신진대사를 수행하거나 하는 등의 영양적 가치가 있는 성분이다.

식품재료의 성분에는 일반성분 이외에 특수성분이 있다. 이 성분은 색, 향(냄새), 맛, 효소, 유독성분 등의 원인성분이 포함되어 있으며, 과거 이들 성분 가운데 색, 향, 맛 성분은 식품의 기호적 가치를 지니는 성분으로 인식되어 왔으나 근래에는 특수 성분이 갖는 기능성이 밝혀지면서 관심이 지대하게 높아지고 있다.

2) 생산 출처에 의한 분류

식품재료가 어디에서 생산되었는지 그 출처에 따라 다음과 같이 농산식품, 축산식품, 수산식품 그리고 기타 식품 네 가지로 분류할 수 있다. 기타 식품에서 식용유지인 식물성 기름은 농산식품에서, 동물성 기름은 축산식품에서 얻어진 소재이다.

2. 식품재료를 구성하는 성분

1) 식품의 일반성분

(1) 식품의 수분

수분, 즉 물은 동식물의 세포를 구성하는 중요한 성분이며, 또한 식품을 구성하는 성분이기 때문에 식품 속 물의 특성과 형태를 이해하는 것이 중요하다. 식품 중에 존재하는 물은 화학적, 미생물적으로 식품의 변질을 일으키는데, 이는 식품속의 수분을 제거하거나 동결시킴으로써 방지할 수 있다.

물은 음료수로서 사람에게 필요하며, 식품가공 및 조리에 많이 사용되고 있어 식품과 물의 관계는 매우 중요하다고 볼 수 있다.

식품 중의 수분이 식품에 미치는 영향을 살펴보면 다음과 같다.

- 식품의 구조나 형태에 영향을 준다.
- 맛과 씹는 느낌에 영향을 준다.
- 식품과 그 재료의 저장성이나 가공 및 수송 등에 영향을 준다.

물은 수소(H) 2원자와 산소(O) 1원자가 결합한 H_2O로 그 결합각은 104.5°로 정사면체의 각에 가까운 값이므로 각이 진 구조의 형태를 지닌 가장 간단한 화합물로 구성되어 있으며, 그 구조상 특징 때문에 분자 사이의 강한 인력에 의해 서로 당기는 성질을 가지고 있다.

전기음성도가 큰 산소는 공유 결합된 두 개의 수소원자로부터 전자를 끌어당기기 때문에 각 수소원자는 부분적으로 양전하(陽電荷)를 띠게 되고, 산소원자는 음전하(陰電荷)를 띠게 되는 양성화합물로서 전해질을 잘 용해하는 성질을 가지고 있다. 그리고 물 분자는 특유한 극성(極性)으로 인해 물 분자 사이에 수소 결합을 통해 회합하는 성질을 가지고 있다.

물은 자유수(自由水, free water)와 결합수(結合水, bound water) 두 형태로 존재한다. 자유수는 식품을 건조시키면 쉽게 제거되며, 0℃ 이하에서 어는 보통 형태의 물로 식품 중의 당류, 염류, 수용성 단백질 등을 용해하는 용매로 작용하는 물이다. 결합수는 탄수화물이나 단백질 분자의 일부분을 형성하는 물로서 이들 분자와의 수소 결합에 의하여 밀접하게 결합하고 있어 쉽게 분리되지 않는다. 또한 용매로 작용하지 못하며, 100℃ 이상 가열하여도 제거되지 않고, -18℃에서는 물론 -40℃ 이하에서도 잘 얼지 않는다. 그리고 결합수는 식품이나 동물 조직에 큰 압력을 가해도 제거되지 않으며, 미생물의 번식과 발아(發芽)에 이용되지 못하는 물이다.

(2) 탄수화물

탄수화물(炭水貨物, carbohydrate)은 주로 탄소(C), 수소(H), 산소(O) 세 개의 원소로 구성되어 있는 물질을 총칭한 것으로 인간이나 동물의 체내에서는 만들 수 없고, 식물의 탄소동화작용에 의해 만들어지는 곡류, 채소류, 과일류 등에 주로 함유되어 있다.

탄수화물은 칼로리를 내는 당질(糖質)과 칼로리를 내지 않는 섬유소(纖維素, cellulose)로 구분된다.

당질은 당 또는 체내에서 분해하여 당을 생성시킬 수 있는 물질을 뜻한다. 예를 들면 우리가 주식으로 하는 쌀, 보리, 밀 등의 곡류를 밥이나 빵, 국수 등으로 만들어서 섭취하면 체내에서 포도당인 단당류(單糖類)로 분해 흡수되어 에너지원으로 이용되는데, 포도당은 자동차로 비유하면 원동력이 되는 휘발유라 할 수 있다.

포도당으로 분해되지 않은 상태, 즉 단당류가 다수 결합된 상태의 물질인 곡류를 다당류(多糖類)라 하며, 이를 흔히 녹말(전분)이라 한다.

단당류에는 포도당 이외에 과일과 벌꿀에 주로 들어 있는 과당과 우유 중 유당의 구성성분인 갈락토오스(galactose) 등이 있다.

이당류는 단당류가 두 개 결합된 당으로 설탕(포도당+과당), 맥아당(포도당+포도당), 유당(갈락토오스+포도당) 등이 있으며, 이밖에 단당류가 3~10개 결합된 소당류가 있다.

섬유소는 식물의 잎, 줄기 등에 함유되어 있는 성분으로 인간의 체내에서는 소화되지 않아 에너지원으로 이용되지 않지만 장관 내에서 장을 자극하는 연동작용을 하여 배설을 용이하게 하므로 변비 예방에 효과가 있다. 뿐만 아니라 칼로리가 없어 이들 섬유소가 많이 들어 잇는 채소류, 나물류, 과일류 등을 섭취하면 만복감을 느끼게 해주어 다이어트 식품으로 각광을 받고 있다.

초식동물은 섬유소를 분해하는 효소가 있어 섬유소를 분해하여 포도당을 생성해 이를 에너지원으로 이용할 뿐만 아니라 고기를 만들어 우리에게 제공하기도 한다.

화학구조상 여러 개의 OH기와 한 개 이상의 알데히드(aldehyde)기 또는 케톤(ketone)기를 가지고 있는 화합물을 총칭하여 탄수화물이라고 정의하고 있다.

탄수화물은 당류, 전분(澱粉, starch) 이외에 식물체의 주요 구성성분의 하나인 섬유소, 헤미셀룰로오스(hemicellulose) 등을 비롯하여 이밖에 각종 고무질 물질들(gums)이 있는데, 이들 물질들을 식품가공에 널리 이용하고 있다.

또한 당질은 에너지원이 되는 가장 중요한 물질로 체내에서 단당류인 포도당으로 소화된 후 소장에서 흡수되어 혈액으로 옮겨진다. 이때 췌장에서 분비되는 인슐린에 의해 모든 세포로 보내져 에너지로 이용된다. 한편 근육과 간에 다당류(단당류인 포도당이 다수 결합된 당류)의 형태로 동물체에 저장되는 저장 탄수화물인 글리코겐(glycogen) 역시 탄수화물의 일종이다.

(3) 지질

지질(脂質, lipid)은 탄수화물, 단백질과 함께 에너지를 만드는 3대 영양소 중의 하나로 동식물체에 함유되어 있다. 상온에서 액체 상태인 것을 유(油, oil)라 하고, 고체 상태인 것을 지(脂, fat)라 하며 흔히 유지(油脂, oil and fat)라고 부르기도 한다.

지방질은 탄수화물과 마찬가지로 탄소, 수소, 산소로 구성되어 있으며, 지방산과 글리세롤(glycerol)로 결합되어 있다. 지방의 종류가 다양한 것은 그 구성성분인 지방산의 종류가 다양하기 때문이다.

지방산은 포화지방산과 불포화지방산으로 나눈다. 포화지방산이 주로 많이 결합된 지질들은 고체지방으로 쇠기름, 돼지기름 등 동물성 지방과 야자유, 팜유, 코코넛유 등의 식물성 지방이 있다.

불포화지방산으로 결합된 지방은 액체유의 형태로 콩기름, 들기름, 참기름, 옥수수기름 등으로서 식용유로 널리 이용되는 식물성 기름이다. 그리고 동물성인 어유(魚油)는 고도불포화지방산으로 구성된 불포화도가 높은 액체기름이다.

용해성은 물에 녹지 않으며, 에테르, 벤젠, 클로로포름, 아세톤, 사염화탄소, 알코올 등과 같은 유기용매에 대체로 용해되는 물질이라 할 수 있다. 그러나 물과 같은 극성 용매에 녹는 저급지방산인 에스테르와 같은 지방질도 있다.

따라서 동식물체에 있는 지질은 거의 99% 이상이 글리세롤과 지방산의 에스테르로 존재하므로 지방질은 지방산의 에스테르 결합하고 있는 화합물이라 정의할 수 있다.

지질을 분류하는 데는 알칼리에 의해 비누화, 즉 검화(saponification)될 수 있는 지방질과 에스테르를 형성하지 않는, 즉 비누화될 수 없는 지방질로 분류하고 있다.

알칼리에 의해 가수분해되어 검화되는 지방질(검화물)은 유지, 즉 중성지방질(neutral lipid), 왁스류(waxes), 인지질(燐脂質, phospholipid), 스핑고지질(sphingolipid), 당지질(糖脂質) 등이다. 반면, 검화될 수 없는 지방질(불검화물)은 스테롤류(sterols), 일부 탄화수소류(hydrocarbons), 일부 유용성 색소(oil soluble pigments) 등이다.

(4) 단백질

단백질(protein)의 어원은 그리스어로 제일이라는 뜻인 'proteios'에서 유래한 것으로 생명현상에서 제일 중요한 물질이라 할 수 있다.

우리들이 먹는 고기, 우유 그리고 콩과 같은 곡물에 함유되어 있는 단백질은 근육, 피부, 뼈 그리고 신체의 다른 구조물의 구성 원료로 사용된다. 신체의 모든 생화학 반응을 조절하는 물질인 효소와 호르몬 역시 단백질로 구성되어 있다.

단백질은 그 기본 단위인 아미노산이라는 물질로 된 거대분자의 복합체이며 세포질의 주요성분으로서 인체의 구조적 기본을 형성한다. 그리고 신체의 유지와 발육에 중요한 성분으로 작용한다.

단백질이 분해되면 아미노산을 얻을 수 있는데, 현재까지 알려진 아미노산의 종류는 약 20여 종이며 단백질의 종류는 아미노산의 결합 형태와 종류에 따라 다양하며, 그 구성 원소는 대체로 탄소 50~55%, 산소 20~23%, 수소 6~8%, 질소 15~18% 그리고 유황이 0~4%이다. 탄수화물과 지방질과는 달리 질소를 함유하고 있는 것이 단백질의 특징이라 할 수 있는데, 단백질의 질소 함량은 대체로 약 16%이므로 킬달(kjeldahl)법에 의해 질소 함량을 측정한 후 질소의 양에 6.25(100/16)를 곱하면 단백질의 함량을 구할 수 있다. 6.25를 단백질의 질소 계수(nitrogen coefficient)라고 하며, 질소 계수는 식품을 조성하고 있는 질소의 함량에 따라 다소 차이가 있다.

단백질은 곡류와 콩 단백질의 식물성 단백질과 육류, 어류, 난류, 우유 등의 동물성 단백질로 나뉘며, 그 조성에 따라 크게 세 군으로 분류할 수 있다. 가수분해하여 아미노산만이 생성되는 단순단백질, 아미노산 이외에 다른 화합물이 생성되는 복합단백질 그리고 단순단백질과 복합단백질에서 물리적으로 변성되거나 화학적으로 변화된 유도단백질(誘導蛋白質)이 있다.

(5) 비타민

비타민은 체내에서 합성되지 않는 유기물로 에너지원이나 신체의 구성 물질은 아니지만 정상적인 생활과 발육을 위해서 미량 요구되는 생명에 필요한 물질(vital)이라 하여 영어로 vitamin이라 부른다. 그래서 비타민이 결합되면 결핍 증상이 나타난다.

비타민은 체내에서 에너지 전환과 대사조절에 관여하고, 효소의 반응을 돕는 조효소(助酵素)로서 생리화학반응에 관여한다.

비타민은 그 용해성에 따라 기름에 녹는 지용성 비타민과 물에 녹는 수용성 비타민으로 나누어진다.

① 지용성 비타민의 종류와 기능

지용성 비타민은 1일 섭취량이 필요 이상일 때는 배설되지 않고 체내에 저장되므로 매일 식사를 통해 꼭 공급할 필요는 없으며, 과잉 시 독성을 나타내며 결핍될 경우 결핍 증상이 서서히 나타나는 특징이 있다.

대표적인 지용성 비타민으로는 비타민 A, D, E와 K가 있다.

비타민 A는 동물성과 식물성 식품을 통해 섭취되는데, 특히 어유의 간유에 많고, 우유,

버터, 달걀노른자, 동물의 간, 콩팥 등에도 많이 함유되어 있다. 식물성에는 체내에서 분해되어 비타민 A로 전환되는 황색 계통의 색소인 카로틴(carotene)이 널리 분포되어 있으며, 이 물질은 주로 당근, 녹색잎 채소, 해조류, 고추 등에 많이 함유되어 있다.

이 비타민이 결핍되면 각막, 피부, 구강, 기관지, 장 등의 상피가 단단해져 각질이 일어나며 세균에 대한 저항성이 떨어지고, 특이한 증상으로 밤눈이 어두운 야맹증이 나타난다. 과잉 섭취할 경우 독성이 염려되므로 유의할 필요가 있다. 특히 당근에 많이 함유되어 있는 베타-카로틴은 항암효과가 있다 하여 그 연구가 활발하게 진행 중이다.

비타민 D는 어류의 간, 동물의 간, 버섯, 달걀노른자, 우유 등에 함유되어 있으며, 소장에서 칼슘과 인의 흡수를 증진시키고, 그 이용을 조절하는 작용을 하여 어린이의 골격과 치아의 정상적인 발육과 성인의 뼈를 단단하게 하는 석회화(calcification) 작용을 하므로 칼시페롤(calciferol)이라 불린다.

이 비타민은 일광의 작용으로 피부조직 내에서 생합성되므로 햇볕을 적절히 쬐는 것으로도 공급될 수 있는 비타민으로 햇볕을 잘 쬐이지 못하거나 섭취가 부족할 경우 구루병, 골연화증이 생기며, 급성 관절염(류머티즘형)으로 인한 통증이 생긴다.

비타민 E는 토코페롤(tocopherol)이라고도 하며, 곡류의 배아와 그 배아유인 옥수수기름, 콩기름, 면실유 등에 많이 함유되어 있으며, 견과류, 콩류 등에도 들어 있다.

이 비타민은 산화를 방지하는 항산화제(抗酸化劑)로서 비타민 A와 C의 산화를 방지하며, 또한 조직 내 불포화지방산의 산화를 방지하여 세포막을 정상적으로 유지시키고, 피부와 근육의 산화를 저하시켜 노화를 방지하는 역할을 한다.

비타민 K는 녹황색 채소에 많이 들어 있어 이 비타민의 좋은 공급원이 되며, 과일, 곡류, 우유, 육류 등에도 함유되어 있다. 이 비타민은 장내 세균에 의해 일부 합성되며, 소장의 상부에서 담즙의 도움을 받아 흡수해서 혈액응고에 필요한 물질을 만드는 중요한 혈액응고 기능을 가지고 있다.

장내 세균에 의해 합성되므로 정상인의 경우 결핍되지 않으나 지방흡수의 장애가 있거나, 장 기능에 이상이 있으면 결핍될 수 있고, 장내 세균 형성이 미약한 영유아가 결핍될 수 있다.

② 수용성 비타민의 종류와 기능

수용성 비타민은 지용성 비타민과는 달리 필요량만 보유하고 여분은 오줌으로 배설되므로 결핍 증세가 신속하게 나타나기 때문에 매일 식사를 통해 공급해야 한다.

비타민 B_1, B_2, B_6, B_{12} 그리고 **니아신(niacin), 엽산** 등을 **비타민 B의 복합체**라 한다.

비타민 B_1은 티아민(thiamin)이라고도 하며, 동식물 식품에 널리 분포되어 있고, 식물성 식품에는 곡류의 배아와 겨 층에 많으나 배유(胚乳)에는 적어서 백미를 주식으로 하는 경우 이 비타민의 결핍증이 생길 수 있다. 동물성 식품에는 돼지고기, 육류 중의 간과 내장에 풍부하고, 달걀노른자와 어류 등에 함유되어 있다. 그러나 매우 불안정한 비타민이므로 조리가공 중에 많이 손실된다.

이 비타민은 탄수화물 에너지 대사에 매우 중요한 역할을 한다. 뿐만 아니라 이 물질이 체내에 축적되면 피로물질이 되고, 혈액이 산성화되어 면역기능이 약화되며 산혈증을 유발해서 결국에는 노화를 촉진한다.

결핍증으로는 각기병, 다발성 신경염, 말초 신경염 등의 증세와 전신권태 등이 있다.

비타민 B_2를 리보플라빈(riboflavin)이라고도 하며, 동물의 간, 어류, 효모, 배아, 달걀흰자, 우유, 채소류 등에 함유되어 있다. 이 비타민은 체내의 산화 · 환원반응에 관여하고, 생화학적 기능으로 골수의 적혈구 형성, 글리코겐 합성 등을 한다. 결핍되면 발육장애, 설염(舌炎), 구각염(口角炎), 피부염 등의 증상이 나타난다.

니아신은 체내에서 탄수화물과 지방질 대사에 관여하며, 특히 에너지를 생성하는 대사에 중요한 역할을 한다. 다른 비타민에 비하여 가열, 조리, 저장 시 거의 손실이 없는 안전한 비타민이다. 육류, 어류, 가금(家禽)류와 땅콩, 곡류 등에도 함유되어 있다. 아미노산의 일종인 트립토판(tryptophan)이 이 비타민을 만드는 전구물질이어서 트립토판이 많이 함유된 식품은 니아신의 좋은 공급원이 된다. 결핍되면 피부에 붉은 반점이 생기는 펠라그라가 발생되고, 소화기관, 중추신경계에 장애가 오며, 설사, 정신착란 등이 생기기도 한다.

비타민 B_6을 피리독신(pyridoxine)이라고도 하며, 아미노산 대사에 관여한다.

육류의 내장, 간, 어육, 과실, 두류, 쌀겨 등에 많이 함유되어 있고, 우유, 채소에도 있다. 결핍되면 빈혈, 중추신경 이상, 피부염 등의 비타민 B_2의 결핍증과 유사한 증상이 나타난다.

엽산은 아미노산 대사 및 핵산 합성에 관여하는데, 결핍되면 세포분열 및 단백질 합성에 이상을 일으킨다. 이로 인해 급격히 성장하는 세포에 영향을 주고, 적혈구 형성에 이상을 초래하여 빈혈을 일으키며, 설염, 위장장애 등이 생기기도 한다.

엽산의 결핍은 주로 임산부, 성장기 어린이, 노인에게 발생하며, 특히 임신부의 경우 조산, 사산, 저체중아 출산 등 임신과 출산에 악영향을 미친다.

엽산은 동식물 식품에 널리 분포되어 있으며, 특히 간, 시금치와 같은 녹엽채소, 콩류 등에 많이 들어 있고, 양배추, 옥수수, 밀, 감자 등에도 있다.

비타민 B_{12}는 유일하게 코발트를 함유하고 있어 코발라민(cobalamin)이라 불리기도 한다. 동물성 식품, 특히 간과 콩팥에 많고, 육류, 어류, 굴, 우유, 달걀 등에 함유되어 있으며, 심한 채식주의자가 아니면 결핍증은 없다.

이 비타민은 정상적인 성장, 신경조직의 유지, 혈액형성을 위해 필요하며, 특히 간의 지방축적을 방지하는 메티오닌과 콜린을 합성하는 데 필요하므로 지방간을 예방하는 중요한 비타민이라 할 수 있다.

비타민 C를 아스코르빈산(ascorbic acid)이라고도 하며, 오렌지, 레몬, 녹엽채소, 토마토, 감자, 양배추, 과일류 등에 함유되어 있다. 신선한 야채를 섭취하지 못하면 괴혈병(壞血病)으로 인해 죽을 수도 있다. 그러나 괴혈병 방지에 유효한 성분이 바로 채소류 중에 함유되어 있는 비타민 C로 밝혀졌다. 괴혈병은 피부 및 결합조직을 형성하는 콜라겐을 정상적으로 만들지 못하여 결체조직에 이상이 생기는 병이다.

이 비타민은 강력한 환원제로서 체세포의 산화를 방지하며, 콜라겐 합성, 신경전달물질인 세로토닌 합성 그리고 콜레스테롤로부터 스테로이드(steroid)호르몬을 합성하는 역할을 한다. 따라서 혈중 콜레스테롤을 감소시켜 고콜레스테롤혈증을 예방 및 치료하는 효과도 있다. 이외에도 철분의 흡수를 증가시켜 피를 만드는 조혈기능을 한다. 또한 비타민 C가 부족하면 상처의 회복이 지연되고, 감염에 대한 저항력이 약화된다.

(6) 무기질

식품을 태우면 재가 남는데 이 물질을 회분(灰分) 또는 무기질이라 한다.

인체에 필요한 무기질은 최소한으로 14가지 이상이다. 이 가운데 칼슘(Ca), 마그네슘(Mg), 나트륨(Na), 칼륨(K), 인(P), 염소(Cl) 등이 신체의 70~80%를 차지하며, 이외의 것은 미량 필요하다.

무기질은 열량을 내지 않지만 뼈나 치아 등을 형성하고, 호르몬과 비타민 등의 체내 기능물질의 구성 원소로서 중요할 뿐만 아니라, 중요한 생리작용을 조절하는 기능을 수행한다.

첫째로 체액의 성분으로서 산(酸)과 염기(鹽基)의 균형유지를 위해 pH(수소이온 농도)를 조절한다. 둘째로는 체세포의 삼투압을 조절한다. 셋째로는 체내의 효소를 활성화시키고, 신경의 자극, 근육수축 등의 조절기능을 한다. 넷째로는 혈액을 응고시키는데 관여한다.

① 뼈를 형성하는 무기질

뼈와 치아는 칼슘이 주성분이며, 부수적으로 인과 마그네슘은 뼈의 형성을 도와주는 역할을 하는 무기질이다.

칼슘(Ca)은 인체의 1.5~2%를 차지하고 있으며, 98%가 뼈와 이에, 2%는 혈액과 근육 중에 있다. 혈액을 알칼리성으로 만들어 체액의 산성화를 막아주는 매우 중요한 기능을 하며, 혈액응고작용을 하기도 한다. 그리고 심장, 근육, 신경계 등의 기능조절을 하며, 글리코겐을 분해하는 작용에도 관여한다.

보통 뼈의 성장은 20세 전후에서 중단되지만 30~40세까지 뼈의 굵기와 밀도는 계속 증가한다. 그러나 나이를 먹어감에 따라 뼈의 밀도는 감소되어 충분한 양의 칼슘 섭취와 운동을 하지 않을 경우 골다공증이 생기게 된다. 특히 여성은 남성보다 골다공증이 많은데, 이는 뼈의 밀도에 영향을 미치는 여성 호르몬인 에스트로겐이 폐경기 이후 분비되지 않으므로 나이 많은 여성에게 흔히 나타난다.

적절한 근육운동은 뼈 밀도의 감소를 예방할 수 있을 뿐만 아니라 뼈 밀도의 증가 향상에 기여한다는 보고가 있으므로 골다공증을 예방하려면 충분한 양의 칼슘 섭취와 아울러 꾸준한 근육단련 운동이 필요하다.

칼슘을 많이 함유하고 있는 식품은 우유 및 유제품, 달걀노른자, 양배추, 어패류, 미역, 김, 새우, 녹엽채소류 등이다.

비타민 D는 칼슘 흡수를 좋게 하여 뼈의 형성에 도움을 주며, 인은 칼슘을 인산염의 형태로 흡수해서 뼈를 형성하므로 인을 함유한 식품을 함께 섭취하는 것이 바람직하다. 음식물의 칼슘과 인의 비율이 1:1일 때 가장 잘 흡수되므로 고단백질 식이를 하면 흡수가 용이해진다.

칼슘 결핍으로 인해 혈액 중 칼슘의 농도가 감소되면 신경이 흥분되기 쉽고, 근육강직과 경련 등을 일으킬 수 있다.

인(P)은 칼슘과 결합하여 뼈와 이를 형성하고, 체내에서 에너지를 생성하는 물질인 ATP(adenosine triphosphate)의 구성성분으로서 에너지 대사에 중요한 물질로 작용한다. 그리고 핵산과 인지방질의 구성성분(뇌신경, 세포막)이기도 하다. 인은 체내에서 삼투압과 pH를 조절하고, 당질대사를 수행하는 생리작용을 한다.

인은 모든 식품에 골고루 들어 있어 결핍증은 거의 없고, 특히 곡류에 많이 함유되어 있으며, 쇠고기, 닭고기, 생선, 달걀, 우유, 견과류에도 많다.

마그네슘(Mg)은 근육에 칼슘보다 많이 함유되어 있고(3:1의 비율), 혈액 100*ml*당 마그네슘이 약 1~3*mg* 함유되어 있다. 마그네슘은 칼슘, 인과 함께 뼈의 형성에 관여하고, 혈액 내의 콜레스테롤 침착을 방지하는 역할을 하므로 고혈압과 동맥경화 예방의 효과가 있다. 또한 효소의 촉매작용과 근육이완 작용 등을 한다. 결핍되면 신경불안정과 경련이 일어나고, 심장과 간에 장애가 생긴다.

곡류, 두류, 녹엽채소, 쇠고기, 해조류, 코코아 등에 많이 함유되어 있다. 채소류와 해조류에 마그네슘이 많이 함유되어 있는 것은 식물의 엽록소를 구성하는 성분이기 때문이다.

② 인체 세포 내에서 삼투압을 조절하는 무기질

인체 내에서 전기적 성질을 띤 물질이 존재하는데, 이러한 물질들을 **전해질(電解質)**이라 하며, 인체 세포 내외의 전해질 농도 차이에 의해 삼투압이 조절된다. 예를 들면 소금의 화학기호는 NaCl인데, 이 물질은 결합된 소금의 상태에서는 중성염으로 전기적 극성을 띠지 않지만 물에 용해되면 Na^+와 Cl^-로 분리되면서 두 개의 전해질이 생성된다. 전해질은 인체의 생리현상에 중요한 역할을 수행하므로 적절한 양의 전해질을 체내에 보유하여 유지하는 것이 생명유지에 중요하다.

전해질은 여러 경로를 통해 손실되는데 그 가운데 땀을 통해서 가장 많이 손실된다. 그러나 과일, 채소, 곡류, 육류 등을 섭취함으로써 손실된 전해질이 보충된다.

전해질은 인체 내의 여러 영역에 분포되어 있으며, 특히 세포 내 액에는 칼륨(K^+)이, 세포 외 액에는 나트륨(Na^+)이 분포되어 있다. 칼륨과 나트륨의 농도를 일정하게 유지하는 것이 생명유지에 필수적인 요건이다.

만일 세포 내의 칼륨 농도가 높으면 세포 내외의 삼투압(滲透壓)이 서로 같아지려고 세포 외의 수분이 세포 내로 흡수되어 농도를 일정하게 유지하려고 한다. 반면, 세포 외액의 나트륨 농도가 높을 때는 세포 내의 수분이 세포 외로 유출되어 일정한 농도를 유지토록 하여 나트륨과 칼륨의 균형유지, 즉 수분의 출납에 의해 삼투압이 조절된다.

그러나 나트륨과 칼륨이 땀 등 여러 경로를 통해 심하게 손실되거나 또는 염분 등을 많이 섭취하여 그 균형이 깨질 경우, 즉 염분의 과잉 섭취로 세포 외에 나트륨이 많으면 세포 내의 수분이 탈수되어 세포는 수축되는 반면, 땀 등으로 나트륨이 손실되거나 상대적으로 세포 내의 칼륨이 많을 경우 세포 외에 나트륨이 적어지고 세포는 수분을 흡수하여 팽윤된다. 이와 같은 불균형으로 즉 세포 내외의 삼투압이 조절되지 않으면 신경전달과 근육수축이 불가능해져 심장박동이 중지되는 경우가 생긴다.

나트륨 부족은 소금 등을 사용한 조리를 통해 적절히 공급받을 수 있으며, 칼륨은 채소류 및 과일류(특히 바나나, 포도, 토마토 등)에 많이 함유되어 있어 이들 식품을 적절히 섭취하면 해결될 수 있다.

또한 칼륨 결핍은 혈관을 둘러싸고 있는 근육과 심장을 약화시키는 반면, 혈액 중에 칼륨의 농도가 높으면 역시 심장박동의 불균형으로 위험해진다. 그리고 소금, 즉 나트륨을 많이 섭취할 경우 고혈압이 될 수 있으므로 그 섭취에 유의하여야 한다. 그렇지만 우리 몸은 나트륨이 다소 많을 경우 신장을 통해 배설하며, 그 함량이 적으면 오줌으로 배설되는 양을 다소 줄여서 자체적으로 조절하기도 한다.

나트륨은 각종 식품에 함유되어 있고, 가장 풍부한 급원은 소금이다. 성인의 1일 섭취량은 10~15g이며, 이것은 나트륨의 4~6%g에 해당한다. 더운 날씨에 극심한 운동을 하여 8 *l* 의 수분이 손실될 경우 7g 정도 나트륨이 손실되므로 나트륨의 섭취가 필요하나, 이와 같은 극단적인 경우는 드물기 때문에 극심한 땀의 손실이 없으면 평상시보다 더 많은 양을 섭취할 필요는 없다.

나트륨은 체세포 내외의 삼투압을 조절하여 수분 균형 유지와 혈장과 체액의 산과 알칼리 균형을 유지하며, 근육이완작용을 한다. 땀을 심하게 흘리면 탈수현상으로 인해 식욕감퇴, 근육경련, 저혈압 증세가 일어난다. 과잉 섭취 시에는 중추신경계 질환과 고혈압을 유발시키기도 한다.

칼륨은 동물성 식품보다 과일이나 채소류에 풍부하여 식물성 식품이 중요한 공급원이 되므로 건강한 성인의 경우 결핍은 거의 없다.

칼륨의 생리작용은 에너지 생성 및 글리코겐과 단백질 합성에 촉매역할을 하며, 체세포의 삼투압 조절, 체액의 산과 알칼리의 균형유지에 중요한 역할을 한다. 이외에 신경자극 전달과 췌장으로부터 인슐린을 분비하는 역할을 하며, 근육 이완작용에 관여하기도 한다.

③ 혈액을 구성하는 철

철은 혈액 중의 산소를 운반하는 헤모글로빈과 근육 중의 산소를 운반하는 미오글로빈의 구성성분이며, 체내에서 유산소 반응에 관여하는 시토크롬의 구성성분이기도 하다. 즉, 산소를 신체 전 영역의 체세포에 운반하여 에너지를 생성시키는 대사에 매우 중요한 역할을 하는 성분이라 할 수 있다.

인체 내의 철은 그 절반 이상이 혈액의 헤모글로빈에 있고, 10%는 미오글로빈, 시토크롬 그리고 30~35%는 간장, 비장, 골수 등에 저장되어 있다. 땀 속에 철이 포함되어 있으므로 과격한 운동으로 땀을 많이 배출할 경우 철분의 손실이 생길 수 있다.

육류(간, 심장), 달걀노른자, 어패류 등의 동물성 식품과 두부, 채소류 등에 비교적 많이 함유되어 있다. 특히 동물성 식품의 철이 체내에서 흡수이용률이 높다. 비타민 C는 철의 흡수를 도와주지만 곡류 중에 있는 피트산(phytic acid)은 철의 흡수를 방해한다.

철이 결핍되면 철 결핍성 빈혈이 생겨서 식욕부진, 신체 허약, 생활기능 저하 그리고 어린이의 경우 발육이 지연된다.

④ 산성 식품과 알칼리성 식품

체내에서 무기질은 양이온(+) 또는 음이온(-)으로 존재한다. 금속의 양이온인 칼슘, 마그네슘, 나트륨, 칼륨, 철, 구리 등은 과일류, 채소류, 해조류 등에 많이 함유되어 있으며, 이들 식품이 체내에서 분해되어 알칼리성이 되므로 알칼리성 식품이라 한다. 이와 반대로 당질 식품과 육류와 어류의 단백질과 지방질 식품은 인, 유황, 염소 등의 음이온으로 구성된 화합물로 되어 있어, 이들 식품이 체내에서 산화 분해되면 산성화되므로 이들 식품을 산성 식품이라 한다.

일반적으로 곡류, 육류, 어류, 버터, 치즈 그리고 대두를 제외한 두류(豆類) 등은 산성 식품이고, 과일, 채소, 해조류 그리고 고구마, 대두, 우유 등은 알칼리성 식품이다. 보통 김치나 밀감, 사과 등의 과일류는 신맛을 가지고 있어 산성 식품으로 생각하기 쉬우나, 신맛의 주체인 유기산은 체내에서 탄산가스와 물로 분해되고 칼슘, 칼륨 등의 알칼리성 생성원소인 무기질이 많이 함유되어 있어 알칼리성 식품이다.

사람의 정상 체액은 pH 7.44로 약알칼리성이므로 건강을 유지하기 위해서는 항상 이 액성이 유지되어야 한다. 만일 우리가 주식으로 하는 산성 식품인 곡류 등의 당질식품과 육류와 어류에 풍부한 단백질과 지방질 식품을 많이 섭취할 경우 혈액은 산성화되어, 마침내 산혈증(酸血症, acidosis)으로 인해 신체에 여러 질병을 유발한다. 뿐만 아니라 노화를 촉진시키므로 과일, 채소, 해조류 등의 알칼리성 식품을 충분히 섭취하여 산성을 중화시켜 이를 방지해야 한다.

식품재료는 주로 구성되어 있는 무기질의 종류와 그 함량에 따라 산성 식품과 알칼리성 식품으로 나누어 볼 수 있는데 대표적인 것으로 다음과 같다.

㉠ 산성 식품

- 동물성 식품 : 달걀노른자, 닭고기, 참치, 고등어, 치즈, 돼지고기, 연어, 쇠고기, 햄, 버터, 마가린, 장어, 미꾸라지, 굴, 문어, 대합, 새우, 게, 오징어, 전복
- 식물성 식품 : 곡류, 땅콩, 완두, 파, 아스파라거스

- 기타 : 비스킷, 초콜릿, 코코아, 당류, 사탕, 주류(술), 식초

㉡ **알칼리성 식품**

- 동물성 식품 : 달걀흰자, 우유
- 식물성 식품 : 오이, 간장, 건포도, 토마토, 감, 오렌지, 무, 당근, 포도, 감자, 복숭아, 시금치, 살구, 배추, 양배추, 바나나, 배, 수박, 딸기, 우엉, 미역, 다시마, 김, 사과, 연뿌리, 양파, 대두, 강낭콩, 가지
- 기타 : 적포도주, 홍차, 버섯류

2) 식품의 특수성분

식품의 특수성분은 식품재료 고유의 색, 맛, 냄새 등을 말하는데 이들은 영양학적인 가치는 없으나 식욕을 돋우고 식품의 신선도 및 품질 저하를 판단하는 기준이 되는 성분으로 근래에는 이러한 기능뿐만 아니라 항산화, 항노화 등의 생리학적 기능도 갖는 것으로 밝혀지면서 관심이 많아지고 있다.

(1) 색

식품은 각기 특유의 색을 가지고 있으며 이와 같은 색깔 성분은 영양적인 가치는 없으나 식욕을 돋우고 식품의 신선도 및 품질을 평가하는 요인이며 식품의 향기, 맛, 기호 등에 영향을 미친다. 식품에 존재하는 색소들은 식품 중에 원래 존재하는 자연색소와 식품 첨가물인 인공색소로 분류되며 자연색소는 식물성 색소와 동물성 색소로 나뉜다.

식물성 색소로는 지용성 색소와 수용성 색소로 분류되는데 지용성 색소는 식물이 녹색부위인 엽록체에 존재하는 클로로필(chlorophyll)과 당근, 토마토, 고추, 감 등의 선홍색 색소인 카로티노이드(carotenoid)가 있다. 수용성 색소에는 플라보노이드(flavonoid)계와 안토시아닌(anthocyanin)계가 있다. 탄닌(tannin)은 무색이지만 쉽게 산화하여 갈색 또는 흑갈색의 불용성 물질로 변하므로 불용성 색소라 한다.

동물성 색소로는 주로 육, 어류의 혈색소인 헤모글로빈과 육색소인 미오글로빈이 있

다. 그리고 일부 새우나 갑각류 등의 카로티노이드(아스타크산틴)에 속하는 색소들이 있다.

식품의 색은 조리 가공 중에 변하는데 크게 효소적 갈변과 비효소적 갈변으로 나눈다. 효소적 갈변은 사과, 배, 복숭아, 바나나, 감, 가지, 양송이 등 많은 종류의 과일과 채소들의 껍질을 벗기거나 파쇄할 때 일어난다. 일반적으로 폴리페놀(polyphenol)을 함유하는 신선한 식물체가 손상을 받으면 공존하는 폴리페놀옥시다제(polypheno-loxidase)에 의해 산화되어 갈색의 멜라닌(melanin)으로 전환되는 갈변반응과 티로시나제(tyrosinase)에 의한 티로신의 산화에 의한 멜라닌 생성 반응이 있다. 효소적 갈변은 효소, 기질, 산소의 세 가지 요소가 있을 때 일어나므로 이중 하나라도 제거되면 갈변을 억제할 수 있다. 비효소적 갈변은 그 반응기작에 따라 마일라드(mailliard) 반응, 캐러멜화(caramelzation), 아스코르브산(ascorbic acid)의 산화반응 등 있으며 식품은 여러 가지 성분을 모두 가지고 있어 한 가지 반응이 단독으로 일어나기보다는 혼합된 갈변현상이라 할 수 있다.

(2) 맛

식품은 그 특유의 맛을 가지고 있으며 주로 미각에 의해 결정되나 기타 감각, 성별, 나이, 식습관, 기후 등에 의해서도 변화된다. 맛의 종류는 4가지로 단맛, 짠맛, 신맛, 쓴맛으로 분류된다. 이외에도 매운맛, 떫은 맛, 감칠맛 등이 있다.

맛에 대한 온도의 영향은 일정하지 않지만 일반적으로 혀의 미각은 10~40℃일 때 잘 느끼고 특히, 30℃ 정도에서 가장 예민하다. 신맛은 25~50℃. 단맛은 20~50℃, 짠맛은 30~40℃, 쓴맛은 40~50℃에서 가장 잘 느낀다.

맛을 강하게 느끼는 혀의 부분도 달라서 단맛은 주로 혀끝에서, 쓴맛은 혀의 안쪽, 신맛은 혀의 양족, 짠맛은 혀끝과 양쪽에서 가장 강하게 느낀다.

우리의 미각은 맛을 느끼는데 정미물질 간에 복잡한 작용이 서로 상호간에 일어나 서로 영향을 준다. 서로 다른 맛 성분이 혼합되었을 때 주요 정미 성분의 맛이 강해지는 현상을 맛의 대비 또는 상승작용이라 하며, 한 가지 맛을 느낀 직후에 다른 맛을 느끼지 못하는 현상을 맛의 변조라 하고 두 가지 정미 물질을 혼합함으로써 각각의 고유의 맛을 내지 못하고 전혀 다른 맛이나 원래의 맛이 약해지는 현상을 맛의 상쇄라 한다.

(3) 냄새

냄새(flavor)는 쾌감을 주는 냄새를 향(香, odour), 불쾌감을 주는 것을 취(臭, stink)라 한다. 풍미는 식품의 냄새와 맛이 혼합된 종합적인 감각을 말하며 넓은 의미에서 질감(texture)도 포함한다.

과일류는 대개 방향족 알코올, 지방산 에스테르, 테르펜(terpene)류 등이 냄새에 관여하고 특유의 상쾌하고 좋은 향기를 내며. 채소류는 과일과 거의 유사하며 알데하이드류, 케톤류, 산류, 등의 항기성분 외에 휘발성인 유황화합물 또는 그 분해물 들이 주된 향기 성분을 이룬다.

신선한 육류의 냄새는 주로 아세트알데하이드(acetaldehyde)에 기인하며 신선도가 떨어지게 되면 암모니아(ammonia), 아민류(amine), 황화수소(H_2S), 메르캅탄(mercaptan)류, 인돌(indole) 등이 생성되어 불쾌한 냄새를 나게 한다. 선도가 높은 어류는 거의 무취에 가까우나 선도가 저하됨에 따라 육류와 마찬가지로 여러 가지 불쾌취가 나며 특히 어류의 비린내는 트리메틸아민(trimethylamine, TMA)에 의한 것이다.

(4) 효소

효소는 세포내서 생성되어 존재하거나 세포외로 분비하여 존재하는 극미량의 생명체의 화학반응을 촉진 또는 지연시키는 일종의 생체 촉진 물질로서 효소의 본체는 단백질이다. 이들 효소는 식품에 작용하여 식품의 성분을 변화시키고 가공, 저장, 발효, 부패 과정에서 식품 자체의 효소 외에 미생물 효소가 함께 작용하여 식품의 성분 변화에 중요한 역할을 한다.

효소의 반응은 효소의 농도, 기질의 농도, pH, 반응시간 등에 영향을 받는데 보편적으로 최적 온도는 30~40℃이며, pH는 4.5~8.0이다. 초기에는 효소의 농도와 그 활성도에 비례하여 반응속도가 증가하지만 반응이 진행되면서는 반응 생성물에 의해 효소의 작용이 저하되어 정비례하지는 않는다.

식품에 관계하는 효소에는 가수분해 효소와 산화환원 효소가 있다. **가수분해 효소**로는 탄수화물 분해 효소(carbohydrase)로 아밀라제(amylase), 수크라제(sucrase), 말타제(maltase), 락타제(lactase) 등이 있다. 에스테라아제(estarase)는 지방의 에스테르 결합을 절단하여 유지를 지방산과글리세롤로 분해하는 효소로 리파제(lipase)가 대표적이다. 프로테아제(protease)는 단백질 가수분해 효소로 펩신(pepsin), 트립신(trypsin), 레닌(renin), 펩티다아제(peptidase) 등이 있다.

산화환원 효소는 세포내 산화와 환원을 촉매 하여 에너지를 생성하는 관여하는 효소로 페록시다제(peroxidase), 카탈라제(catalase), 페놀라제(phenolase) 등의 산화효소와 피리딘(pyrid ine), 플라빈(flavin) 등의 탈수소 효소가 있다.

3. 건강 기능성 물질

식품은 영양소와 에너지의 공급물질로만 작용할 뿐만 아니라 체내의 여러 대사기능에 관여하여 질병 예방과 치료 그리고 생체 리듬의 조절 및 균형을 유지시키는 건강 기능성을 지닌 물질을 함유하고 있어 건강식품으로서의 역할을 한다. 여러 분야의 전문가의 의견을 수렴하여 건강 기능성 식품을 정의하면 다음과 같다.

"식품성분이 갖는 생체방어, 생체 리듬 조절, 질병 예방과 치료 등 생체조절기능을 생체 내에서 충분히 발휘될 수 있도록 설계되고 가공된 식품"이며, 또한 건강 기능성 식품의 범위를 "식품으로서 통상 이용되는 소재나 성분으로 구성되며 동시에 통상의 형태 및 방법에 의하여 섭취되는 것으로 두고, 식품으로서 일상적으로 섭취되는 것"으로 한정하고 있다.

식품이 지니고 있는 기능성은 생명유지의 기능인 영양기능과 관능적 기능인 감각기능이 있으나, 건강기능은 생체방어기능, 질병 예방 및 치료기능, 생체 리듬 조절기능, 노화억제기능으로 요약할 수 있는데, 식품재료 중에 들어 있는 건강 기능성 물질을 소개하면 다음과 같다.

1) 성인병 예방과 치료기능을 가진 물질

(1) 레시틴

레시틴(lecithin)은 달걀노른자와 대두에 있는 인지질이다. 대두 레시틴은 대두가공 및 대두유 정제 시 부산물로 얻어지며, 식품가공 및 제조에 유화제로 널리 이용되고 있다. 미국 FDA (food and drug administration)로부터 레시틴은 식품성분으로 허용되어 있어 캡슐 형태로 건강 기능성 식품으로 널리 이용되고 있다.

레시틴에는 콜린(choline) 성분이 약 13.5% 들어 있는데 콜린은 지방간을 예방하거나 치료하는 기능을 하므로 간 기능 개선에 효과적인 성분이라 할 수 있다.

레시틴은 심혈관 질환을 감소시키는 기능을 가지고 있다. 즉, 혈관 내벽에 있는 콜레스테롤(cholesterol)을 제거하여 간에서 분해시키는 유용한 역할을 하는 고밀도 지단백질인 HDL (high density)을 증가시키는 반면, 혈관 내벽에 콜레스테롤을 침착시키는 역할을 하는 해로운 저밀도 지단백질인 LDL(low density lipoprotein)을 감소시켜 혈중 콜레스테롤을 저하시킨다. 뿐만 아니라 콜레스테롤로 인한 고혈압, 동맥경화 그리고 이에 관련된 심장병을 예방하고 치료하는 기능을 한다.

(2) 타우린

타우린(taurine)은 아미노산의 일종으로 인간의 모든 장기조직에 존재하는데 외부로부터 어떤 자극이나 장애를 받으면 체내 동태에 변화가 생겨 타우린의 체내 함량이 감소되고 각종 질환이 생기게 된다. 체내에서 만들어지지만 그 양이 적어서 어린이와 중·고령의 사람에게 있어서 준(準)필수아미노산이라 할 수 있어 외부로부터 타우린을 보충받아야 한다.

타우린은 주로 오징어, 문어 그리고 등이 푸른 생선과 어패류 즉, 꽁치, 고등어, 굴, 조개 등에 많이 들어 있다.

타우린은 콜레스테롤을 저하시키는 역할을 하는데, 이는 혈액 중에 유용한 HDL-콜레스테롤을 증가시키는 한편, 해로운 LDL-콜레스테롤을 감소시키는 기능을 가지고 있기 때문이다. 그래서 지방분이 많은 식품을 섭취하게 되면 혈관 벽에 콜레스테롤이라는 지방질 성분이 증가해 동맥경화증을 유발하게 되는데, 타우린은 콜레스테롤 수치를 낮추어 성인병의 주원인인 고혈압 및 동맥경화증을 예방하게 한다. 또한 타우린은 심장 수축력을 좌우하는 칼슘 이온 농도를 조절해 심부전증을 예방한다. 그리고 나트륨 이온과 칼슘 이온을 적절히 조절하여 심장의 지구력을 높여 심장질환의 예방과 치료에 기여하기도 한다.

타우린은 간에 쌓인 노폐물 처리를 도맡아 수행하는 담즙 생성을 도와 간 기능 개선 효과에 탁월하며, 술을 먹은 후 간에서 생성되는 숙취물질인 아세트알데히드(acetaldehyde)를 분해하는 기능도 가지고 있다.

타우린은 대기오염 물질인 산화성 독성을 가진 이산화질소(NO_2)나 오존(O_3)등의 산화성 가스를 제거하여 폐의 손상을 예방하는 효과도 있다.

(3) 식이섬유

식이섬유(食餌纖維, dietary fiber)는 식물이나 해조류에 있는 해조류에 있는 섬유소로서 일상적으로 이용하는 섬유소로는 셀룰로오스(cellulose), 헤미셀룰로오스(he-micellulose), 펙틴(pectin), 폴리덱스트린(polydextrin) 등이다. 이들 물질은 사람의 소화기에서 소화되지 않는 것으로 과일류, 채소류, 두류 그리고 곡류의 외피나 배아에 들어 있다.

식이섬유가 성인병 예방에 효과가 있는 것은 배변을 촉진하고 장의 내부를 청소하는 기능이 있기 때문이다. 이 섬유는 장관 내에서 스펀지와 같은 역할을 하여 콜레스테롤과 유해금속 등을 흡수 · 배설하는 기능을 할 뿐만 아니라 대변 중의 수분을 흡수하여 변을 부드럽게 한다. 또한 장벽을 자극하여 배변을 촉진해서 변의 장내 체류기간을 단축해 유해한 아민류의 배설을 촉진하는 즉, 정장작용에 효과적인 기능을 수행한다.

이와 같은 기능은 장내의 각종 유해균이나 발암물질을 배설하게 함으로써 성인병을 예방하는 데 중요한 기여를 한다.

(4) 올리고당

올리고당(oligosaccharides)은 단당류가 2~4개가 결합된 소당류를 말하는데 가장 많이 이용되고 있는 당으로는 프럭토올리고당으로 아스파라거스, 우엉, 양파, 바나나 등에 들어 있다. 이밖에 갈락토올리고당과 대두올리고당은 인공적으로 제조하여 사용하고 있다.

올리고당은 일반적으로 소화흡수되기가 어렵기 때문에 대장에까지 이르기가 쉬워 비피더스균의 먹이가 되며 이 유산균의 증식작용을 하게 한다. 비피더스균이 증식되므로 체내에서는 다음과 같은 유용한 작용을 한다.

비피더스균은 비타민 B군을 합성하며, 이 균이 가지고 있는 효소는 모유의 단백질을 쉽게 분해하여 소화를 돕게 한다. 또한 이 균이 생산하는 초산, 유산(乳酸) 등은 항균작용을 가지고 있을 뿐만 아니라 유해 대장균의 증식을 억제하는데, 특히 초산은 장 기관을 자극하여 장의 운동을 활발하게 한다.

비피더스균은 장내의 유해한 암모니아, 아민을 생산하는 균을 억제하여 간 기능 장애가 있는 사람에게 유용한 작용을 한다.

(5) 고도 불포화지방산

지방산은 지방질의 구성성분으로 이중결합을 가진 지방산을 불포화지방산이라 하며, 이중결합 수가 두 개 이상인 지방산을 **고도 불포화지방산**이라 한다. 이중결합이 없는 포화지방산이나 이중결합이 한 개인 일가 불포화지방산은 인체 내에서 만들어지지만 고도 불포화지방산은 인체 내에서 합성될 수 없고, 또한 살아가는 데 필요한 지방산이므로 부득이 외부 식품으로부터 필히 섭취해야 하는 필수지방산이다.

지방산의 마지막 탄소 위치에서 세 번째에 이중결합을 하고 있는 지방산 계열을 흔히 오메가-3(ω-3)계열, 여섯 번째에 이중결합을 한 것을 ω-6 계열 지방산이라 한다.

ω-6 계열 지방산인 리놀레산은 콩기름, 옥수수기름, 면실유 등 식물성 기름에 풍부하게 들어 있는데, 이 지방산은 인체 내에서 γ-리놀레산(GLA), 디호모-γ 리놀레산(DGLA) 그리고 아라키돈산(arachidonic acid)을 거쳐 조직과 세포의 기능을 정상으로 유지하는 프로스타글란딘(prostaglandin)이라는 호르몬을 만드는 중요한 지방산이다.

ω-3 계열의 고도 불포화지방산인 EPA(eicosapentaenoic acid), DHA(docosahexaenoic acid)는 생선 기름에 많이 들어 있다. EPA는 콜레스테롤의 침착을 방지하여 심혈관 계통 질환 예방에 효과적이며, DHA는 뇌세포 조직의 구성지방으로 영유아(嬰幼兒)의 두뇌발달에, 노인에게는 치매 예방에 좋다.

(6) 마그네슘

마그네슘이 성인 당뇨병 위험을 감소시키는 효과가 있다는 연구내용은 마그네슘이 체내의 인슐린 활동에 영향을 미치기 때문이다. 그러므로 마그네슘이 부족하면 인슐린 저항이 악화되어 성인 당뇨병이 발생한다.

마그네슘이 많이 들어 있는 식품은 푸른 잎채소, 현미와 같은 정제되지 않은 곡물, 견과류, 말린 콩, 우유 등이다.

2) 항노화 및 항암 기능을 가진 물질

(1) 비타민 E

비타민 E는 토코페롤(tocopherol)이라고도 하며, α, β, γ, δ 등의 이성체가 있다. 이 비타민의 주요 작용은 항산화(抗酸化) 기능이며, 비타민 A와 C의 산화를 방지하는 역할을 하므로 이들 비타민의 기능을 증대시키는 역할도 수행한다. 생체조직 내에서 불포화지방산의 산화를 방지함으로써 노화와 암을 유발시키는 유해한 과산화물의 생성을 억제시키는데, 과산화물이 증가하면 피부의 탄력이 약화되어 주름이 생기고, 색소가 침착되어 피부가 검어지며 생체조직의 노화가 촉진된다. 즉, 비타민 E는 생체 내의 과산화물 생성을 억제하는 항산화제로 작용하여, 과산화물의 증가로 인한 인체의 면역력 약화를 방지하고, 체세포 손상으로 인한 발암작용을 방지할 뿐만 아니라 생체조직 세포의 노화를 방지하는 역할을 한다.

이 비타민은 곡류의 배아, 특히 밀의 배아에 많이 들어 있고, 배아유인 옥수수기름 그리고 콩기름, 면실유, 들기름, 참기름 등에도 들어 있는데, 기름에 녹는 지용성 비타민이므로 이들 기름을 이용함으로써 비타민 E를 섭취할 수 있다. 이밖에 녹엽채소류, 견과류, 두류 등에도 분포되어 있다.

(2) 비타민 C

비타민 C는 아스코르빈산(ascorbic acid)이라고도 하며, 강력한 환원제로 작용하여, 체세포의 산화를 방지하는 항산화제의 기능을 재생시키는 상승제(synergist) 역할을 한다. 즉, 체내에서 항산화작용을 하는 비타민 E가 소진되면 비타민 C는 비타민 E의 기능을 재생시켜, 항산화 기능을 증대시키는 상승제로 작용한다.

비타민 C는 오렌지, 레몬, 녹엽채소류, 토마토, 감자, 과일류 등에 풍부하게 들어 있다. 신선한 과일과 채소를 섭취하지 못하면 콜라겐(collagen)을 정상적으로 합성하지 못하여 결체조직의 이상으로 인한 괴혈병(壞血病)이 생기는데, 그 치료의 유효성분이 바로 이 비타민이다.

또한 이 비타민은 신경전달 물질인 세로토닌(serotonin)을 합성하며, 콜레스테롤로부터 스테로이드 호르몬을 합성하는 역할을 하여 혈중 콜레스테롤을 감소시켜 고콜레스테롤혈증의 예방 및 치료에도 효과가 있다. 이밖에 철분의 흡수를 증가시켜 피를 만드는 조혈기능을 한다. 그리고 이 비타민이 부족하면 상처의 회복이 지연되고, 감염에 대한 저항력이 약화된다.

(3) 베타-카로틴

당근에 많이 들어 있는 **베타-카로틴**(β-carotene)은 체내에서 비타민 A로 전환되는 전구물질로 비타민 A로도 작용되지만, 주요 기능은 체내에서 노화를 지연시키고, 암을 예방하는 역할이다.

각종 성인병과 암 그리고 노화의 주원인은 체세포의 지방질이 산화되어 생기는 과산화물 때문이다. 그러나 우리 몸 안에는 과산화물을 제거하는 과산화물 변이효소(SOD : superoxide dismutase)가 있어 과산화물을 제거한다. 즉, 체내에서 베다-가로딘은 SOD와 같은 기능을 가지고 있어 성인병 예방과 항암, 항노화 작용을 한다.

(4) 셀레늄

셀레늄(selenium)은 효소 글루타티온 페록시다아제(glutathion peroxidase)를 구성하는 무기질로서 이 효소에는 네 개의 셀레늄 원자가 결합되어 있다. 이 효소에는 유해산소에 의해 생성된 과산화수소를 분해하여 세포의 손상을 방지하는 역할을 하며, 유해산소에 의해 생성된 과산화물이 단백질과 결합하여 만들어 낸 리포푸신(lipofuscin)이라는 노화물질을 분해하기도 한다.

셀레늄은 면역계를 자극하여 질병에 대한 저항력을 높이며, 니코틴, 알코올, 환경오염 물질, 납, 수은, 카드뮴 같은 중금속 독성물질을 분해한다. 또한 셀레늄은 정자 생성과 남성 호르몬인 테스토스테론 생성에 기여하여 불임 남성이 출산할 수 있는 능력을 갖게 한다.

셀레늄의 암 예방과 치료효과는 셀레늄이 암을 유발하는 유리기(free radical)를 포착하는 작용이 있기 때문이다. 셀레늄을 암 환자에게 투여할 경우 연명(延命)효과가 있을 뿐만 아니라 암세포의 조직이 감소하는 현상을 나타낸다고 한다.

셀레늄은 심장질환 예방 및 경감효과도 있는데, 이는 셀레늄이 비타민 E와 협력하여 심장을 움직이는 에너지로 작용하는 코엔자임 Q(coenzyme Q)를 생산하여 심장의 통증을 경감시키기 때문이다. 그리고 셀레늄은 글루타티온 페록시다아제의 주요 구성 성분으로서 간장세포 괴사 및 경화를 예방한다.

셀레늄은 버섯류, 브로콜리(broccoli), 양배추, 마늘, 양파, 곡류(특히 현미, 통밀), 맥주효모, 밀 배아, 생선류 등에 들어 있다.

(5) 리코펜

리코펜(lycopene)은 일종의 붉은색을 지닌 카로티노이드(carotenoid)계 색소 성분의 하나로 토마토에 많이 들어 있다. 리코펜은 체내에서 암과 노화를 유발시키는 유해한 산소를 제거하는 능력이 베타-카로틴의 두 배, 토코페롤의 열 배의 효능을 지닌 매우 강한 항산력을 지니고 있는 항산화제로 작용한다.

최근 연구에서 리코펜을 함유한 토마토를 많이 섭취할 경우 유방암과 전립선암을 낮출 수 있을 뿐만 아니라 혈중 콜레스테롤 수치를 낮출 수 있다고 보고된 바도 있다.

(6) 이소플라본

콩에 들어 있는 **이소플라본(isoflavone)**은 여성의 갱년기 장해를 완화해 줄 뿐만 아니라 폐경기 이후에 나타나는 심혈관 질환 및 골다공증을 예방해 주며, 특히 여성 호르몬인 에스트로겐(estrogen) 의존성 유방암, 전립선암 및 대장암의 발생을 감소시켜 주는 생리활성 물질이다.

과일, 채소, 과일 주스 등에도 들어 있으며, 두유는 이소플라본의 좋은 공급원이 된다.

(7) 폴리페놀 화합물

폴리페놀(polyphenol) 화합물은 식물의 잎, 특히 차류(茶類)에 많이 들어 있으며, 이 화합물 중 특히 카테킨 성분이 항산화제의 기능을 가지고 있어 항노화, 항암 작용을 한다.

3) 다이어트에 좋은 기능을 가진 물질

(1) 캅사이신

고추의 매운맛 성분인 **캅사이신**(capsaisin)은 체지방질의 분해 연소를 촉진하는 에너지 대사에 관여한다. 캅사이신은 부신교감 신경을 자극하여 아드레날린(adrenaline)의 분비를 촉진시켜 백색 지방조직의 지방분해를 증가시키고, 아울러 생체의 에너지 소비기관인 갈색 지방질 세포에서의 열 생산을 증가시키게 하므로 궁극적으로 체지방이 분해되어 감소하게 된다.

매운 고추를 먹었을 때 몸이 더워지면서 땀을 흘리게 되는데, 이는 에너지 대사의 촉진에 따른 체열 발산에 기인하기 때문이다. 즉, 고추의 캅사이신 성분이 체열의 발생을 촉진시켜 결국 체지방의 연소를 증가시킴으로써 비만이 억제되는 것이다.

(2) 알긴산

미역이나 다시마 등의 해조류에 많이 들어 있는 **알긴산**(alginic acid)은 장의 연동운동을 도와 대변을 잘 나오게 하여 변비예방에 좋다. 알긴산은 열량을 내지 않는 저칼로리 물질이며, 장내에서 스펀지와 같이 부풀어 만복감으로 음식을 적게 섭취하게 되어 체중조절 식이성분(食餌成分)으로 우수할 뿐만 아니라 장내의 유해금속이나 콜레스테롤 등을 흡수 · 제거하는 기능도 아울러 가지고 있다.

(3) CLA

CLA는 공액(共軛) 이중결합을 한 **리놀레산**(conjugated linoleic acid)의 약자로, 반추동물의 육류와 우유 및 치즈 등의 유제품에 들어 있다. CLA는 체내에서 지방 산화 및 분해를 증가시키는 기능을 가지고 있는데, 지방세포 수를 감소시키기보다는 체세포의 지방량을 감소시키는 기능을 한다고 한다. 인체를 대상으로 한 연구에서 체지방 감소효과가 관찰되었는데, 특히 복부지방의 감소가 있음을 보고한 바 있다.

(4) 키토산

키토산(chitosan)은 게, 새우 등의 갑각류와 곤충 등에서 단백질과 복합체를 이루어 형성된 껍질 성분으로 섬유소 다음으로 풍부한 생물 소재이다.

키토산은 혈중 콜레스테롤 수치를 낮추고, 콜레스테롤과 지방질의 흡수를 방해하여 배설을 증가시키며, 담즙 배설이 증가되어 고지방 식이에 의한 지방간 발생 및 체중증가를 억제함으로써 항비만(抗肥滿) 효과가 있음이 보고되고 있다. 이러한 효과는 키토산이 콜레스테롤 및 지방질과의 흡착에 기인하는 것으로 보고되고 있다.

(5) L-카르니틴

L-카르니틴(carnitine)은 비타민 B와 유사한 성분으로 우리 몸에서도 소량 합성된다. 이 물질은 붉은색 육류에 들어 있다. L-카르니틴은 지방산을 근육세포로 운반해서 에너지 생산을 위한 연료로 쓰이게 하므로 체지방을 연소하는 데 기여한다.

L-카르니틴 없이는 지방을 연소시킬 수 없으므로 비만인 사람의 경우 L-카르니틴을 보충할 경우 지방 연소율을 높여 주어 체중 감량에 도움을 받을 수 있다.

(6) 히드록시 시트르산

히드록시 시트르산(hydroxy citric acid : HCA)은 가르시아 캄보지아라는 약초에 함유된 성분이다.

히드록시 시트르산은 식욕을 억제하는 기능이 있는데, 이는 당이나 지방산을 체지방으로 저장하는 대신 간으로 보내어 글리코겐으로 만들어 저장하게 하기 때문인데, 이러한 신진대사의 변화가 두뇌에 신호를 보내 식욕 및 음식 섭취량을 줄이게 한다. 또한 히드록시 시트르산은 나쁜 LDL-콜레스테롤을 감소시키는 반면, 좋은 HDL-콜레스테롤을 증가시키는 기능도 아울러 지니고 있다.

4) 그 밖에 건강 기능성을 지닌 물질

(1) 루테인

루테인(lutein)은 인간의 망막 렌즈(lens)에서 발견되는 유일한 카로티노이드계 색소로, 루테인이 부족할 경우 시력이 약화되는데, 루테인은 시력을 약화시키는 유해한 활성산소를 제거하는 항산화 기능을 하는 중요한 물질이다. 그래서 루테인은 백내장과 노안(老眼)에 관련된 퇴형성 안질로 생길 수 있는 시력 약화를 방지하는데 도움을 준다.

루테인은 체내에서 합성할 수 없으므로 식품을 통해 공급받아야 하는데 주로 녹색 채소인 시금치, 케일, 브로콜리에 비교적 많이 들어 있다.

(2) 엽산

엽산(folic acid)은 아미노산과 핵산의 합성에 필수적이며, 세포분열과 성장에 특히 중요하다. 엽산의 결핍은 주로 임신부, 성장기 아동, 노인에게 발생하며, 특히 임신부의 경우 조산, 사산, 저체중아 출산 등 임신 결과에 악영향을 미치고, 빈혈, 설염(舌炎), 위장장애를 초래한다.

엽산은 동식물 식품에 많이 들어 있는데 특히 간, 시금치와 같은 녹색 채소류, 콩류 등과 양배추, 옥수수, 밀, 감자 등에도 들어 있다.

(3) 글루타티온

글루타티온(glutathion) 성분은 효모에 들어 있는데 과산화물의 생성을 억제하는 항산화성을 가지고 있고, 또한 간 기능을 개선하는 작용을 한다.

(4) 키틴

키틴(chitin)은 갑각류의 구조형성 다당류로서 바닷가재, 게, 새우, 곤충류 등의 단단한 경직성을 가진 껍질 성분이다. 이 성분은 콜레스테롤을 저하시키는 항콜레스테롤 작용과 인체의 면역을 증대하는 작용을 한다.

(5) 리신

리신(lysine)은 염기성 아미노산으로서 체내의 단백질 합성에 필요한 필수아미노산이다. 또한 이 아미노산은 혈관을 튼튼하게 하는 혈관 강화작용을 하여 고혈압으로 인한 뇌출혈을 방지하는 역할을 한다. 메밀에 많이 들어 있어 이 재료를 사용한 냉면, 메밀국수, 메밀묵 등은 고혈압이 있는 사람에게 좋은 식품이다.

(6) 렌티난

렌티난(lentinan)은 버섯, 특히 표고버섯에 들어 있는 다당류로서 면역체계의 기능을 높이는 KS-2라는 강력한 항바이러스 물질을 함유하고 있는데, 이 물질은 인플루엔자 바이러스의 감염에 항바이러스 활성을 가지고 있다.

4. 식품의 변패와 저장

1) 식품의 변패

식품이 본래 가지고 있는 고유 성분이 변화하거나 품질이 저하되는 것을 **변패(變敗, deterioration)**라 한다. 식품의 변패는 주로 단백질 식품이 미생물에 의해 분해되어, 분해 생성물이 생성되고 악취와 유해 물질이 생겨 발생하는데, 이를 **부패(putrefaction)**라고 한다. 한편, 지방질 식품은 공기 중의 산소와 산화 효소에 의한 산화, 가수분해 효소에 의한 분해 등으로 변패가 발생하는데, 이를 **산패(酸敗, rancidity)**라고 한다.

따라서 식품의 변패는 식품의 품질저하를 뜻하는 것이나, 이에 반하여 당질 식품은 미생물에 의해 알코올과 유기산 등이 생성되어 유용한 물질로 만들어지는데, 이를 **발효(醱酵, fermentation)**라고 한다. 그래서 콩이나 밀가루 등의 단백질을 분해하여 된장, 간장을 제조하는 과정은 부패라 하지 않고 발효라고 한다.

변패는 식품 중의 효소작용과 미생물의 증식 등에 의해 일어나며, 변패반응을 촉진시키는 요소는 효소, 미생물, 수분, 온도, 산소, 빛, 금속 등이다.

식품은 생물체로부터 얻어지기 때문에 세포내에 여러 효소가 존재하고 있다. 효소에 의한 식품의 변패는 생체내의 활성 효소에 의해 일어나는데, 조직이 파괴되어 생체의 활성이 저하되고 조직 내의 불활성 효소가 활성화되어 생긴다.

위와 같이 효소작용에 의해 변패가 이루어지면 이것이 계속해서 진행되어 조직 내에서 자기소화(autolysis)가 이루어지는데, 청과물의 경우는 산화효소에 의한 호흡분해를, 육류의 경우는 사후경직 후 자기소화를 예로 들 수 있다.

미생물의 증식, 효소의 작용, 산화반응 등은 온도의 영향을 받는다. 미생물의 경우 번식 한계온도는 곰팡이 15~37℃, 효모10~35℃, 세균 5~45℃이다.

식품 자체에 존재하거나 외부로부터 오염된 미생물에 의해 발생하는데 상온에서 식품에 번식하는 분해 무생물로는 곰팡이(Mold : Penicillium속, Rhizopus속, Mucor속), 효모(Yeast : Saccharomyces속), 세균(Bacteria : E.coli, Lactobacillus, Bacillus) 등이 있다. 미생물의 증식에는 수분이 필요하며, 건조식품의 경우 공기 중의 수분을 흡수하여 이용한다.

산소 분압이 높으면 산화반응 속도가 빨라진다. 유리산소가 존재하는 환경에서는 호기성 균의 번식이 촉진되며, 산화효소에 의해 갈색화 반응이 촉진된다.

대부분 미생물은 빛(자외선)에 의하여 살균이 된다. 그러나 자외선은 단파장으로 식품 내부에 유해 미생물은 자외선만으로는 살균하기 어렵다. 산화반응의 경우 빛에 의하여 촉진되는데, 빛에 의한 산화는 빛 에너지를 직접 흡수하여 진행하는 경우와 식품 중의 감광물질이 빛을 흡수하여 식품이 산화되는 경우가 있다.

철, 코발트, 니켈, 망간 등의 금속류는 산화반응의 촉매 역할을 하므로 식품의 산화와 갈색화 반응을 촉진시킨다. 따라서 변패를 방지하려면 이미 언급한 변패의 원인이 되는 요소들을 제거하거나 반응조건 또는 증식조건 등의 환경조건을 변화시켜야 한다.

(1) 식품의 부패

부패는 단백질 식품이 미생물에 의해 저급 화합물로 분해되어 이취(異臭) 및 유해물질을 생성하는 것을 말한다. 부패는 혐기적 분해와 호기적 분해로 나눌 수 있다.

혐기적 분해는 미생물에 의해 단백질이 펩톤(peptone), 아미노산의 분해과정을 거쳐 최종적으로 H_2S, 메르캅탄(mercaptane), 메탄(methane) 및 각종 아민(amine)류의 유해물질을 생성한다.

호기적 분해는 호기성 미생물에 의해 산화적 분해가 일어나 H_2S와 메르캅탄 등은 황산염의 형태가 되고, NH_3, 메탄 등은 질소와 탄산가스가 되어 액성은 알칼리성으로 된다. 그러나 두 분해과정이 따로 진행되기보다는 환경조건에 따라 분해과정이 다르게 이루어지는데 호기성균의 증식으로 산소가 부족한 환경에서는 혐기성균의 증식이 이루어진다.

(2) 식품의 산패

지방질 식품과 식용유지 등은 가공 및 저장 중에 이미(異味), 이취 그리고 유독물질이 생성되는데, 이는 지방질이 산패되기 때문이다.

지방질의 산패는 유지 분자의 에스테르 결합이 가수분해에 의해 유리지방산(free fatty acid)을 생성하여 산패가 되는 가수분해적 산패와 지방질 성분이 산소와의 반응에 의해 산화되는 산패로 구분할 수 있다.

가수분해적 산패는 지방질 식품의 물, 산, 알칼리, 효소 등에 의해 가수분해되어 발생하는 것이며, 유리지방산과 글리세롤로 분해되어 불쾌한 냄새와 맛을 낸다. 따라서 유리지방산의 함량을 측정하여 지방질 식품의 품질 지표로 삼고 있다.

미강유를 착유할 때 식물체 조직이 파괴되어 기름과 함께 리파아제가 추출되어 가수분해적 산패가 일어난다.

우유나 유제품은 가수분해적 산패에 의하여 심한 악취를 동반하는데, 이는 구성 지방산 중에 부티르산(butyric acid), 카프로산(caproic acid), 카프릴산(caprylic acid)등의 휘발성 저급 지방산들이 생성되기 때문이다.

산화에 의한 산패는 지방질 가운데 불포화지방산의 산화에 의해 불쾌한 냄새와 맛이 형성되는 것이다. 지방질이 대기 중의 산소를 자연 발생적으로 흡수하고, 흡수된 산소는 지방질을 산화시켜 과산화물을 생성하는 자동산화(autoxidation)에 의해 산패가 일어난다. 이 산화는 리폭시다아제(lipoxidase), 리포히드로퍼옥시다아제(lipohydroperoxidase) 등의 효소와 헴(heme) 화합물이나, 클로로필(chlorophyll) 같은 생화학적 물질에 의해 촉진된다.

이밖에 식품의 조리 가공 중이나 저장하는 동안에 효소적으로 또는 비효소적으로 변색이 일어나기도 하는데 이러한 반응을 식품의 갈색화 반응이라 한다.

식품의 **갈변(褐變)**은 식품의 외형과 냄새를 변화시키며 비타민이 손실되어 영양가를 감소시키는 등의 품질저하를 일으키는 경우가 많으나 그 반면에 홍차, 빵의 갈색, 된장이나 간장의 색 등과 같이 식품의 향기와 색을 좋게 하는 경우도 있다. 그러나 대체로 식품의 갈변은 식품의 품질을 저하시키는 경우가 많다.

2) 식품의 저장

식품의 변패를 방지하고 최종 소비할 때까지 그 안전성을 유지하기 위해 식품의 저장은 매우 중요하다. 식품의 저장은 변패의 원인을 제거하는 것으로 그 저장법은 변패에 관여하는 미생물의 증식조건, 즉 환경조건에 변화를 주는 것이라 할 수 있다. 저장법에는 저온 저장법, 가열 건조법, 염장(鹽藏) 및 당장(糖藏)법, 산(酸)절임법, 훈연법(燻煙法), 가스 저장법, 조사(照射)살균법 등이 있다.

(1) 저온 저장법

식품의 변패에 관여하는 미생물의 생육이 정지되는 생물적 영(zero)도에서 저장하는 방법으로 냉장법, 냉동법, 움저장법 등이 있다.

냉장(冷藏)은 식품을 0~4℃로 저장하는 방법으로 많은 미생물이 생육할 수도 있고, 자기소화에 의해 기간이 경과되면 변패될 수도 있다. 특히 어패류, 육류와 같이 단백질이 풍부한 식품은 변질되기 쉬우므로 안전한 저장법이라 할 수 없다.

냉동(冷凍)은 0℃ 이하에서 동결시키는 것으로 보통 -15℃ 이하로 저장하는 방법이며, 식품을 급속 냉동시키는 것이 바람직하다. 급속 냉동은 얼음을 미세하게 결정(結晶)시키기 때문에 식품조직의 파괴와 단백질의 변패가 적어 식품을 원래의 상태로 유지할 수 있다.

식품 변패에 관여하는 미생물은 -5℃ 이하에서 번식하지 못하나 냉동에 의해 균이 완전히 사멸되는 것이 아니므로 상온에 두면 미생물이 다시 증식되고, 냉동 중 파괴되었던 식품조직에서 액이 분리되어 나온다. 즉, 해동(解凍)할 때 가용성 물질이 분리되어 나오는 것을 드립(drip)이라 한다. 드립 현상이 많으면 색과 맛, 그리고 영양소가 손실되어 품질저하뿐만 아니라 부패가 쉽게 일어난다.

이밖에 움 저장법이 있는데 고구마, 감자, 무, 배추 등을 움 속에서 저장하는 것으로 이때의 온도는 10℃로 유지되어야 한다.

한편 식품의 품질저하는 생물 화학적 변화와 호흡작용에 의한 변화 등에 의해 일어나므로 이를 방지하려면 식품을 저온으로 유지하는 것이 바람직하다. 따라서 식품의 생산과 소비과정을 일관되게 저온으로 유지시키는 것을 저온 유통 체제(cold chain system)이라 한다. 이와 같은 체제를 이용한 식품류는 우유 및 유제품, 육류, 수산물, 농산물 등에서 볼 수 있다.

(2) 가열 건조법

가열법에는 건열을 이용한 건열법, 증기를 이용한 습열법, 가압솥(autoclave)을 이용한 가압법 등이 있다.

병조림과 통조림은 식품을 용기에 넣어 가열 살균하여 밀봉한 것으로 미생물이 완전 살균된 것이다. 180℃ 이상에서 살균하는 건열법은 식품 살균에 이용하는 경우가 적다.

가열살균에는 다음과 같은 방법이 있다.

㉠ **저온 살균법**(pasteurization) : 파스퇴르(Pasteur)가 고안한 살균법으로 62~65℃에서 30분간 가열하는 살균법이다. 시유(市乳), 주스, 간장, 식초, 과일주 등에 이용하며, 이 살균법은 포자를 형성하지 않는 병원균을 완전히 살균시킨다.

㉡ **고온 순간 살균법**(high temperature short time pasteurization : HTST) : 시유나 유제품 제조 시 주로 많이 이용하는 살균법으로 71~73℃에서 15초간 가열 살균하는 방법이다.

㉢ **초고온 순간 살균법**(ultra high temperature pasteurization : UHT) : 시유 살균 시 이용하는 살균법으로 132℃에서 2초간 살균하는 방법이다.

㉣ **가압 살균** : 내열성 포자(耐熱性 胞子)를 형성하는 균은 100℃에서 사멸되지 않으므로 증기 가압솥(autoclave 또는 retort)을 이용하여 압력을 올려 살균하는 방법이다. 증기압이 15파운드(lbs)이면 온도가 121℃에 도달한다. 가압살균은 주로 15파운드에서 실시한다.

미생물은 수분이 제거되면 번식하지 못하는데 이 원리를 이용한 저장법으로 일광 건조와 인공 건조법이 있다.

일광 건조는 햇볕에 의해 건조시키는 방법으로 수산물과 농산물 등을 대기 중에서 자연 건조시키는 법이다.

인공 건조법에는 열풍, 고온, 배건, 감압, 동결 건조 등의 방법이 있다.

열풍건조법은 육류, 어류, 달걀류 등을 건조시킬 때 사용하는 방법으로 가열한 열풍을 보내서 식품을 건조시키는 방법이다.

고온건조법은 생전분(β-전분)을 호화전분(α전분)으로 변화시키는 건조법으로 90℃ 이상의 고온에서 건조시키는 방법이다.

배건법(焙乾法)은 식품을 직화(直火)로 건조시키는 방법으로 열 이용율은 좋지만 식품 성분이 변화되기 쉬워 가능한 특수 목적을 위해 즉, 특유한 향을 낼 때 사용한다. 예를 들어 녹차, 커피콩 등은 배건법을 이용한다.

감압 건조법은 감압(減壓)하여 저온에서 건조시키는 방법으로 채소, 분말 달걀, 분유의 제조 등에 이용된다. 산소가 적고 온도가 낮아 제품의 품질이 떨어지지 않으나 시간이 많이 소요되어 자기소화가 일어날 수 있으므로 질소가스나 탄산가스 등의 불활성 가스를 사용함으로써 이를 방지할 수 있다.

냉동 건조법은 단백질 응고와 지방질 산화를 방지하기 위해 식품을 냉동시켜 저온에서 건조시키는 방법이다. 당면(唐麵), 건조 두부, 한천(寒天, agar) 등의 제조에 이용된다.

증발 건조법은 농축시켜 저장성을 높게 하고 무게와 부피를 줄이기 위해 주로 사용하는 방법이다. 엿, 연유, 과즙 등의 액체 식품에 적용한다.

분무 건조법은 분유 제조 시에 주로 이용하는 방법으로 액체를 무상(霧狀)으로 분무(噴霧, spray)하여 열풍으로 건조시키는 방법이다. 우유를 분무하면서 가열하면 증발 면적이 커져서 건조가 쉽고, 속도가 빨라진다.

(3) 염장법 및 당장법

염장법(鹽藏法) 및 당장법(糖藏法)은 소금이나 설탕을 넣으면 삼투압(滲透壓, osmotic pressure)이 높아져 식품의 수분이 탈수되고 미생물의 원형질이 분리되어 미생물의 생육이 억제됨으로써 식품의 변패를 방지하는 방법으로 예로부터 사용되고 있다.

염장법에는 식품을 소금물(20~25℃)에 담가서 식품조직에 소금물을 침투시키는 염수법(鹽水法, brine salting)과 육류 등에 10~15%의 소금을 직접 뿌려 퇴적(堆積)시키거나 혼합하는 건염법(乾鹽法, dry salting)이 있다. 호염균(好鹽菌, halophilite)이나 내삼투압성균(耐 透壓性菌, osmophilite) 등은 소금에 대한 미생물의 저장성이 크므로 pH를 낮게 함으로써 그 생육을 저지시킬 수 있다. 염장법으로는 부패균의 생육을 억제시킬 뿐, 살균 효과는 없다.

당장법은 잼(jam), 젤리(jelly), 마멀레이드(marmalade), 가당연유, 과일 등을 설탕 절임으로 저장하는 방법이다. 67% 이상의 설탕액에서는 생육하는 호당성(好糖性, saccharophilite) 미생물이 있으므로 pH를 낮추기 위해 산을 첨가하면 부패균의 생육을 저지시킬 수 있다.

(4) 산 절임법

초절임이라고도 하며, pH가 낮은 초산, 젖산 등을 이용하여 식품을 저장하는 방법이다. 김치, 오이지(pickle) 등의 식품은 발효 중에 생성되는 산에 의해 저장되는 한 예이다. 이밖에 산을 가해 절임하는 식품도 있다.

산에 의해 미생물의 생육이 저지되는 pH에는 다소 차이가 있다. 미생물의 생육을 저지하는 초산의 pH는 균종에 따라 다르나 대체로 pH 4.9 이하이며, 효모와 곰팡이는 pH 3~4에서 생육이 중지된다.

미생물의 생육에 대한 저지 효과는 산과 소금, 산과 당, 산과 방부제 등과 관계가 있으므로 이들 물질을 겸용함으로써 산 저장의 효과를 증대시킬 수 있다.

(5) 훈연법

식품을 **훈연(smoking)**하면 살균력이 있는 물질이 식품에 투입됨과 동시에 건조되어 저장성이 증대되고 아울러 특수한 냄새와 맛을 부여하는 효과가 있다. 즉 훈연은 수지(收支)가 적은 떡갈나무, 참나무, 벚나무 등의 연기를 말하며, 연기에 의해 포름알데히드(formaldehyde), 메틸알코올(methylalcohol), 석탄산(phenol), 개미산(formic acid), 초산(acetic acid), 다환탄화수소(polycyclic hydrocarbon) 등의 방부성이 있는 물질이 생성되나 다환탄화수소 중에 벤조피렌(benzopyrene)이나 디벤즈안트라센(dibenzanthracene)은 발암성 물질로 알려져 이용에 유의해야 한다.

훈연에는 냉훈법(冷燻法), 온훈법(溫燻法), 액훈법(液燻法) 등이 있다. 냉훈법은 15~30℃의 비교적 저온에서 훈연하는 방법으로 드라이 소시지(dry sausage) 제조에 이용되고 있고, 액훈법은 훈연 성분을 용해시킨 수용액에 식품을 넣어 훈연의 효과를 내는 방법이다.

(6) 가스 저장법

이 저장법은 즉, **CA 저장**(controlled atmosphere storage)이라고도 하며 과일류, 달걀 등의 저장에 주로 이용되고 있는데, 이는 식품이 저장 중에 호흡작용을 하는 성질에 따라 탄산가스나 질소가스 등을 이용하여 보존하는 것이다.

과일 저장 시에 불활성 가스의 농도가 높고 산소가 부족할 경우, 분자 간의 호흡작용으로 알코올 발효를 일으켜 품질이 저하될 수 있으므로 가스 저장법을 사용할 때는 어느 정도 산소가 있어야 한다.

사과의 경우 산소 10%, 탄산가스 10~15%의 혼합기체 중에서 5℃로 저장하는 것이 효과적이며, 토마토의 경우 산소와 탄산가스를 각각 5%의 혼합기체로 하여 12℃에서 저장하는 것이 좋다. 달걀을 저장할 경우 탄산가스로 저장하면 알 껍질에서 탄산가스 발산을 억제하므로 흰자위의 수양화(水樣化)가 지연된다. 따라서 CA저장을 할 경우 산소와 가스의 농도 그리고 냉장을 고려해야만 이상적인 저장법이 될 수 있다.

(7) 조사 살균법

조사(照射) 살균법은 식품을 날것 상태에서 살균할 수 있어 냉온 살균(cold sterilization)이라고도 하며, 자외선(紫外線, ultraviolet ray)을 이용하는 방법과 방사선(radioactive ray)을 이용하는 방법이 있다.

자외선 살균법은 자외선 중 가장 살균력이 강한 파장인 2,650Å 부근에서 H_2O_2를 발생하여 식품 표면의 세균을 죽이는 일종의 산화작용에 의한 살균으로, 식품 내부에 있는 세균에는 효과가 없다. 따라서 식품의 기구, 식품의 표면, 투명한 음료수 등의 살균에 적용하고 있다.

방사선 조사법은 주로 감자의 저장에 많이 이용되고 있으며, 이 방법은 감자에 방사선을 조사하여 저장 중에 감자의 발아(發芽)를 억제시키는 것이다.

방사선 동위원소에 나오는 α, β, γ선과 X선을 방사선이라 하며, 이들을 조사시키면 식품내의 분자가 이온화되기 때문에 이온화 방사선이라고 한다. 이중 식품 저장에 이용하는 것은 주로 α선과 β선이다.

식품의 살균 및 효소의 불활성화 등에 필요로 하는 방사선량은 생물의 종류, 온도, 습도, 효소의 유무에 따라 다르다.

이밖에 지방의 산화를 방지하는 항산화제(抗酸化劑)와 미생물의 증식을 억제하는 방부제 등을 사용하여 식품의 변패를 방지하는데, 이와 같이 보존제를 이용하면 저장의 효과를 증대시킬 수 있다.

5. 식품포장

1) 식품포장의 의의와 목적

식품을 포장하는 것은 알맞은 용기나 재료를 사용하여 유통과정의 위생적인 면에서 안전성과 보존성을 높이고, 편리성과 보호성을 부여함으로써 취급하기 편하게 하여 궁극에는 판매를 촉진하는 데 그 의의가 있다고 할 수 있다.

식품을 생산해서 소비에 이르는 동안, 즉 저장, 수송, 판매 및 소비 등의 여러 과정에서 식품을 포장하는 것은 다음과 같은 목적을 이루기 위함이다.

㉠ 오래 저장할 수 있도록 식품의 품질을 유지하여 보존성을 높인다.
㉡ 편리성을 부여하기 위해 제품의 운반, 판매 및 소비를 하는 데 간편하게 한다.
㉢ 미생물이 부착되거나, 이물질이나 유해물이 혼입되지 않도록 하여 위생적 안전성을 높인다.
㉣ 수송 및 취급 과정에서 가압(加壓) 혹은 충격이나 진동 등에 의해 손상받지 않도록 하여 보호성을 높인다.
㉤ 상품적 가치를 높이기 위해 내용물을 명확히 표시하고 아울러 제품의 외관을 아름답게 하는 등의 판매촉진 효과를 얻을 수 있다.

위와 같은 기능과 목적을 지닌 식품포장은 최근에 이르러 합성수지를 이용한 부드러운 필름 포장을 활용하는 등 많이 개선되고 있다.

2) 식품포장의 분류

(1) 기능적 분류

식품포장을 기능적인 면에서 분류하면 낱포장, 속포장, 겉포장 등으로 나눌 수 있는데, 이들 포장들이 잘 조화됨으로써 포장의 기능을 충분히 발휘할 수 있다. 이 가운데 낱포장은 위생적인 안전성 등과 같은 식품의 품질유지에 직접적으로 관련되는 매우 중요한 포장이다.

낱포장(個裝, item packaging)은 식품포장의 기본이 되는 것으로 최종 소지단계로 나누어 직접 포장재료와 접촉되는 포장으로 내용물의 보존성을 높이고, 위생적인 안전성을 부여하여 판매 및 소비를 편리하게 하는 데 주요한 역할을 한다.

속포장(內裝, interior packaging)은 낱포장한 것을 보호하고, 이를 적당한 수량으로 묶어 판매 단위로 구분하기 위해 다시 포장한 것이다.

겉포장(外裝, exterior packaging)은 유통과정에서 수송이나 보관을 편리하게 하고 충격 그리고 진동 및 가압 등으로 인한 손상을 막기 위해 낱포장 및 속포장을 다시 포장한 것이다.

(2) 포장 재료별 분류

포장 재료를 포장의 분류법에 따라 여러 가지 방법으로 분류하고 있는데, 폴리에틸렌 필름, 셀로판 등과 같은 각종 플라스틱 필름, 알루미늄박(箔) 등의 유연성합성수지계, 종이가공지, 판지, 지기(紙器), 종이포대, 골판지상자 등의 종이제품과 알루미늄관, 양철관, 드럼관, 압출식 금속 튜브 등의 금속성 제품, 각종 유리용기 및 유리병 등의 유리용기, 플라스틱제 용기, 나무통, 나무상자, 나무용기 등이 있으며, 완충제로서 골판지, 플라스틱 발포제(發泡劑), 짚 등을 사용하거나 가마니, 거적 등 이용하기도 한다.

그 밖의 재료로는 소시지 제조용인 동물의 장(腸), 웨이퍼(wafer), 아밀로오스 필름 등이 있다.

식품포장의 재료는 그 포장의 목적과 기능을 충분히 발휘할 수 있는 성능을 갖추어야 하나 한 재료만으로는 다양한 요구를 만족시킬 수 없다. 그래서 각 포장 재료가 지닌 성능과 식품 내용을 잘 검토하여 적합한 재료를 선택하는 것이 필요하다. 따라서 식품포장 재료가 갖추어야 할 조건으로 첫째로 무독, 무해, 무미, 무취 그리고 미생물이 투과되지 않을 것 등의 위생성, 둘째로는 방습 방수성, 차단성, 보향성(保香性), 단열성, 내수성, 내한성, 내유성, 내산성, 내알칼리성 등과 물리적 강도로는 완충성, 내마성(耐摩性), 파열 강도, 충격 강도, 신장도가 우수하여 보호성이 확보되어야 한다. 셋째로는 기계 적응성과 포장 작업성이 용이하여야 한다. 넷째로는 개봉(開封)용이성, 휴대 적성 등의 편리성이 있어야하고 투명성, 광택 등이 우수하여야 하며, 인쇄가 용이하여야 한다. 마지막으로 생산성, 수송 및 보관성이 좋아야 하며, 가격이 저렴하여 경제성이 확보되어야 한다.

3) 식품포장의 종류

(1) 종이 및 가공지

포장 재료인 종이는 많은 특성 때문에 다른 재료에 비해 그 수요가 많다. 종이로 포장하는 식품은 건조식품에 한정하였으나 금속박이나 플라스틱 등의 출현으로 이들을 복합적으로 사용하기 시작하면서부터 방습성, 내유성을 가진 가공지가 개발되어 건조식품 이외에 액체식품의 용기로도 이용되고 있다.

지기(紙器)는 판지(板紙)와 같은 두꺼운 종이를 사용하여 물건을 담거나 포장할 수 있도록 만든 용기나 상자를 말한다. 지기에는 지대(紙袋), 종이갑, 종이상자, 지관(紙罐), 종이접시, 종이컵, 액체용 종이용기, 골판지상자 등이 모두 포함된다.

종래에 액체음료인 우유, 유산균음료, 과즙음료 등을 유리병에 사용해 오던 것을 근래에 와서 종이에 폴리에틸렌을 겹쳐 붙이는, 즉 라미네이트(laminate)한 종이용기가 사용되고 있다. 스웨덴의 테트라팩(Tetra Pak)사에서 개발한 용기로 세계적으로 널리 알려진 테트르팩이 대표적이며 이 제품은 폴리에틸렌을 라미네이트한 크라프트(kraft)지를 2중으로 겹치고, 그 바깥쪽을 왁스로 코팅한 것이다.

이밖에 포장지로 사용하는 황산지(黃酸紙, parchment paper)가 있는데, 이 종이는 냉(冷) 진한 황산으로 처리한 것으로 특히 버터, 마가린, 과자, 채소, 과일 그리고 약 등의 포장에 쓰인다.

(2) 플라스틱 필름

플라스틱의 출현으로 식품포장이 급속도로 발전했다고 할 수 있다. 플라스틱은 필름으로서 대량 사용되는 것 이외에 성형용기, 완충제, 테이프, 끈, 접착제, 라벨 등으로 사용되고 있다.

플라스틱은 열이나 압력 등으로 소성변형(塑性變形)을 시켜 성형할 수 있는 고분자 화합물로 가소성(可塑性, plasticity)를 가진 물질이다. 이러한 가소성을 가진 물질에는 천연수지(天然樹脂, natural resin)와 합성수지(synthetic resin)가 있는데, 플라스틱이라 함은 보통 합성수지로 통하고 있다. 다른 포장 재료에 비해 플라스틱은 많은 장점을 지니고 있다.

㉠ 적당한 물리적 강도를 지니며
㉡ 투명하므로 내용물을 쉽게 볼 수 있고
㉢ 방습성과 방수성이 우수하며
㉣ 내약품성과 내유성이 있으며, 내열성 및 내한성이 양호하고
㉤ 오염에 의한 피해가 없어 위생적이며
㉥ 가볍고, 노화(老化)가 잘 되지 않는다.

또 필름의 장점은 다음과 같다.

㉠ 열접착(heat seal)성이 있다.
㉡ 인쇄 적성이 우수하다.
㉢ 포장의 모양이나 크기를 조절할 수 있어 유연성 포장재료(flexible packaging materials)로 활용하기 좋다.
㉣ 다른 포장 재료를 도포(塗布)하거나 라미네이트하여 결점을 보완할 수 있다.

셀로판(cellopane)은 포장 재료로서 오랜 역사를 가졌으며, 보통 셀로판, 방습 셀로판 그리고 폴리에틸렌을 라미네이트한 셀로판(polycello) 세 종류가 있다. 셀로판은 투명하여 내용물이 잘 보이고, 무미 무취하며 독성이 없는 방수성의 포장재료로서 특

히 과자류, 면류, 화장품, 그 이외에 섬유 제품과 잡화류의 포장에도 이용된다. 보통 셀로판은 투명하고 인쇄성, 개봉성은 좋으나 인열 강도가 낮아 과자류, 캔디류, 약품의 포장에 많이 쓰인다. 방습 셀로판은 보통 셀로판에 방습 처리한 것으로 인삼이나 담배포장에 쓰이고 있다.

폴리에틸렌(polyethylene : PE) 필름이 포장재료로 널리 이용되는 것은 다른 재료에 비하여 물리적 강도가 높으며, 내수성이 좋고, 투습성이 적고, 가볍고, 열 접착성이 좋을 뿐만 아니라 저온에서 유연성이 있고, 값이 싸기 때문이다. 폴리에틸렌은 그 제법에 따라 고압법 폴리에틸렌, 중앙법 폴리에틸렌, 저압법 폴리에틸렌 등 세 종류로 나뉜다. 고압법 폴리에틸렌은 열 접착성이 강하고, 유연성이 좋은 투명한 필름이지만 가열된 식품에 닿으면 늘어나며, 이밖에 내유성이 약하고, 산소와 냄새를 투과하는 결점을 지니고 있다. 그러나 방습과 방수성이 좋고, 가공이 용이하며 값이 싼 장점이 있어 많이 사용하고 있는 필름이다. 중압법 폴리에틸렌은 내열성이 강하여 뜨거운 식품에는 잘 견디나 유연성이 없고 불투명 하다. 저압법 폴리에틸렌은 중압법이 가지고 있는 성질을 더 강하게 가지는 필름이다.

폴리프로필렌(polypropylene : PP)은 플라스틱 필름 중 가장 가벼운 식품포장 재료의 하나로, 투명성이 뛰어나고 물리적 강도가 강하며, 내약품성, 내한성, 내열성, 방습성 등이 우수하여 사용량이 급격히 증가하고 있다. 이 필름은 폴리에틸렌보다 훨씬 내열성이 커서 열탕(熱湯) 살균에도 사용할 수 있다. 빵, 라면, 과자, 해산물, 연제품(煉製品) 등의 자동포장 및 진공포장 등에 사용되고 있다.

폴리비닐 클로라이드(polyvinyl chloride : PVC)는 가소제(可塑劑)의 첨가량이 많은 연질(軟質) PVC이다. 이것은 위생적인 이유로 식품포장 재료로 사용되지 않고, 반경질(半硬質) 및 경질 PVC가 사용된다. 반경질 PVC 필름은 폴리에틸렌과 같이 식빵, 건조식품, 인스턴트 식품 등의 포장에 사용된다. 가소제를 첨가하지 않은 경질 PVC필름은 셀로판과 같은 투명성과 경탄성(硬彈性)을 갖기 때문에 캔디류의 트위스트 랩핑(twist wrapping : 내용물을 싸서 상하로 비틀어 포장하는 것), 양갱병 또는 어묵 등의 밀착포장에 쓰인다. 반경질 시트(sheet)로 만들어진 컵 형태의 용기는 아이스크림을 비롯한 젤리, 케이크와 같은 과자류, 염장품, 절임품 등의 정량 판매용기로 쓰이고 있다.

폴리비닐리덴 클로라이드(polyvinylidene chloride : PVDC) 필름의 특성은 기체 및 수증기의 투과방지성, 내약품성, 열수축성, 밀착성, 투명성 등이 우수하다. 이러한 특성으로 건조식품은 습기가 잘 흡수되지 않으며, 수분이 많은 식품은 수분 증발에 의한 표면의 상태 변화가 일어나지 않고, 고지방식품은 산화에 의한 산패 및 변색이 방지된다. 또한 이 필름은 화학적으로 극히 안정하여 산, 알칼리, 각종 염류 용액에 의하여 침식받지 않으며, 유기용매에 대해서도 팽윤, 용해하지 않는다. PVDC필름은 투명성이 좋고 광택이 있을 뿐만 아니라 잘 밀착하는 성질이 있어 식품을 넣은 용기에 랩핑 필름(wrapping film), 즉 랩용으로 사용되어 수분의 증발이나 냄새의 발산을 막아준다. 그리고 불연성이며, 인쇄적성도 좋다.

(3) 식용 필름

먹을 수 있는 포장용 필름으로는 오블레이트, 아밀로오스 필름 등이 있다

오블레이트(oblate)는 전분 풀을 벗기기 쉬운 판에 바른 다음 100℃ 이상의 고온에서 건조한 알파(α)-전분 필름으로 과자, 엿, 약 등의 포장용으로 많이 쓰인다. 제품으로는 식용색소로 착색한 착색 오블레이트, 감미료를 첨가한 감미(甘味) 오블레이트 등이 있다.

아밀로오스 필름은 전분에서 아밀로오스(amylose)만 분리하여 필름을 만든 것으로 캐러멜 · 젤리 · 캔디 등의 결착(結着)방지용, 버터 · 치즈 등의 내유피복(耐油被覆)용, 냉동식품의 보존성 향상을 위한 포장용 등으로 쓰이고 있으며, 다음과 같은 특징을 가지고 있다.

㉠ 무색투명하고 냄새가 나지 않으며, 맛이 없다.

㉡ 물에 녹지 않지만 변성시킬 경우 용해된다.

㉢ 셀로판 정도의 물리적 강도를 지니고 있다.

㉣ 내유성이며, 산소, 질소 등의 기채투과방지성이 극히 크다.

㉤ 인쇄적성이 좋으며, 가소제를 첨가할 경우 열접착(heat seal)을 할 수 있다.

예로 부터 소, 돼지, 양 등의 장(腸)이 육제품의 포장재료로 이용되어 왔다. 재제장(再製腸)은 동물의 장의 주성분이 콜라겐(collagen)이라는 점을 감안하여 콜라겐 함량이 높은 동물의 피부 조직 등을 정제 가공한 튜브 모양으로 일종의 포장재료라 할 수 있다. 만들어진 재제장은 천연의 장과 같이 기공(氣孔)이 있으며, 먹을 수 있는 제품이다.

포장재료에 요구되는 성능도 다양하므로 한 종류의 재료만으로 포장의 기능을 충족시키기 어려운 경우가 있다. 이러한 경우 각각 특성이 있는 몇 가지 포장재료를 복합시켜 각 단체재료(單體材料)의 결점을 보완하고, 새로운 포장성능의 재료로 만드는 것이 복합가공지(複合加功紙)이다.

복합가공법에는 몇 가지 단체 필름을 겹쳐 붙이는 복합가공, 즉 라미네이팅 가공지는 주로 종이와 종이, 종이 혹은 폴리에틸렌과 알루미늄박, 셀로판과 플라스틱 필름 등과 라미네이팅하여 방습성, 보향성을 필요로 하는 과자류, 식품, 조미료, 향신료, 담배, 껌 등의 포장에 쓰인다.

알루미늄박은 금속을 종이와 같이 얇고 판판하게 늘인 것을 박(箔, foil)이라 하는데 그중에 알루미늄박(aluminum foil)이 적성이 뛰어나 포장재료로 가장 많이 이용되고 있다. 알루미늄박을 단독으로 사용하기보다는 강도, 인쇄성, 열접착성 등을 보완하기 위하여 종이, 셀로판, 폴리에틸렌을 라미네이트한 복합 포장재료의 형태로 많이 이용되고 있으며, 값이 싸고 다음과 같은 여러 가지 특징 때문에 그 수요가 늘어나고 있다.

㉠ 금속광택이 있고 가볍다.

㉡ 방습성, 기체투과 방지성, 향보존성이 있기 때문에 내용물의 품질을 오래 유지할 수 있다.

㉢ 열과 빛의 높은 반사율로 인한 높은 차광성이 있기 때문에 품질을 오래 유지할 수 있다.

㉣ 내열성, 내한성 및 형상(形狀) 안정성이 있어서 과자, 냉동식품, 조리식품 등의 포장에 적합하다.

㉤ 가공성이 영호하여 종이, 플라스틱 필름, 셀로판 등과 라미네이팅, 코팅, 엠보싱 그리고 착색 등이 용이하다.

ⓑ 무해, 무독하여 폐기 후 공해발생의 염려가 없다.

용도는 방습 및 기체차단성이 요구되는 각종 과자류, 내유성을 필요로 하는 버터, 치즈 등의 유지식품, 방습 및 향보존성이 요구되는 분말식품, 고형 수프, 차 등의 포장에 이용된다.

알루미늄관(罐, can)은 맥주관이나 탄산음료관 등으로 많이 사용되는데, 개관을 할 때 별도로 뚜껑 따개가 필요 없는 것이 특색이다. 알루미늄제 뚜껑에 손잡이(tab)와 각선(刻線, score)이 붙어 있어, 이 손잡이를 당기면 각선에 따라 개관이 되는, 즉 손쉽게 뚜껑을 딸 수 있는 관(easy opening end can)을 뜻한다. 이 관의 특징은 다음과 같다.

㉠ 양철 관과 같이 녹이 슬지 않아 내용물의 금속이온 용출에 따른 통조림 특유의 냄새가 나지 않는다.
㉡ 비중이 양철의 3분의 1정도로 가볍다.
㉢ 내용물에서 발생하는 황화수소(H_2S)로 인한 흑변이 일어나지 않는다.
㉣ 원터치로 뚜껑을 따므로 개관이 용이하다.

그러나 유연하여 표면에 상처가 나기 쉽고, 값이 비싼 단점이 있다.

(4) 플라스틱 성형용기

플라스틱 성형(成型)용기의 수용가 증가하는 것은 종래에 사용하여 왔던 아이스크림, 잼 등의 용기가 플라스틱 성형용기로 대체되었기 때문이며, 또한 젖산균 음료, 액체세제 등의 용기로도 많이 이용되기 때문이다.

식품포장용 플라스틱 성형용기가 이러한 소형용기뿐만 아니라 식품의 수송, 저장을 위한 대형용기로도 사용되고 있지만 큰 수요를 차지하는 것은 소형 성형 용기, 이른바 한번 쓰고 버리는 원-웨이(one-way)용기이다.

성형 용기를 만드는 데 사용되는 플라스틱은 폴리에틸렌, 폴리프로필렌, PVC, 폴리스티렌(polystyrene), 폴리카보네이트(polycarbonate), 폴리아미드(polyamide) 등이다. 강성(剛性)의 플라스틱 용기는 고밀도 폴리에틸렌, 경질(硬質) 폴리비닐 클로라이드 또는 열경화성 수지 등으로 만들고, 반강성의 플라스틱 용기는 저밀도 폴리에틸렌으로 만든다.

폴리스티렌, 폴리카보네이트, 폴리아미드 등은 사출성형법(射出成型法)에 적합한 용융점도가 낮은 재료이고, 폴리에틸렌, 폴리비닐 클로라이드, 폴리프로필렌 등은 적당한 용융점도를 가져 중공성형법(中空成型法)에 적합한 재료이다.

폴리에틸렌으로 만든 용기는 기체투과성이 커서 내용물의 보존성이 떨어지는 결점이 있으나 성형성이 좋고, 가격이 싸서 많이 이용되고 있다.

02 농산식품 재료

1. 곡류

곡류(穀類, cereals)는 그 열매를 식용이나 사료로 사용하기 위해서 재배하는 화본과(禾本科)에 속한 식물이다. 다만 메밀은 여귀과에 속한다. 곡류는 단위 면적당 생산량이 많아서 한대지방에서부터 열대지방에 이르기까지 널리 재배되고 있다. 종류에 따라 재배조건이 다르지만 벼는 고온 다습한 아열대 지역에서, 맥류는 서늘한 온대 지역에서 재배되며, 잡곡류는 어느 지역에서나 잘 자란다.

대표적으로 동양권의 주식으로 쓰이는 쌀이 있고 맥류에 속하는 보리, 밀, 호밀, 귀리 등이 있으며 옥수수, 조, 메밀 등의 잡곡으로 구분한다. 그 중에서 쌀, 보리, 콩, 조, 수수 등을 우리나라에서는 예로부터 5곡이라 하여 중요하게 여겨왔다. 이들 곡류는 전분질이 주성분이며, 극동과 동남아시아에서는 쌀을, 유럽과 중국에서는 밀을, 중남미 지역에서는 옥수수 등을 주식(主食)으로 하고 있다.

곡류는 모두 왕겨 등으로 둘러싸여 있고, 내부는 종피(種皮), 배유(胚乳), 배아(胚芽) 등으로 이루어져 있다. 벼, 보리, 조, 수수 등은 외부가 왕겨로 둘러싸여 있고, 특히 맥류는 알갱이 중앙에 골이 져 있다. 식용하는 것은 탄수화물이 많이 들어 있는 배유 부분이며, 배아는 단백질, 지방질, 무기질, 비타민 등이 골고루 들어 있으나 종피와 더불어 도정(搗精) 또는 제분할 때 기울로서 제거된다. 따라서 부족한 영양소는 다른 식품을 통해서, 또는 곡류를 강화시켜서 보충해야 한다.

일반적으로 당질이 약 60~70%, 단백질이 약 9~14% 정도이며 지방이 약 2~3%로 적게 함유되어 있으나 불포화지방산의 함량이 높아 저장 중에 변패되어 저장기간이 오래되면 발생하는 이취의 원인이 된다. 무기질로는 인의 함량이 높아 대표적인 산성이며 칼슘이나 철분은 부족하다. 그럼에도 곡류가 주식이 이용되는 주된 이유로는 첫째 높은 탄수화물 함량을 지닌 에너지원이다. 둘째로는 수분 함량이 낮아 저장, 수송, 유통이 편리하다. 셋째로는 사료로 이용되면 동물성 단백질원을 생산한다. 넷째로는 대량생산이 가능하고 1차 가공만으로 주식으로 이용이 가능하다 등이다.

1) 쌀(rice)

쌀은 벼의 껍질을 벗겨낸(도정) 알갱이로 밀 · 옥수수와 함께 세계 3대 곡물에 속한다. 예로부터 주식으로 애용하여 왔다. 한국인의 주식으로 중요할 뿐 아니라, 일본, 인도, 중국, 동남아시아 여러 나라 등 세계 인구의 반 이상이 쌀을 주요 식품으로 이용하고 있다.

우리나라에는 인도로부터 티베트 · 몽골 · 중국 · 만주를 거쳐 들어온 것으로 알려져 있다(그림 2-1).

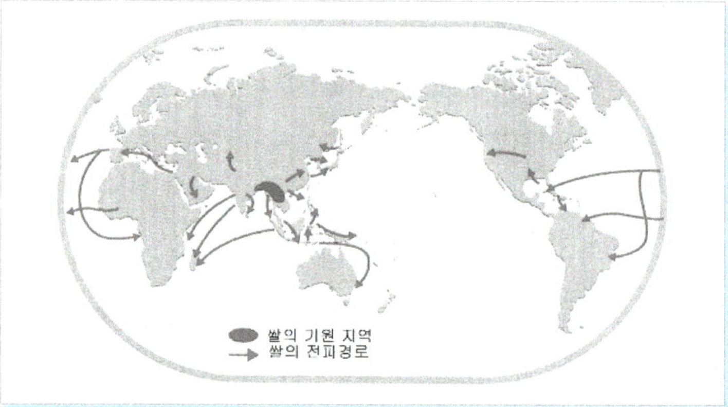

그림 2-1 쌀의 전파도

쌀은 일본형(Japonica type), 인도형(Indica type), 자바형(Java type)으로 크게 3가지 형태로 구분한다. 일본형은 키가 작고 쌀알이 둥글고, 굵으며, 밥을 지었을 때 끈기가 강하며, 한국, 일본, 유럽, 오스트레일리아 일부지역과 캘리포니아 등지에서 재배되고 있다. 인도형은 키가 크고 쌀알이 길고 끈기가 약하며 베트남, 인도 등지의 동남아시아 전 지역에서 재배되고 있다. 자바형은 자바. 수마트라, 필리핀, 중앙아메리카 등지에서 재배되며, 인도형과 유사하여 인도형에 포함시키기도 한다.

표 2-1 일본형과 인도형 쌀의 비교

구 분	일본형(Japonica type)	인도형(Indica type)
형 태	쌀알이 둥글고 굵으며 단단함	쌀알이 길고 부스러지기 쉬움
점 성	세포막이 얇아 쉽게 파괴되어 전분립이 세포외부로 방출되어 호화되면 점성이 강함	세포막이 두꺼워 쉽게 파괴도지 않아 전분립이 세포막 내에서 화화되므로 점성이 약함
amylose 함량(%)	17~27	27~31
호화온도(℃)	65~67	70~75
관능적 평가	흡수율, 팽창용적률이 낮고 윤기가 나며 쫄깃쫄깃함	가열 흡수율, 팽창 용적률이 높고 윤기가 없고 푸슬푸슬함

왕겨(rice bran)를 벗겨낸 것을 **현미(玄米, brown rice)**라 하는데 이 현미에는 가장 바깥층에 과피(果皮. pericarp)가 있고, 그 내부에 엷은 종피(testa)가 있는데 이 두 가지가 붙어서 외피를 이루고 있다. 외피 다음에 엷은 외배유(nucella layer)가 있고, 그 내부에 전분입(澱粉粒)으로 되어 있는 내배유(endosperm)가 있다. 내배유 일부분과 바깥 주위에 호분층(糊粉層, aleu-lon layer)이 있고, 현미의 배쪽 밑 끝에 배아가 있다. 즉 현미는 과피, 종피, 배유, 호분층, 배아 등으로 형성되어 있다. 호분층은 지방질과 단백질이 풍부하며 특히 배아에는 단백질, 지방질, 비타민 B_1이 풍부하므로 현미는 백미에 비하여 영양적으로 우수하고 섬유소가 많아서 변통(便痛)을 원활하게 해주지만 맛과 소화율이 다소 떨

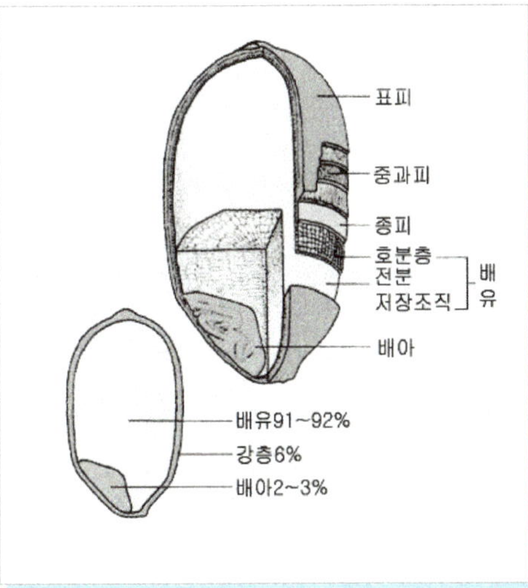

그림 2-2 벼의 구조와 조직의 단면도

어진다.

벼를 제현기(製玄機, husker)에서 도정하면 벼의 중량이 현미 80%와 왕겨 20%로 분리된다. 현미를 도정기에서 도정하면 백미(白米, 100% polished rice)가 되는데, 백미는 8%의 쌀겨를 제거한 쌀로서 정백비율이 92%이다. 5분 도미(50% polished rice)는 현미에 쌀겨가 50% 들어 있는 것을 말한다. 즉, 현미에 대한 겨의 양이 4%까지이며, 7분 도미는 70% 쌀겨가 제거된 것으로 현미에 대한 쌀겨의 양이 6%까지를 말한다.

백미와 현미의 성분조성(표 2-2)을 살펴보면 백미는 쌀겨층이 제거된 것이다. 백미는 대체로 쌀겨층에 들어 있는 단백질, 지방질, 무기질, 비타민류 등이 제거되어 영양소의 손실이 초래될 수 있다. 따라서 현미는 백미보다는 식감(食感)이 다소 떨어지지만 조리기구의 향상으로 어느 정도 해소되었으므로 현미를 먹는 것이 바람직하다.

쌀은 주로 탄수화물인 전분으로 구성되어 있는데 찹쌀의 비중은 1.08이며, 멥쌀은 1.13으로 멥쌀의 비중이 조금 크다. 멥쌀은 아밀로오스(amylose)의 함량이 18~20%인데 반하여 찹쌀은 대부분 아밀로펙틴(amylopectin)으로 구성되어 있어 점성이 멥쌀보다 높다. 전분의 호화 온도는 찹쌀은 70℃ 이상, 멥쌀은 65℃ 이상이고, 요오드화 반응은 멥쌀의 아밀로오스 구조에 의해 포접화합물을 형성할 수 있어 청자색을 띠지만 찹쌀의 경우 포접화합물을 형성하지 않아 적갈색이다.

표 2-2 멥쌀과 찹쌀의 일반 성분 조성

	수분 (%)	열량 (kcal)	탄수화물		단백질 (g)	지질 (g)	회분 (g)	무기질(mg)					비타민(mg)			
			당질 (g)	섬유 (g)				P	Ca	Fe	Zn	K	B_1	B_2	niacin	엽산 (μg)
현미	11.0	351	71.8	1.0	7.4	3.0	1.3	284	10	2.1	1.8	240	0.54	0.6	4.5	27
칠분도미	12.3	356	74.7	0.4	6.9	1.7	0.8	179	7.0	1.3	1.5	170	0.32	0.04	2.7	15
백미	10.3	366	79.6	0.4	6.8	1.0	0.5	112	5.0	1.2	1.4	105	0.15	0.03	1.8	12
찹쌀	13.2	363	74.7	1.2	8.7	1.2	1.0	250	42	1.3	3	100	0.3	0.15	5.0	22

표 2-3 멥쌀과 찹쌀의 특징

	멥쌀	찹쌀
비중	1.13	1.08
amylose(%)	17~21	0
amylopectin(%)	79~83	100
호화개시온도(℃)	65	70
점성	약함	아주 강함
요오드반응	청자색	적갈색
낱알의 특징	반투명	유백색, 불투명

찹쌀은 덱스트린(dextrin) 형태를 지니고 있어 멥쌀에 비해 단맛이 있고 당화가 빨리 소화흡수가 양호하나 떡으로 만들 경우 조직이 치밀해지고 점성이 강해서 소화액의 침투가 다소 어려워진다. 찹쌀은 멥쌀보다 단백질과 지방질이 약간 많다. 단백질은 알부민(albumin), 글로불린(globulin), 글루텔린(glutelin), 프롤라민(prolamin) 등이고, 쌀은 전체 단백질의 60~70%가 글루텔린(glutelin)인 오리제닌(oryzenin)으로 구성되어 있으며, 알칼리에 용해된다. 아미노산은 리신(lysine), 트레오닌(Threo-nine), 트립토판(tryptophan) 그리고 함황(含黃)아미노산의 함량은 적지만 다른 곡류에 비하여 비교적 많은 편이다.

현미는 백미에 비해 약 1.5~2% 정도 지방질 함량이 높으며, 쌀겨는 약 18% 내외의 지방질을 함유하고 있다. 이 기름은 쌀겨유, 즉 미강유(米糠油)라 하며 지방상은 올레인산(oleic acid), 리놀레산(linoleic acid), 팔미틴산(palmitic acid) 순으로 구성되어 있다. 쌀겨에는 리파아제(lipase)가 존재하므로 지방질이 산화되어 산패취가 발생하기 때문에 가능한 한 도정 직후 기름을 추출하여야 기름의 손실을 막을 수 있다.

섬유질, 무기질, 비타민류는 쌀겨층과 배아 부분에 있어 도정도가 높아짐에 따라 감소된다. 무기질인 인은 다소 많은 편이며, 약간의 칼슘이 있고 철분은 적은 편이다.

비타민 A, C, D는 거의 없으며 비타민 B군은 백미가 현미에 비하여 적다. 따라서 백미에는 인간이 필요로 하는 칼슘, 철, 비타민 A, C, D가 부족하므로 이들 성분이 풍부한 과일이나 채소류로부터 공급을 받아야 한다. 저장하기 위한 조건은 10~15℃, 습도는 70~80%로 유지되는 곳이 적합하며, 벼의 상태로 저장하는 것이 병충해도 적도 수분을 잘 보유하고 있어 좋으나 저장 공간을 많이 차지한 단점이 있다.

쌀은 대부분 밥을 짓는 데 사용되고, 그 밖에 가공식품으로 다양하게 이용된다. 가공식품으로는 주로 떡 · 술 · 과자 · 고추장 등의 제조에 이용된다. 쌀밥은 엿기름으로 발효시켜 감주와 엿을 만들고, 누룩으로 막걸리 · 약주 · 청주 등 여러 가지 술을 빚는다. 한국에서는 쌀을 가루로 만들거나 쪄서 가래떡 · 인절미 · 송편 · 시루떡 · 백설기 등 여러 가지 떡을 만든다. 그 밖에 각종 과자류와 빵류의 원료로 쓰이고, 쌀식초 · 쌀국수 등의 원료로도 쓰인다. 최근에는 식생활의 다양화와 간편화에 대응하여 쌀밥통조림 · 라이스스낵(ricesnack) · 라이스플레이크(riceflake) 등 가공식품도 개발되고 있다. 현미를 정백할 때 나오는 쌀겨에는 약 20%의 지질(脂質)이 함유되어 있는데, 유기용매 추출법으로 쌀겨기름을 만들어 식용 · 공업용으로 사용한다.

※ 참고

ㅇ기능성쌀	• 키토산쌀 : 키토산 원액을 논에 뿌려 재배하거나 게껍질에서 추출한 유기질을 비료로사용하여 재배한다. 또는 쌀의 표면에 열이나 압력을 가하여 키토산을 코팅한 것도 있다. • 홍국미 : 콜레스테롤 감소에 효과가 있는 것으로 알려진 홍국 추출물을 코팅하거나 홍국균 균사체를 쌀에 번식시킨 쌀 • 동충하초 및 상황버섯 쌀 : 동충하초 균사체나 상황버섯 균사체를 현미에 배양시킨 쌀 • 황금쌀 : 벼의 유전자를 조작해 카로티노이드 함량을 높인 쌀 • 그 외에도 인삼쌀, 게르마늄쌀, 뽕잎쌀, 당뇨쌀 등이 있다.
ㅇ특수미	• 발아 현미 • 배아미
ㅇ친환경쌀	• 오리농법쌀, 무비료쌀, 저농약쌀 등이 있다.

2) 맥류

맥류는 보리 · 밀 · 귀리 · 호밀 등을 통틀어 이르는 것으로 매우 오래 전부터 인류의 중요한 식량으로 재배되어 왔다. 녹말이 주성분이어서 열량 공급의 좋은 급원이며 지방 · 비타민 · 회분(灰分)은 주로 껍질과 배아(胚芽) 속에 많기 때문에 껍질과 배아를 버리면 이들의 손실이 크다.

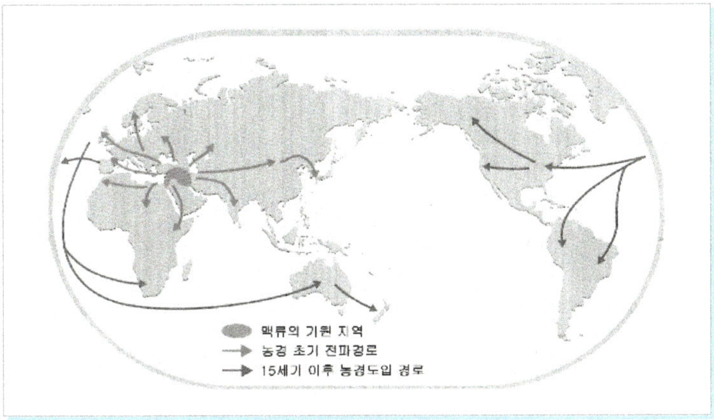

그림 2-3 맥류의 전파도

(1) 보리(barley, Hordeum vulgare var. hexastichon)

인류가 재배한 가장 오래된 작물의 하나로 한국에서 쌀 다음으로 중요한 곡물이다. 보리는 껍질, 즉 부피(浮皮)가 종실에 밀착하여 떨어지지 않는 **겉보리(皮麥, 大麥, hull-ed barley)**와 성숙 후 껍질이 쉽게 분리되는 **쌀보리(課麥, unhulled barley)**가 있다. 보리알은 넓적한 방종형(紡錘形)으로 등쪽에 배아가 있고 배쪽에는 골(crease)이 져 있으며 끝에는 털이 있다. 보리알의 색은 보통 황색이나 갈색, 청색, 자색도 있다.

보리의 구조는 부피 또는 영과(carryopsis라고도 함), 과피, 종피, 호분층, 내배유로 되어 있다.

겉보리에서 부피, 과피, 종피 및 호분층을, 쌀보리에서는 과피, 종피 및 호분층 등의 조직을 도정하여 제거하면 정맥(精麥)이 된다. 이들 겨층은 겉보리에서 약 10%, 쌀보리에서는 15%를 차지한다. 또한 보리는 조직이 단단하기 때문에, 소화도 잘 되고 쉽게 밥을 지을 수 있게 압편(壓偏)한 압맥(壓麥), 즉 납작보리를 만들어서 주로 이용하기도 한다.

보리는 이삭의 형태에 따라, 여섯 줄로 된 것을 6조종(六條種)과 두 줄로 된 2조종

(二條種)이 있다. 6조종은 주로 식용과 사료용으로 사용되고, 2조종은 맥주의 양조용으로 이용되는데 낱알을 정곡해서 사용하는 것이 아니라 싹을 내서 맥아로 사용한다.

백아에는 당화효소인 디아스타아제(diastase)가 있어, 전분에 백아와 온수를 사하여 가열시켜 엿을 만든다. 맥아 뿌리에는 호르데인(hordein)이라는 쓴맛을 내는 알칼로이드(alkaloid)를 함유하고 있기 때문에 뿌리를 제거하여야 한다.

겉보리, 납작보리, 쌀보리의 성분 조성은 표 2-4와 같다. 겉보리는 쌀보리에 비해 화분, 즉 무기질, 섬유소 및 비타민류가 다소 많은 편이나 당질은 적다. 이는 겨층이 쌀보리에 비해 많기 때문이다.

겉보리는 전체 단백질의 16~19%, 쌀보리는 24~26%가 물에 불용성인 단백질이다. 주요 단백질은 플로라민인 호르데인(hordein)과 글루텔린이며, 글로불린인 엘라스틴(elastin), 알부민인 류코신(leucosin) 등도 들어 있다. 아미노산 조성은 영양적으로 보아 바람직하지 못하며, 리신, 시스틴(cystine), 트립토판, 트레오닌 등의 중요한 아미노산이 부족한 편이다.

무기질에는 인(P)이 많고, 비타민 B_1이 비교적 많은 편이다. 보리에는 쌀보다 섬유소가 많아 소화, 흡수율이 떨어진다. 식사 후 공복감을 곧 느끼는 것은 소화가 잘 되기 때문이기보다는 섬유소가 많아서 변통이 잘 되기 때문이다.

그림 2-4 이삭 형태에 따른 분류(2조종과 6조종)

표 2-4 보리의 일반성분 조성

	수분 (%)	열량 (kcal)	탄수화물		단백질 (g)	지질 (g)	회분 (g)	무기질(mg)					비타민(mg)				
			당질 (g)	섬유 (g)				P	Ca	Fe	Mn	Na	B_1	B_2	B_6	niacin	엽산 (μg)
겉보리	13.8	322	68.2	2.9	10.6	1.8	2.7	360	43	5.4	3.90	3	0.31	0.10	0.21	5.5	17
쌀보리	14.0	338	72.2	0.7	10.2	2.0	0.9	140	40	2.0	2.15	1	0.18	0.07	0.14	2.5	19
보리	11.1	345	77.2	0.5	9.9	0.6	0.7	72	19	1.4	-	-	0.41	0.04	-	0.9	-

(2) 밀

밀은 **소맥**(小麥, wheat)이라 하며, 아프가니스탄이나 카프카스가 원산지이고 주로 온대 지방의 밭에서 재배한다. 생육 환경과 입자의 단단한 정도(粒質) 그리고 색깔에 따라 분류된다. 춥고 건조한 지방에서는 경질(硬質), 온화하고 습도가 높은 지방에서는 연질(軟質) 그리고 이들 중간의 환경에서는 중간질 소맥이 재배되고 있으며 카로틴(ca-rotene) 색소에 따라 적소맥(赤小麥)과 백소맥으로 구분된다.

밀은 여러 종류가 있는데 90% 이상이 보통 밀이며, 5~7%는 듀럼밀(durum wheat)이다.

밀은 부스러지기 쉬운 흰색의 배유에 강인한 피부(皮部)로 둘러싸여 있다. 피부는 과피, 종피(색소층), 주심부(珠心部)로 나누어져 있다. 이들은 배유의 호분층과 함께 제분할 때 밀기울이 되어 분리된다. 호분층은 배유의 상피세포로서 종피에 밀착되어 있는데 그 내부에 호분립이 많고 단백질 및 화분도 많으나 글루텐(gluten)을 이루는 단백질은 들어 있지 않다. 배유부는 분쇄할 때 가루가 되는 부분으로 단백질의 양은 호분층에 가까울수록 많고 중심으로 갈수록 적어진다. 배아부는 밀알 밑부분에 있다. 밀의 배유, 피부, 배아는 82:16:2의 비율로 구성되어 있다.

경질 소맥은 입자의 경도(硬度)가 높아 반투명한 유리 모양을 나타내므로 초자질(硝子質, glassy)이라 하고 제분하면 강력분(强力粉)을 얻는다. 연질 소맥은 불투명한 백색을 띠므로 분상질(粉狀質, mealy) 소맥으로 박력분이라 하고 그 중간은 중간질로서 제분하면 중력분(中力紛)을 얻게 된다. 강력분은 글루텐 함량이 높아 제빵에 이용되고, 박력분은 그 함량이 낮아 케이크 및 튀김용으로 이용되고 있다.

표 2-5 밀가루의 이용과 종류

	초강력분	강력분	중력분	박력분
단백질 함량(%)	12 ↑	10.5~12	9.5~10.5	9.5 ↓
글루텐의 성질	아주 강하다	강하다	보통이다	약하다
용 도	마카로니, 스파게티	제빵, 제면	다목적용	카스테라, 비스켓, 튀김옷, 케이크
대 표	• 지중해 연안 • 중동지역	• Canadian Western Red Spring(CW) • American Hard Red Winter(HRW)	• Austrian Standard White(ASW)	• American Western White(WW)

밀의 주요 단백질은 프롤라민인 글리아딘(glyadin)과 글루텔린인 글루테닌(glutenin)으로 이들 물질은 거의 같은 비율로 들어 있다. 여기에 물을 가하여 반죽하면 단백질, 특히 글리아딘은 반죽의 점탄성이 있는 글루텐을 형성하여 발효에 의해 빵의 골격과 형태를 이루는 데 기여한다. 밀의 성분 조성은 표 2-6와 같다.

밀의 아미노산은 주로 글루탐산(glutamic acid)이고 이밖에 로이신(leucine), 프롤린(proline), 아르기닌(arginine) 등이 있고, 히스티딘(histidine), 리신(lysine), 트레오닌, 트립토판 등 영양상 필요한 아미노산은 부족하다. 탄수화물은 주로 전분이지만 소량의 덱스트린, 펜토산(pentosan)과 당분이 들어 있다. 지방은 약 2% 정도이며, 배아 부분에 12% 들어 있다. 구성 지방산은 주로 올레인산(oleic acid)이며 비타민 E와 스테롤(sterol)류도 들어 있다.

회분은 가루에 0.5% 정도이지만 제분율이 낮아지면 회분은 적어진다.

통밀 이외에 밀의 비타민 B_1은 현미보다는 적으나, 배유에도 들어 있어 제분하더라도 50~70%가 남는다.

밀가루의 품질은 화분 함량 그리고 색에 좌우된다. 즉, 제분율에 따라 크게 달라지는데 제분율이 높으면 밀기울 부분이 많아서 회분 함량이 증가하여 색이 좋지 못하다. 또한 카르티노이드(carotenoid) 색소가 많으면 누런색을 띠게 된다. 그러나 일정 기간 동안 숙성시키면 색도 희고, 제빵적성도 좋아지지만 자연적으로 숙성과 표백을 시키려면 많은 시간이 소요되며 제품도 균질하지 못하다. 따라서 이를 해결하기 위하여 포장

표 2-6 밀의 일반성분

	수분 (%)	열량 (kcal)	탄수화물		단백질 (g)	지질 (g)	회분 (g)	무기질(mg)					비타민(mg)				
			당질 (g)	섬유 (g)				P	Ca	Fe	Na	K	B_1	B_2	B_6	niacin	E
강력분	13.7	373	70.9	0.2	13.8	1.8	0.4	119	13	0.8	2	94	0.1	0.05	0.35	0.6	1.4
중력분	15.3	368	74.6	0.2	10.4	1.1	0.4	101	12	1.4	4	106	0.2	0.05	0.34	1.0	1.3
박력분	12.8	370	77.3	0.2	8.7	0.8	0.4	81	17	1.4	3	126	0.1	0.04	0.35	0.7	1.3
밀	12.3	360	75.4	0.9	9.1	1.3	1.0	189	47.0	3.6	-	-	0.2	0.08	-	4.0	-

직전에 밀가루의 표백과 숙성을 위해 과산화벤조일, 과산화암모늄, 염소 등의 품질 개량제를 사용하고 있다.

밀가루의 색소에는 카르티노이드와 플라보노이드(flavonoid)계의 트리신(tricin)이 들어 있다. 특히 회분 함량은 품질저하와 점탄성을 감소시키므로 그 함량에 따라 1등품은 0.5~0.55%, 2등품은 0.7~0.75%, 3등품은 1.3~1.4%로 구분하고 있다.

식물성섬유와 비타민E가 풍부하여 위장을 튼튼히 하고 노화방지에도 효과가 있고 항산화작용과 혈중 콜레스테롤 수치를 떨어뜨리는 리놀레산의 작용이 있어 동맥경화증을 예방한다.

(3) 호밀 (rye, Secale cereale)

호밀(흑맥, 黑麥)은 벼목 벼과 두해살이풀로 높이 2m 정도이며, 라이보리, 라이맥이라고도 한다. 유럽 남부 서아시아 원산이며 근계(根系)의 발달이 맥류 중에서 가장 왕성하고 뿌리 깊이가 2m인 심근성(深根性) 작물이다. 모양은 밀과 비슷하지만 약간 길고 가늘며 표면에 주름이 많은 것이 특징이다. 색은 담황색 · 갈색 · 적갈색 · 검은색 등 여러 가지이다.

호밀은 용도가 밀과 같으면서도 품질이 밀보다 못하기 때문에 밀이 잘 재배되는 곳에서는 밀의 경쟁 작물이 되지 못한다. 그러나 호밀은 밀보다 내한성이 강해 가을밀의 재배가 곤란한 고위도의 북부지대에서는 밀을 대신하는 주요 식량작물이 되었으며, 매우 건조한 척박지나 하천부지 같은 극단적인 사질토와 같이 다른 작물재배가 거의 불

가능한 조건에 있는 토양에서도 어느 정도 생육을 하기 때문에 이런 곳에서 잘 재배할 수 있는 작물이다.

호밀은 원래 잡초로 자라고 있던 것이 점점 밀이 잘 자라지 못하는 곳에 불량지용 작물로서 특히 러시아나 폴란드 · 독일 등 동유럽 여러 나라에서는 현재도 주식(主食)의 하나로서 주요 곡물이 되고 있다. 세계의 총생산량은 약 3000만t이며 대부분 러시아와 유럽에서 생산된다.

호밀은 제분(製粉)해서 빵을 만드는 원료로 가장 많이 쓰인다. 누룩 면(麵)류 된장 간장의 원료로도 쓰인다. 또한 호밀맥아에서 흑맥주와 위스키를 빚고, 보드카의 원료로도 쓴다.

호밀짚은 길고 빳빳하며 질겨서 한국에서는 장석(長席)감으로 이용한다. 사료로는 섬유가 많고 가축이 잘 먹지 않으므로 그다지 좋지 않으나 가장 늦게 파종할 수 있는 이점을 살릴 수 있다. 녹비로는 내한성이 강하고 월동성이 좋아서 수량이 많을 뿐만 아니라 분해가 느리므로 근래에 한국에서도 자운영 재배가 곤란한 중부지방의 답리작(畓裏作) 녹비(풋거름)로서 크게 주목되고 있다.

이삭에 맥각균(麥角菌)을 기생시킨 균핵(菌核)은 자궁근의 수축을 촉진시키는 성질이 있어 맥각이라는 이름으로 약용한다. 품질은 밀보다 못하나 추위에 훨씬 강하고 척박한 토질에서 잘 자라므로 건조한 사질토(砂質土)에서 밀 대신 많이 재배하고 있다.

호밀의 종자는 밀과 비슷하지만 조금 더 길고 가늘며, 표면에 주름이 잡힌 것이 많고 색깔은 청색 또는 연한 갈색을 띤다. 호밀은 단백질이 약 10%이며 이중 프롤라민(prolamine)과 글루텔린(glutelin)이 각각 40%를 차지하고 아미노산 조성은 히스티딘(histidine)과 시스틴(cystine)이 많으며 라이신(lysine)과 트립토판(tryptophan)의 함량이 적다.

무기질은 K, P가 다량 들어 있으며 비타민 B군도 많다.

호밀을 제분하여 빵을 만들면 흑색을 띠므로 흑빵이라 부르기도 한다. 빵을 만들 때는 글루텐을 형성하지 않아 점탄성이 없으므로 덜 부풀어 품질이 밀빵보다 못하나 단단해서 쉽게 부서지지 않는다. 이밖에 누룩을 만들기도 하고 면류, 알코올 제조용으로 이용하기도 하며 사료 및 녹비(綠肥)로도 쓰인다.

표 2-7 호밀과 귀리의 일반성분

	수분 (%)	열량 (kcal)	탄수화물		단백질 (g)	지질 (g)	회분 (g)	무기질(mg)			비타민(mg)		
			당질 (g)	섬유 (g)				P	Ca	Fe	B_1	B_2	niacin
호 밀	12.5	308	68.9	1.9	12.7	2.3	1.7	330	38	3.0	0.47	0.2	1.7
귀 리	12.5	317	55.5	10.6	12.5	5.4	3.0	320	55	4.6	0.30	0.1	1.5

(4) 귀리 (oat, Avena sativa)

원산지는 중앙아시아 일대로 알려져 있으며 우리나라에는 고려시대에 원나라가 침입할 때에 말 먹이로 가져온 것이 재배의 기원이라 한다. 입자는 보리나 밀보다 가늘고 길며 북부에 세로의 홈이 있다.

귀리는 주성분이 당질이고, 단백질이 약 13.5% 정도이며 글로블린(globulin)이 약 80%를 차지하지만 필수 아미노산 중에는 라이신의 함량이 부족하다. 당질이 55% 정도이며 단백질과 지방, 비타민 B군도 풍부하여 독특한 맛이 있고 소화율이 높다. 다른 맥류에 비해 지방질과 섬유가 많다.

지방질은 배아에 들어 있으며, 지방산은 주로 리놀레산(linoleic acid)이다(표 2-7).

귀리는 식이섬유가 풍부하여 이 식이섬유가 변비의 예방 및 치료에 효능이 있고 점착성의 섬유질은 담즙산을 제거하여 콜레스테롤(cholesterol)을 낮추는 역할을 한다. 또한 염증을 유발하는 물질의 생합성을 방해하여 접촉성 습진이나 피부염의 염증을 제거하는 효과가 있다. 주로 사료로 쓰이며, 도정 후 제분하여 가루로 죽을 만들어 먹거나 낟알을 증기로 가열하여 후레이크를 만들어 오트밀로 식사대용으로 쓰인다.

3) 잡곡류

쌀과 맥류를 제외한 모든 곡류의 총칭하며 조 · 피 · 수수 · 기장 · 옥수수 · 밀 등이 이에 속한다. 잡곡에 대한 구분은 나라마다 조금씩 다른데 한국과는 반대로 미국은 옥수수가 주곡이고 쌀이 잡곡에 속한다. 세계에서 잡곡의 주요한 기원 지역은 아시아와 아프리카로 이 두 지역에서는 각각 독자적으로 잡곡이 재배되었으며, 아시아 기원의 대표적 잡곡으로는 조, 기장, 피, 율무 등이 있다.

(1) 옥수수(corn, Zea mays)

옥수수(corn, maize)는 1년생 초본으로 곧게 자라며 미국 안데스 산맥 일대가원산지이며 온난 다습한 지역에서 잘 자란다. 신대륙을 발견한 콜럼버스에 의해 세계에 전파되었으며, 북아메리카 지역에서는 콘(corn)이라 하며, 그 밖의 지역에서는 마이즈(maize)라 한다. 쌀 다음으로 생산량이 많은 세계 3대 작물중의 하나이다.

대부분 사료용인 엔실리지(ensilage)와 건초용으로 이용되고 있으며 약 10% 정도 식용으로 애용되고 있다. 옥수수는 온난하고 다습한 지역에서 잘 자라나므로 우리나라 전역에서 재배하고 있고 특히 강원도 산간 지대에 많이 재배된다.

옥수수는 알맹이의 현태와 질감에 따라 구별할 수 있는데 감미종(甘味種, sweet corn), 폭렬종(爆裂種, pop corn), 경립종(硬粒種, flint corn), 마치종(馬齒種, dent corn), 나종(waxy corn), 연립종(軟粒種, soft corn)이 있다.

종류에 따라 종실의 형태와 크기는 큰 차이가 있다. 과피는 딱딱하고 투명한 껍질로서 종피가 밀착해 있으며, 종피는 얇은 층으로 되어 있다. 옥수수는 배아부분이 다른 곡류에 비하여 커서 전립의 12~14%를 점유하고 약 30~40% 지방질을 함유하고 있다.

배유는 바깥쪽에 잔백질을 함유하는데 종피 내부에 초자질 배유로 둘러싸여 있고, 내

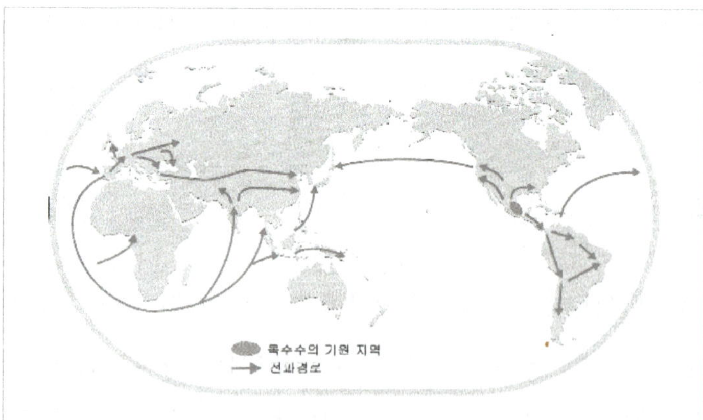

그림 2-5 옥수수의 전파 경로

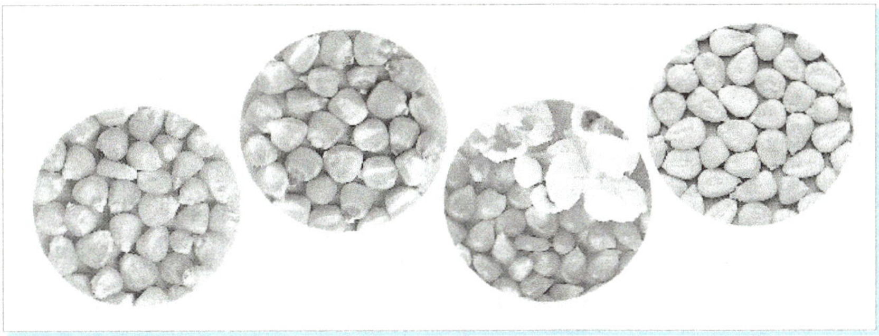

그림 2-6 경립종, 마치종, 폭렬종, 나종

부에는 단백질이 적은 분상질 배유로 구성되어 있다. 전분 가공 시 배아를 분리하여 착유한 옥수수기름은 리놀레산과 올레인산으로 주로 구성되어 있으며, 비타민 E인 토코페롤(tocopherol)을 많이 함유하고 있다. 황색종의 경우 비타민 A의 전구체인 크립토크산틴(cryptoxanthin)이 들어 있으나, 백색종에는 들어 있지 않다.

옥수수의 성분 조성은 전분 70%, 단백질 10%, 지방질이 4.5% 정도 들어 있으며, 전분은 백색으로 아밀로오스 25%, 아밀로펙틴 75%로 구성되어 있고 찰옥수수(waxy corn)의 경우 98%가 아밀로펙틴으로 구성되어 있다.

주요 단백질은 제인(zein)이며, 이밖에 알부민, 글로불린, 글루텔린 등도 들어 있다. 제인의 아미노산에는 필수아미노산인 트립토판과 리신이 전혀 들어 있지 않아 단백가 42로서 곡류 중 가장 낮으며 영양상 불완전하다. 트립토판은 체내에서 니아신(niacin)을 생성하는 전구체이다. 따라서 니아신이 부족한 경우 피부병의 일종인 펠라그라(pellagra)가 생기는데 이는 옥수수를 주식으로 하는 주민에게서 많이 발생하며 니아신을 공급해 주면 치료될 수 있다. 그러나 옥수수에는 곡류 특히 쌀에 부족한 트레오닌과 함황아미노산을 많이 함유하고 있다.

옥수수는 소화가 잘 되며 맛이 좋아서 열량원으로 바람직하다. 각종 제품의 가공원료 즉, 전분(corn starch), 엿, 포도당, 과자, 고급 풀 등에 쓰이며, 줄기는 펄프 등으로 이용된다.

(2) 수수(sorghum, Sorghum bicolor)

수수(고량(高粱), sorghum)는 신석기시대부터 아시아와 유럽 일대에서 재배, 낟알수수(grain sorghum)는 낟알을 식용 사료로 쓰고, 사탕수수(sorgo)는 줄기에 10~13% 정도의 설탕 함유하고 있어 즙을 뽑아서 설탕제조 원료로 사용한다.

곡식용 수수는 줄기에 수분함량이 적고, 사탕수수는 줄기에 수분함량이 많다.

비수수(broom corn)는 이삭의 줄기가 길어 이것을 묶어 비로 쓴다. 또한 사료수수(grass sorghum)는 줄기와 잎을 가축의 사료로 쓴다. 낟알수수(grain sorghum)는 입질에 따라 차수수와 메수수 등으로 구분되며 모양은 옥수수와 유사하다. 종피는 색소에 따라 백색, 갈색, 황색등이 있는데 단단해서 소화되기 어려우므로 정백을 잘 해야 한다.

주성분은 전분 70%, 단백질 10%이며, 트립토판, 시스틴이 결핍 되어 있고 단백질 소화율은 60%내외이다. 지질 4.7g, 회분1.8g을 함유하며 무기질은 인 철 등을 많이 함유하며, 비타민 B군이 많다. 그러나 탄닌을 함유하고 있어 떫은맛이 나므로 식용으로는 가치가 떨어진다.

찰수수는 단백질과 지방질이 많아 식용으로 이용되는 반면 메수수와 만주지방에서 주로 재배되는 고량은 단백질이 적어 식용으로 부적당하나 고량주를 만드는 술의 원료로 사용되고 있다. 또한 사탕수수는 줄기에 10~13% 정도 설탕을 함유하고 있어 설탕제조 원료로 사용된다. 그러나 수수에는 시안 배당체인 듀린(dhurrin)이 들어 있어 날것으로 사료로 지나치게 많이 이용할 경우 중독을 일으킬 수 있다. 하지만 햇볕에 말리면 시안이 휘발되므로 마른 식물은 독성이 거의 없다.

수수는 저장성이 뛰어나므로, 예전에는 농촌에서 기근에 대비한 비황용(備荒用)으로 쓰였다. 현재 중국 · 아프리카 · 인도 등에서는 주식으로 쓰이나 유럽 · 아메리카 여러 나라, 한국 · 일본 등에서는 사료로 쓰인다.

수수는 암 예방에 효과적이며, 수수에 들어있는 타닌과 페놀성분이 항돌연변이 및 항산화 작용, 항암 작용을 하기 때문이라고 생각되고 있다. 그리고 체온유지, 위장 보호작용, 소화 촉진작용, 해독작용, 기침, 해소 개선작용, 식욕개선작용, 종기 치료 작용 등이 있다.

(3) 조(foxtail millet, Setaria italica)

조(foxtail millet)의 원산지는 동북아시아이며 강아지풀(S. viridis)에서 분화된 것으로 짐작된다. 고대부터 재배되었으며, 중국에서는 BC 2700년에 이미 5곡(伍穀)의 하나였다. 생육기간이 짧아 옛날에는 고랭지에서 재배되는 주요작물이었으며, 우리나라에서는 구황작물(救荒作物)로서 중요시되었다. 오곡 가운데 하나로 보리와 함께 쌀을 대신하거나 보충하는 중요한 식량작물이다. 그러나 최근 식생활이 바뀌어 극히 소량밖에 재배하지 않는다. 토양이 척박하고 기온이 높고, 가물어도 잘 자란다.

조는 낱알이 매우 작고 둥글며 그 색은 등색, 황색, 회색, 흑색 등 여러 색이 있고 입질에 따라 차조와 메조로 구분된다. 조의 도정수율은 중량으로 70% 내외이다. 품질은 배젖이 노란빛을 띤 것이 좋다

조의 성분 조성은 단백질 10%, 지방질 3%, 당질 73%, 섬유소 2~3%, 회분 2% 내외로서 대체로 단백질은 적으나 섬유질 및 P, K, Fe 등노 다량 함유되어 있고 특히 Ca 함량이 많아 칼슘 공급원으로 좋은 식품이라 할 수 있다. 비타민도 B_1, B_2가 많은 편이다(표 2-8). 단백질 중 프롤라민(prolamin)과 글루텔린(glutelin)이 주된 단백질로 필수아미노산 중에서는 라이신(lysine)이 부족하며 류신(leucine)이 풍부하게 들어 있다. 소화율도 다른 맥류보다 좋으며 또한 저장성이 좋아 장기 보존해도 변질되지 않는다. 다른 맥류보다 소화율도 좋고 저장성이 높아 장기보존이 가능하다. 엿, 떡, 죽, 주정원료, 풀의 원료로 사용한다. 외국의 경우 주로 사료로 이용한다.

표 2-8 수수, 조, 메밀의 일반성분

	수분 (%)	탄수화물		단백질 (g)	지질 (g)	회분 (g)	무기질(mg)			비타민(mg)		
		당질 (g)	섬유 (g)				P	Ca	Fe	B_1	B_2	niacin
수 수	12.0	69.5	1.7	10.3	4.7	1.8	330	9	3.0	0.35	0.10	6.0
조	10.6	72.0	2.5	10.1	3.0	1.8	410	51	2.8	0.15	0.15	1.5
메 밀	11.8	64.1	6.5	12.0	2.4	2.3	340	36	3.0	0.16	0.16	2.0

(4) 메밀(buck wheat, Fagopyrum esculentum)

메밀(buckwheat, Fagopyrum esculentum)은 여귀과에 속하며, 시베리아의 바이칼호 근처가 원산지로 추정되며, 중국과 유럽으로 전파되었다. 서늘하고 건조한 토양에서 잘 자라며 주생산국은 러시아, 폴란드이며 우리나라에서는 강원도와 경북의 산간지방에서 많이 재배하고 있다.

열매의 모양은 삼각형이며, 과피는 단단하고 광택이 있고 쉽게 벗겨진다. 보통 메밀가루가 암회색을 띠는 것은 제분할 때 흑색의 종피가 혼입되기 때문이며 제분 수율은 보통 65~70%이다.

메밀에는 당질은 주로 전분으로 이루어져 있으며 아밀로오즈가 25% 정도이다. 단백질이 10~13% 정도 들어 있고, 물에 녹기 쉬우며 특히 라이신(lysine), 시스틴(cystine), 트립토판(tryptophan) 등 다른 곡류에 부족한 필수아미노산이 들어 있어 단백가가 80으로 쌀과 밀보다 높다. 지방은 약 2% 정도 함유되어 있으며 리놀레산(linoleic acid)이 5% 정도 포함되어있다. 무기질은 Ca와 Fe, Mn 등이 풍부하게 들어 있으며 비타민 B_1, B_2도 비교적 많이 들어 있다.

메밀에는 혈관의 저항력을 높이는 효력을 지닌 비타민 P인 루틴(rutin)을 함유하고 있어 고혈압 환자에게는 좋은 식품이다. 특히 메밀은 다른 곡류와 달리 영양 성분들이 균일하게 분포되어 있어 제분을 하여도 열량 손실이 적다. 우리나라에서는 면류(냉면, 메밀국수), 묵, 메밀부침 등으로 주로 애용되고 있다.

(5) 기장(Panicum miliaceum)

원종은 명확하지 않으나, 벼목 벼과의 식용식물로 동부 아시아 및 그보다 약간 중앙아시아에 가까운 지역까지 포함한 대륙성 기후의 온대지역에서 유목민에 의해 재배되었을 것이라는 견해가 유력하다. 한국에서도 기장은 고대부터의 작물이다. 기장에는 메기장과 찰기장이 있는데 주로 농가의 별식을 만드는데 이용되고, 기름지지 못하고 메마른 땅에서도 잘 견디며 조보다 성숙이 빠른 이점이 있어 산간지에서 재배되고 있다. 열매는 둥글고 담황색인데 주산지는 경상북도, 강원도와 각 지방의 산간지에서 재배된다. 주성분은 당질로 70~80%를 차지하며, 단백질 10~14% 정도로 쌀과 비교하면 조단백질의 95%는 순수 단백질이지만 함량에서 쌀보다 많고 소화율은 떨어진다. 지방이 1~3% 정도이며 비타민 A 등이 풍부하고 니코틴산의 함량이 높고 다른 곡식보다 구리, 니켈, 망간, 아연 등이 많다. 팥과 혼식하여 이용하거나, 떡을 만들면 색다른 맛을 느낄 수 있고 소화율도 높으며, 중국 동북부에서는 황주(黃酒)를 만든다.

(6) 율무(Job's tears, Coix lachryma jobi L. var. ma-yeun)

벼과의 1년생 또는 다년생 초본으로 중국이 원산지이며 인도의 뱅갈 지방이나 미얀마에서는 중요한 작물로 취급되며 중국, 일본, 한국에서는 식용으로 특히 약용으로 재배하고 있다. 종자를 의이인(薏苡仁)이라고 하는데, 차 등으로 먹거나 이뇨, 진통, 진경, 강장작용이 있으므로 부종, 신경통, 류머티즘, 방광 결석 등에 약재로 쓴다. 현대인들인 비만 치료에 훌륭한 약용식물로 관심이 높다. 그러나 변비가 심하거나 소변을 자주 보는 사람, 저혈압인 경우는 많이 먹지 않도록 권하고 있다. 영양성분은 당질이 약 6.2% 정도이며 단백질이 약 22%, 지방이 3.5~4% 함유하고 있어 다른 곡류에 비하여 단백질과 지방의 함량이 높은 편이다. 당질 중에 아밀로펙틴의 함량이 높아 찰기를 지닌다. 차로 마셔도 좋고 쌀과 섞어 밥을 지어 먹어도 좋고, 오트밀처럼 죽으로 만들어 먹어도 된다. 율무에는 이뇨, 소염, 진통외의 여러 가지 약효가 있고 세포의 이상발달을 억제하고, 신진대사 작용에 의해 체질을 개선할 수 있다.

2. 두류

콩과에 속하는 **두류**(豆類, legumes)는 척박한 토양에서도 잘 자라며, 주로 열매를 식용으로 하는 식물로서 우리나라에서 재배되는 것은 콩(大豆), 땅콩, 팥, 녹두, 완두, 강낭콩 등이다.

콩, 땅콩 등은 단백질과 지방질이 많고 당질이 적으나 팥, 녹두, 완두, 강낭콩 등은 지방질은 적지만 당질을 많이 함유하고 있다. 두류는 20~40% 단백질을 함유하고 있으며, 지방질 함량도 풍부하여 칼슘 공급원으로도 좋은 식품이며, 무기질과 비타민 B군도 풍부하게 들어 있다. 녹두와 완두에 비타민 A가 미량 들어 있는 것이 곡류에 비해 특이한 점이며, 비타민 C는 없으나 콩나물에는 비타민 A와 C가 생성되어 소량 들어있다(표 2-9).

표 2-9 두류의 일반성분

	수분 (%)	열량 (kcal)	탄수화물		단백질 (g)	지질 (g)	회분 (g)	무기질(mg)			비타민(mg)			
			당질 (g)	섬유 (g)				P	Ca	Fe	A	B1	B2	niacin
대두	9.2	4000	21.6	3.5	41.3	17.6	3.8	471	189	34	0	0.60	0.17	3.2
땅콩	7.6	569	26.4	1.7	25.6	46.6	2.2	-	56	1.8	0	0.80	0.10	16.8
팥	14.5	312	56.6	3.7	21.4	0.6	4.2	413	124	5.2	-	0.56	0.13	1.8
녹두	15.6	335	0.6	3.5	21.2	1.0	3.8	471	189	3.4	120	0.30	0.14	2.1
완두	13.4	120	1.0	6.0	.21.7	1.0	2.2	360	58	5.0	100	0.7	0.15	2.5
강낭콩	10.3	156	1.8	3.2	20.2	1.8	3.6	317	9	6.7	-	0.30	0.20	1.8
콩나물	90.2	-	1.0	0.5	4.2	1.0	0.8	49	32	0.8	175	0.15	0.13	0.8

이밖에 특수성분으로 탄닌(tannin)류, 레시틴(lecithin) 그리고 알칼로이드인 사포닌(saponin) 등이 있는데, 삶을 때 거품이 생기는 것은 사포닌 때문이다.

두류는 단백질, 지방질, 무기질의 주요 공급원으로서 곡류를 주식으로 하는 우리 식생활에서는 두류를 혼식하면 균형된 식사를 할 수 있으므로 이를 권장하는 것이 바람직하다.

1) 대두(soybean)

콩(大豆, soybean)은 쌀, 보리와 함께 우리나라에서 식량으로 주로 이용되어 왔다. 콩은 그 색깔에 따라 노란콩, 흰콩, 검은콩, 푸른콩 등이 있으나 우리나라에서는 노란콩, 흰콩이 대부분이고 검정콩도 재배하고 있다. 우리나라에서는 콩을 이용하여 두부, 장류(醬類), 대두유, 두유(豆乳, soymilk), 콩나물 등을 만들어 폭넓게 소비하고 있다.

콩은 납작한 원통형의 꼬투리 안에 두세 개 들어 있으며, 공의 가식부는 자엽(子葉, 떡잎)이며 두장의 자엽 사이에 배아가 있다. 자엽이 90~92%, 종피 7~8%, 배아는 2% 정도 구성되어 있다. 종피의 표면은 각피층으로 되어 있어 물이 잘 흡수되지 못하며, 묽은 산이나 알칼리에 불용이다. 또한 종피에는 조섬유가 많고, 세포막은 주로 헤미셀룰로오스(hemicellulose)로 되어 있어 소화가 잘 되지 않는다.

콩의 성분 조성(표 2-9)에서 보면 품종과 생육조건에 따라 다소 그 조성이 다르나 대체로 단백질 40%, 당질 22%, 회분 4% 정도로 구성되어 있다.

콩의 단백질은 약 90%가 물에 녹는 수용성 단백질로서 그중 약 85%는 글로블린이고 약 5%는 알부민, 약 4%는 프로테오스(proteose) 그리고 비단백태 질소화합물이 6% 정도이다. 글로불린 중 대부분이 글리시닌(glycinin)으로 약 87% 정도 차지하며 알부민인 레구멜린(legumelin)과 파세올린(phaseolin) 등이 들어 있다. 글리시닌은 필수아미노산이 골고루 들어 있고, 특히 곡류 단백질에서 부족한 리신, 시스틴, 트립토판 등이 많고 글루탐산(glutamic acid)과 아스파르트산(aspartic acid)도 들어 있으며 단백가는 73으로 쌀과 밀보다 높아 식물성 단백질 공급원으로서 우수한 편이다.

콩의 수용성 단백질은 pH 4~5로 대부분 불용성 물질로 되고, 칼슘염이나 마그네슘염의 묽은 용액을 가하면 응고하는 데 이를 이용한 것이 두부이다.

콩은 약 18%의 지방질을 함유하고 있으며 추출하여 식용유로 이용하고 있다. 콩기름의 지방산 조성은 포화지방산과 불포화지방산의 비율은 12 : 88이며, 포화지방산은 팔미틴산(palmitic acid) 8%, 스테아린산(stearic acid) 4%이고, 불포화지방산으로는 리놀레산(linoleic acid) 54%, 올레인산(oleic acid) 28%, 리놀렌산(linolenic acid) 5%, 그리고 아라키돈산(arachidonic acid) 0.6%로 반건성유이다.

대두 정제 시에 부산물로 레시틴(lecithin)과 세팔린(cephalin) 등의 인지질이 생성되는데, 레시틴은 유화제로 식품공업에 널리 사용되고 있다. 또한 대두유에는 비타민 E인 토코페롤이 들어 있다.

콩의 탄수화물은 설탕(sucrose), 스타키오스(stachyose), 라피노오스(raffinose), 헤미셀룰로오스 등이 들어 있으며, 전분은 미숙한 콩에는 다소 들어 있으나 완숙해짐에 따라 감소되어 성숙한 콩에는 1% 이하이다.

회분 중에는 칼륨이 많이 들어 있고 그 다음으로 인(P)이 비교적 많이 들어 있는데 주로 피틴(phytin)의 형태로 들어 있다.

콩의 조직은 매우 단단하여 익혀도 소화율이 70% 이하이다. 날콩에는 트립신(trypsin) 활성을 저해하는 글로불린의 단백질에 속하는 트립신 저해제(trypsin inhibitor)가 들어 있는데 이것은 가열조리 시 불활성되므로 조리식품에서는 별 문제가 없다. 또한 콩에는 거품이 일고, 용혈작용을 하는 약간의 독성을 지닌 사포닌이 들어 있다. 황색콩에는 이소플라본(isoflavone)계 색소인 디아진(diagin), 타토인(tatoin)이 있으며, 검정콩에는 안토시안(anthocyan)계 색소인 크리산테민(chrysanthemin)이 있다.

그림 2-7 대두의 형태와 이용

표 2-10 콩단백질과 우유 단백질의 아미노산 조성

Amino acid	대두(glycinin)	우유(casein)
glytcine	0.87	0.45
valine	0.68	7.20
leucine	8.45	10.50
proline	3.78	6.70
phenylalanine	3.86	3.20
aspartic acid	3.89	1.40
glutamic acid	19.46	15.55
tylossine	1.86~4.15	4.50
arginine	5.12	3.81
histidine	1.39	2.50
lysine	2.71	5.95
tryptophane	1.94~2.84	1.50
cystine	0.74~1.45	0.25
methionine	1.84	3.25~3.53

2) 땅콩

땅콩(호콩, 落花生, peanut)은 콩 중에 유일하게 열매가 땅 속에 들어 있어 그 이름이 붙여졌다.

땅콩의 단면 내부 구조는 그림과 같으며, 한 꼬투리에는 땅콩이 보통 두 알이 들어 있으나, 한 알에서 세 알도 있다.

종피는 자갈색이고 볶으면 잘 벗겨진다. 자엽은 담황색으로 종실의 대부분을 차지하며 단백질과 전분립이 있다. 땅콩의 꼬투리를 벗기고 난 후 수율은 중량으로 약 50%이다.

단백질은 대략 25%, 지방질은 45% 들어 있다. 단백질은 65%가 글로불린인 아라킨(arachin)과 콘아라킨(conarachin)이고, 물로 용출되지 않으며, 알부민은 적다. 아라킨의 구성 아미노산은 아르기닌(arginine), 리신, 히스티딘 등이며 함황아미노산은 적다.

지방질은 낙화생유로서 널리 애용되고 있으며, 불포화지방산인 아라키딘산(arachidic acid)이 많이 들어 있는 것이 특징이다. 불포화지방산인 올레인산이 많고 리놀레산이 적은 것은 대두유와는 다르다. 비타민 B군이 비교적 많은 편이며, 특히 니아신이 다른 두류보다 많은 것이 특징이다. 땅콩은 볶아서 마쇄하여 땅콩버터(peanut butter)를 만드는 원료로 사용되며, 이 밖에 식용유, 버터 및 마가린 제조, 그 박(粕)은 사료, 비료, 수성 페인트 등에 쓰인다.

그림 2-8 땅콩

3) 팥, 녹두

(1) 팥

팥(小豆, 赤豆 : small red bean)은 종피의 색이 안토시안계 색소인 적갈색이 많지만 회백색, 담황색, 갈색, 흑색 등도 있으며, 제(臍, 배꼽)의 중앙에 흰 줄이 있고, 형태와 구조는 콩과 비슷하다. 다만 꼬투리에 4~8개의 팥알이 들어 있다.

팥은 주성분이 당질로서 56% 정도 들어 있으며, 주로 전분의 형태로 존재하고 있다. 단백질은 21% 정도이며, 주로 글로불린인 파세올린이다. 지방질은 적으며, 회분은 3% 정도로 특히 칼륨과 인이 많다. 비타민으로는 녹두나 완두에 비하여 비타민 B_1이 비교적 많이 들어 있다. 팥은 황화합물로 인해 조리 시 특유한 냄새가 나며, 사포닌이 들어 있어 변통을 돕는 효과가 있다.

팥은 팥고물, 양갱, 단팥죽, 팥빙수, 과자 및 빙과 제조용으로 이용되고 있으며, 쌀, 잡곡 등과 혼식용으로 널리 쓰이고 있으며 즉석 팥죽이 레토르트 파우치제품으로 생산되어 국내에서 뿐만 아니라 일본 등지로 시판되고 있다.

그림 2-9 팥과 녹두

(2) 녹두

녹두(綠豆, green bean)는 알갱이는 팥의 형태와 비슷하나 크기는 작으며, 종피의 색은 녹색이 많지만 황색, 녹갈색, 흑갈색도 있다. 영양성분으로 당질로서 주로 전분이 34% 정도이며 단백질도 21%이고, 이밖에 다름 성분 조성도 팥과 비슷하다. 특히 비타민 A가 120IU(100g중)가 들어 있다. 또 칼슘, 인, 철, 칼륨이 소고기보다 많다.

녹두는 특히 향미가 좋아서 녹두 빈대떡, 청포묵으로 애용되고 있으며, 이 밖에 떡고물, 녹두죽, 숙주나물 등으로 이용되고 있다.

4) 완두, 강낭콩

(1) 완두

완두(豌豆, pea)는 성분 조성이 팥, 녹두와 비슷하나 섬유를 다소 많이 함유하고 있고, 녹두와 마찬가지로 비타민 A가 100IU(100g 중) 들어 있다.

종실은 대개 둥글고 표면이 팽팽하거나 주름이 잡혀 있으며 백색, 녹색, 황색, 회갈색 등으로 다양하다. 꼬투리는 콩과 비슷하지만 좀더 크고, 표면이 매끄럽다. 미숙한 것은 녹색이지만 성숙함에 따라 담황갈색 내지 흑색으로 되며 꼬투리에 대여섯 개의 열매가 들어 있다.

미숙한 푸른 것(green pea)은 통조림으로 만들고, 어린 꼬투리는 채소용으로 조리해서 먹거나 통조림으로 만들고, 잎과 줄기는 사료로 이용된다. 완두도 역시 혼식용으로 사용하거나 떡, 과자 등의 원료로 이용된다.

(2) 강낭콩

강낭콩(菜豆, kidney bean)의 성분 조성은 팥, 녹두, 완두와 비슷하다(표 2-9). 주성분은 당질로서 전분의 형태로 존재하며 단백질도 많은 편이다. 특히 줄기와 잎은 영양소가 골고루 분포되어 있어 좋은 사료로 이용된다. 익지 않은 푸른 꼬투리에는 단백질과 비타민이 풍부하여 채소로 이용되기도 한다.

강낭콩은 그 형태가 신장(腎臟)의 모양과 같다고 하여 신장콩(kidney bean)이라고 한다. 열매의 형태는 신장형 이외에 구형, 장원형이 있으며, 종피의 색은 백색, 갈색, 적자색, 청흑색 등이 있고, 크기는 콩보다 크다. 강낭콩은 주로 밥에 넣어 먹기도 하며, 떡고물 과자의 원료로도 사용되고, 특히 줄기와 잎은 영양소가 골고루 분포되어 있어 좋은 사료로 이용된다.

3. 서류

서류(薯類)는 근채류(根菜類)로 분류되기도 하지만 무 등과 같은 근채류에 비하여 전분이 많으므로 야채와는 별도로 구분하여 식량작물로 분류하고 있다 즉, 서류는 뿌리의 일부가 비대해져 생긴 괴경(塊莖, tuber, 덩이줄기)과 괴근(塊根), 즉 줄기와 뿌리의 덩이로서 다량의 전분과 기타 다당류를 저장하고 있다. 대체로 단백질과 지방질, 비타민의 함량은 적지만 칼륨과 칼슘 등 무기질의 함량이 비교적 높아 알칼리성 식품이며, 주로 전분으로 구성되어 있어 단위 면적당 생산되는 열량이 곡류보다 높다. 다만 수분이 70~80% 들어 있어 냉해에 약하며, 발아(發芽)되기 쉬어서 곡류와 두류에 비해 저장성이 나쁘고 수송이 불편한 점이 있다.

서류에는 감자, 고구마, 카사바(cassava), 돼지감자, 참마(yam) 등이 있다. 우리나라에서 재배되는 것은 감자, 고구마가 대부분을 차지하며 주식 대용품 또는 부식용으로, 전분과 주정의 원료로 이용되고 있으며, 그 찌꺼기인 박(粕)은 사료로 쓰이고 있다.

1) 감자

감자(馬鈴薯, potato)는 만주지방에서 도입되었다고 하여 북저(北著)라고도 한다. 우리나라에서는 강원도와 경북지역의 산간지방에서 많이 재배되는 가지과에 속하는 1년생 초본으로 줄기가 생긴 후에 뿌리가 생겨서 양분을 축적하여 비대해진 괴경(tuber, 감자덩이, 덩이줄기)을 형성한다. 괴경의 형태는 구형, 편구형(扁球形), 타원형, 원통형 등이 있고 표면이 매끄럽거나 그렇지 않은 것이 있으며, 색은 백색, 황색, 홍색, 적자색 등이다.

감자의 표면에는 7~8개의 눈(芽)이 있어서 저장할 때 발아, 즉 싹이 나와 품질을 손상시킨다. 감자의 내부색은 백색과 황색으로 육질은 분질, 중간질, 점질로 구분되는데 식용할 때에는 분질이 좋다.

그림에서와 같이 감자의 맨 바깥쪽에는 주피(周皮 · 外皮, periderm)로 코르크 층이며 그 안쪽에는 약간 두꺼운 후피(厚皮, cortex)가 있으며 전분립이 들어 있다. 유관속륜(vascular bundle ring)은 감자의 비대, 발육에 필요한 물질의 통로이며, 미생물의 침입로도 된다. 감자의 대부분을 차지하는 수심부(髓心部, medula)는 외수(外髓)와 내수로 구분되며, 내수는 별모양이고, 수분 함량이 많으며 투명도가 높다. 식용으로는 표피가 매끄럽고, 눈이 얕고, 육색은 백색으로 분상질이 알맞으며 우리나라에서 많이 재배되고 있는 품종은 남작(男爵)이다.

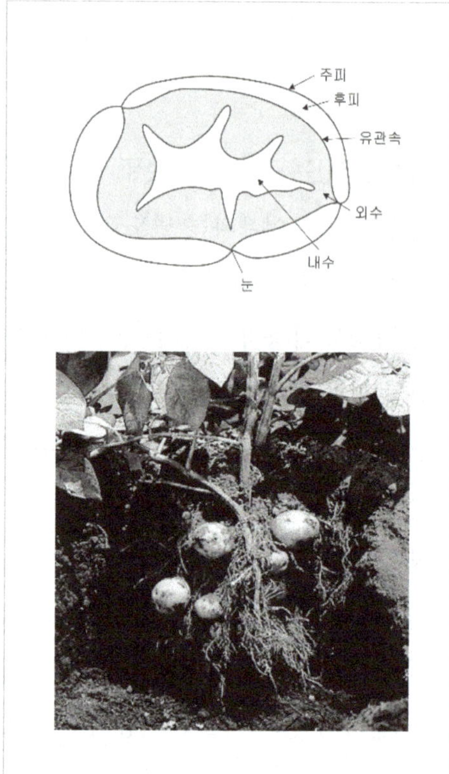

그림 2-10 감자의 구조와 단면

감자의 성분 조성(표 2-11)을 보면 주성분이 당질로 구성되어 있어 열량원으로 이용되며, 고구마에 비하여 수용성 당분이 1/4~1/5로 그 맛이 담백하므로 유럽 일부 국가에서는 주식으로 이용하기도 한다.

단백질은 글로불린에 속하는 투베린(tuberin)으로 영양이 좋은 유리 아미노산과 유기 염기를 가지고 있다. 무기질은 칼륨이 많아 우수한 알칼리성 식품으로 우리 식생활에서 많이 섭취하는 육류나 곡류와 같은 산성식품을 적절히 중화시켜줄 뿐만 아니라 과다하게 섭취한 소금을 나트륨과 균형을 유지하도록 해준다. 그러나 칼륨(K)이 많은 식품을 섭취하면 소금을 체외로 배설하는 셈이 되므로 이를 많이 섭취할 경우 소금을 함께 섭취하는 것이 영양상 바람직하다. 또한 비타민 B군도 적절히 분포되어 있고, 특히 곡류나 두류에 없는 비타민 C가 들어 있어 생채소류가 귀한 겨울철에 이 비타민의 공급원으로 중요하다.

감자에는 솔라닌(solanin)이라는 유독물질이 눈 부위와 껍질에 극미량 들어 있으므로 눈 부위나 껍질을 제거하여 조리해야 한다. 특히 발아한 싹 부위에 많으므로 유의

해야 하며 그 함량이 100g당 20~40mg이 되면 중독을 일으킨다.

감자를 절단하여 공기 중에 노출시키면 갈변하는데, 이는 감자의 아미노산인 티로신(tyrosine)이 공기 중의 산소와 산화효소인 티로신나아제(tyrosinase)에 의해서 산화되어 흑갈색의 멜라닌(melanin) 색소를 생성하기 때문이다. 이를 방지하려면 감자를 물이나 소금에 담가 놓으면 된다. 즉, 티로신은 수용성이므로 물에 녹아 나오기 때문이며, 소금물 중의 염소이온이 효소의 작용을 억제시키기 때문이다.

2) 고구마

고구마[甘藷, sweet potato]는 메꽃과에 속하는 덩이뿌리로 그 단면구조(그림 2-11)는 주피, 피층, 중심주로 되어 있다. 주피는 얇으며, 전분립이 없고, 함유 색소에 따라 고구마의 색깔이 달라진다. 피층은 약간 두꺼우며 전분립을 함유하고 있다. 중심주는 전분이 풍부한 커다란 유세포(柔細胞)로 되어 있고, 그 가운데에 여러 도관(木質細胞)이 산재해 있다.

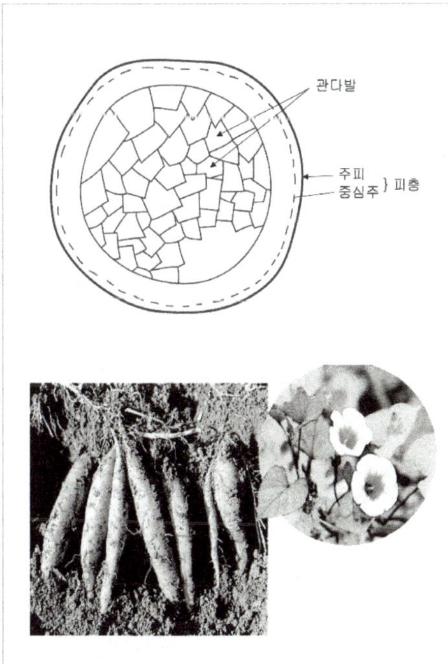

그림 2-11 고구마의 단면구조

고구마의 성분(표 2-11)은 주로 당질이 30% 내외로 그 대부분이 전분이며, 기타 당류로는 덱스트린, 포도당, 과당, 설탕 등을 함유하고 있어 감자보다 단맛이 있다. 이밖에 펜토산과 점성물질 등이 들어 있다. 또한 섬유소가 비교적 많아 변통을 도와준다.

단백질은 글로불린인 이포마인(ipomain)으로 79%를 함유하고 있다. 무기질로는 칼륨이 많아 감자와 더불어 고구마도 알칼리성 식품이며, 기타 무기질과 비타민류는 감자의 조성 성분과 거의 비슷하다. 특히 비타민 A를 180IU 함유하고 있는 것은 감자와

표 2-11 감자와 고구마의 일반성분

	수분 (%)	열량 (kcal)	탄수화물		단백질 (g)	지질 (g)	회분 (g)	무기질(mg)				비타민(mg)				
			당질 (g)	섬유 (g)				P	K	Ca	Fe	A	B1	B2	niacin	C
감자	84.4	550	116	0.6	2.5	0.1	0.8	51	400	6.0	0.08	0	0.08	0.03	134	21
고구마	66.3	128	30.7	0.9	1.4	0.2	0.9	54	240	24.0	0.50	19.0	0.06	0.05	0.7	25

다른 점이다. 즉, 고구마의 육질이 노란 것은 비타민 A의 전구체인 카로틴(carotene)을 함유하기 때문이다.

고구마의 줄기나 상처 부위에 우유와 같은 액체를 분비하여 산화하면 흑변하는데, 이는 수지 배당체인 잘라핀(jalapin : $C_{34}H_{65}O_{16}$)에 기인하기 때문이다. 이밖에 저장 중에 부패균(Rhizopus nigricans)이 침입하여 생기는 연부(軟腐)현상과 흑반균(Cerastomaella fimberiate)에 의해 내부에 검은 반점이 생기기도 한다. 고구마는 주정의 원료로 사용되며, 또한 포도당, 젖산, 구연산, 덱스트린, 가용성 전분 등의 원료로 사용되고, 그 잎과 줄기, 괴근 등은 사료로 쓰이고 있다.

3) 기타 서류

(1) 돼지감자

돼지감자(Jerusalem artichoke)는 일명 뚝감자, 국화감자, 뚱딴지라고도 하며 국화과에 속하는 식물로 우리나라 전역에 야생하고 있으며 돼지의 먹이로 이용한다고 하여 붙여진 이름으로 엉뚱하고 우둔하며 무뚝뚝한 사람을 가리켜 뚱딴지같다고 비유한다. 표면 색깔은 백색, 황색, 또는 적자색을 띤다. 전분은 없고 프럭탄(fructan)의 형태인 이눌린(inulin)이 주성분으로서 가수분해하면 과당(fructose)이 생성되는데, 사람은 소화시킬 수 없지만 일부 세균과 돼지는 소화시킬 수 있다. 뚝감자는 재배가 용이하여 과당이나 엿의 원료로 이용되고, 잎과 줄기는 가축사료로 쓰이며 알코올 생산 자원으로서 뿐만 아니라 당뇨환자의 유용한 식재료로 주목받고 있다.

표 2-12 기타 서류의 일반성분

	수분 (%)	열량 (kcal)	탄수화물		단백질 (g)	지질 (g)	회분 (g)	무기질(mg)			비타민(mg)				
			당질 (g)	섬유 (g)				P	Ca	Fe	A	B1	B2	niacin	C
돼지감자	81.2	69	15.0	0.5	1.9	0.2	1.2	55	13.0	0.20	0	0.07	0.05	1.7	12.0
토란	88.1	40	7.8	0.7	2.3	0.2	0.9	46	18.0	0.60	0	0.07	0.01	0.8	9.0
참마	84.4	56	11.8	0.5	2.3	0.2	0.8	43	33	0.5	0	0.15	0.01	0.4	9.0

(2) 토란

토란(taro)은 뿌리에 축적된 괴경을 식용하는 것으로 전분이 많이 들어 있어 열대지방에서는 조식으로, 잎, 줄기 등은 채소로 이용되고 있으며, 우리나라에서는 주로 토란국으로 애용하고 있다.

토란의 주성분은 당질로서 주로 전분이고, 미끈한 점성은 갈락탄이라는 다당류이고 그 외 펜토산, 덱스트린, 당분도 들어 있다. 또한 점질 물질인 헤미셀룰로오스를 함유하고 있는데 가수분해되어 갈락토오스(galactose), 아라비노오스(arabinose)가 생성된다. 미량의 피틴도 들어 있다. 대체로 무기질이 풍부한 편이며 이 가운데 칼륨이 비교적 많이 들어 있다.

토란은 우엉, 죽순과 같이 아린 맛을 가지고 있는데, 이 성분은 페닐알라닌(phenylalanine), 티로신(tyrosine)에서 생성된 호모겐티스산(homogentisic acid)에 주로 기인되며, 피부에 닿을 때 가려워지는 것은 수산 칼슘의 침상결정 때문으로 소금물에 데치거나 쌀뜨물에 담가 두었다가 조리하면 아린맛을 제거하고 손질하기가 수월해진다. 껍질에 수산칼슘이 많으므로 두껍게 벗기는 것도 도움이 된다.

(3) 참마

참마는 고구마와 비슷한 덩이 줄기로 들에 자생하거나 재배하는데 많은 종류가 여러 지역에 분포되어 있으며 우리나라에서는 참마(Chinese yam)와 큰마(white yam)가 분포되어 있다. 일명 얌(yam)이라 통칭하기도 한다. 얌은 탄수화물이 주성분으로 다른 서류와 그 성상과 이용 면이 유사하다. 아프리카 일부 지역에서는 중요한 식량이 되고 있으나 이것을 주식으로 할 경우 영양 결핍증이 생길 수 있다.

얌은 다른 서류보다 점액즙과 양질의 단백질 함량이 많은 편이며 점액은 뮤신(mucin)으로 글로불린계 단백질에 만난(mannan, 당)이 결합한 일종의 당단백질(糖蛋白質)로서 동물의 뮤신과는 다르며 토란과 같이 수산칼슘의 침상결정이 있다. 마쇄하면 티로시나아제(tyrosinase)에 의해 갈변될 수 있으므로, 껍질을 벗긴 뒤 식초에 담근다. 점성이 강하여 즙을 내거나 결착제로 이용된다.

(4) 카사바(야콘, Manihot esculenta)

카사바(cassava)는 인도, 말레이시아 지역에서는 타피오카(tapioca) 또는 마니오크라고도 불린다. 카사바의 원산지는 중남미 일대이며 이 지역에서 중요한 탄수화물의 공급원이다. 타피오카는 카사바를 세척하여 마쇄한 후 물속에서 전분을 씻어내어 이를 침전, 건조시켜 만든 흰색의 분말로 칼슘, 비타민 C가 풍부하다. 카사바는 여러 종류가 있으나 대체로 고미종(苦味種, Manihot palmate)과 감미종(甘味種, Manihot aipi)의 두 종류가 있는데 모두 청산(HCN)을 구성하는 라민나리움(laminnarium), 즉 청산배당체가 들어 있어 조직 파괴시 유독한 청산이 생성 된다. 감미종은 껍질 부분에, 고미종은 모든 부분에 들어 있어 감미종은 식용으로 고미종은 전분 추출용으로 사용된다.

카사바를 식용할 때 청산의 함유 여부는 쓴맛으로 구별할 수 있고 이것을 제거하기

그림 2-12 참마와 카사바

위해 물에 담그거나 분쇄, 가열하여 배당체를 가수분해시켜 이용한다. 카사바는 다른 서류에 비해 단백질 함량이 극히 적으며, 탄수화물이 많아 전분질 재료와 주정용으로 많이 이용되고 있으며 감미종은 고구마처럼 삶아서 식용한다.

※ Tip

곤약(konjak)

구약감자의 뿌리에서 생성된 가루를 묵처럼 젤리화하여 만든 제품으로 주성분은 글루코만난(glucomanan)으로 분해하면 포도당(glucose)1분자와 만노즈(mannose) 2분자가 생성되며 혈중 콜레스테롤수치를 낮추는 작용을 한다. 수분이 97%로 대부분을 차지하며 열량은 1kcal/g 으로 거의 없으나 조금만 먹어도 포만감을 주므로 다이어트 식품으로 이용된다. 또한 칼슘 함량이 높으며 산에 용해되어 잘 흡수된다.

4. 채소류

채소류(菜蔬類, vegetable)는 식용할 수 있는 식물의 잎, 싹, 줄기, 뿌리, 꽃, 괴경 등을 말하며 대체로 채소의 육질에는 90% 내외 수분을 함유하여 신선도 판정의 기준이 되나 저장성 감소의 원인이기도 하다. 영양상 탄수화물, 단백질, 지질이 적어 에너지원으로는 의의가 적지만 비타민 A와 C 및 B_1와 B_2 등의 비타민류와 무기질의 공급원으로서 대단히 중요할 뿐만 아니라 특히 칼슘(Ca)과 칼륨(K), 마그네슘(Mg) 등이 풍부하여 알칼리성 식품으로 체내에서 매우 중요한 역할을 한다. 또한 부드러운 섬유소가 풍부하여 소화 기능을 돕고, 변비 예방효과가 우수하다. 그리고 클로로필(chlorophyll), 카로티노이드(carotenoid), 플라보노이드(flavonoid), 안토시안(anthocyan) 등 녹 · 황 · 적 · 청색 등의 천연색소 등과 방향 성분을 함유하고 있어 식욕을 증진시킨다. 또 효소가 풍부하여 소화를 돕기도 하지만 대부분 갈변의 원인이 된다.

채소는 수확 후에도 계속적으로 증산과 호흡작용이 일어나므로 품질이 저하의 원인이 되기 때문이다. 따라서 저장온도를 낮추어 대사와 호흡작용을 억제하여야 한다. 그래서 최근에는 콜드체인 시스템(cold-chine system)이 일반화되어 냉장상태를 유지하여 신선도의 변화 없이 생산자로부터 소비자에게 공급이 용이해져 채소의 유통과 저장이 편리해지고 계절에 따른 제약성도 없어졌다.

채소류는 식용으로 하는 부위에 따라 배추, 양배추, 시금치, 상치, 부추, 죽순, 아스파라거스, 셀러리, 파슬리, 쑥갓, 미나리 등의 엽채류(葉菜類, leafty vegetable)와 무, 당근, 파, 양파, 마늘, 생각, 연근, 토란, 우엉 등을 포함하는 근채류(根菜類, root vegetable), 오이, 호박, 토마토, 가지, 고추, 딸기, 수박, 참외 등의 과채류(果菜類, fruit vegetable)로 분류할 수 있다. 색상에 따라서는 시금치, 무청, 당근, 호박, 고추, 토마토 등의 녹황색 채소와 무, 양파, 마늘, 연근 등의 담황색 채소로 분류되며, 온도 적응성에 따라 호냉성과 호온성 채소로 분류할 수 있다. 식물학적 분류로는 겨자과에 속하는 유채, 양배추, 브로콜리, 박과의 오이, 호박, 참외, 수박, 박 등과 미나리과에 분류되는 당근, 샐러리, 미나리, 가지과로 가지, 토마토, 감자, 피망, 고추 등이 있으며 국화과에 우엉, 양상추, 돼지감자 등, 명아주과에 시금치 등으로 분류된다.

1) 경엽채류

경엽채류는 줄기, 잎, 어린 싹을 주로 식용하는 것으로 그 성분 조성은 표 2-13과 같다.

(1) 배추(Brassica campestris subsp. napus var. pekinensis)

배추(白菜, chinese cabbage)는 중국으로부터 우리나라로 전래되어 온 중요한 채소 중의 하나로 주로 김치 재료로 애용되고 있다. 생긴 모양은 겉잎이 타원형으로 잎 중앙에 넓은 흰색의 가운데 맥이 있으며 녹색이거나 연한 녹색이다. 뿌리에 달린 잎은 땅에 깔리고 가장자리에 불규칙한 톱니가 있으며 양쪽 면에 주름이 있다. 줄기에 달린 잎은 줄기를 싼다. 배추의 품종은 결구 양식에 따라 결구종과 반결구종으로 구분되는데 오래전부터 조선 배추와 개성 배추 등의 반결구종이 이용되어 왔으나 개량된 결구배추가 도입된 후 결구배추를 주로 생산하고 있다. 배추는 우리나라에서 김치를 담그는 데 주 재료로 이용되어 왔으며, 봄철 김치의 경우 조직이 단단하고 수분이 적은 품종이 연부(軟腐)를 억제하므로 저장성이 좋다. 김장 김치는 육즙이 많고 부드러운 품종이 좋다.

표 2-13 경엽 채소류의 일반성분

	수분 (%)	열량 (kcal)	탄수화물		단백질 (g)	지질 (g)	회분 (g)	무기질(mg)			비타민(mg)				
			당질 (g)	섬유 (g)				P	Ca	Fe	A (R.E)	B1	B2	niacin	C
배추	95.2	12.0	2.2	0.6	1.4	0.1	0.5	45.0	38.0	0.40	6.0	0.04	0.03	0.6	28
양배추	90.6	31.0	7.3	0.8	1.4	0.6	0.5	31	34	0.40	3.0	0.12	0.43	0.2	29
시금치	89.4	30.0	4.2	0.7	2.6	0.7	1.1	32	82	2.6	607	0.12	0.38	0.7	12
상추	92.9	18.0	2.9	0.8	1.8	0.4	0.7	27	49	1.1	269	0.08	0.28	0.4	17
부추	89.8	31.0	3.9	1.2	4.3	0.4	0.6	27	34	2.9	638	0.41	0.06	0	41
대파	91.1	26.0	5.6	1.6	1.4	0.5	0.7	49	111	1.0	129	0.06	0.10	1.8	10
미나리	93.0	16.0	0.8	0.7	2.1	0.9	0.6	18	32	2.0	250	0.34	0.07	1.5	10

배추의 단백질은 절반 이상이 비단백태이며 단백질을 조성하는 아미노산은 우수한 편이다. 즉 아르기닌, 히스티딘, 리신 등이 적절히 구성되어 있다.

탄수화물은 대부분 환원당이고 그밖에 소량의 비환원당, 전분 등을 함유하고 있으며 특히 섬유소를 적절히 함유하고 있어 소화와 변통을 도와준다. 다른 채소와 마찬가지로 배추는 칼로리가 낮고 비타민 A, C가 비교적 풍부하며 무기질은 칼슘이 가장 많고 그 다음으로 칼륨, 나트륨이 많이 들어 있다. 삶으면 황화합물이 분해되어 유황냄새가 난다.

(2) 양배추류(Brassica oleracea var. capitata)

양배추(cabbage)는 십자화과(겨자과)에 속하며, 지중해 연안과 소아시아가 원산지로, 생긴 모양은 잎이 두껍고 분처럼 흰빛이 돌고 가장자리에 불규칙한 톱니가 있으며 주름이 있고 가장 안쪽에 있는 잎은 공처럼 둥글며 단단하다. 브로콜리(broccoli), 콜리플라워(cauli-flower), 브루셀 스프라우트(brucell sprouts) 등도 이에 속한다. 양배추의 성분 조성은 표 2-13과 같다. 양배추는 단백질을 1.5% 내외 함유하고 있는데 주로 질소 유기물의 형태로 존재하며 그 가운데 약 3분의 1 정도가 순단백질로 구성되어 있고 그 아미노산 조성도 염기성 아미노산인 리신이 풍부히 들어 있어 곡류에 부족한 양을 보충할 수 있다.

양배추의 독특한 향미는 함황화합물인 이소티오시안네이트(isothiocyanate)에 기인하는데 신선한 상태에서는 별로 냄새가 없으나 가열조리를 할 때 강한 냄새가 난다. 이는 가열조리 시 이소티오시안네이트류가 분해되어 휘발성 유황화합물인 알릴 이소티오시안네이트(allyl isothiocyanate)류가 생성되기 때문이다.

탄수화물은 당류로서 포도당이 들어 있고 이밖에 펜토산, 펙틴(pectin), 셀룰로오스가 들어 있다. 지방질은 리놀레산으로 구성되어 있다.

비타민 A, C는 녹색 부분에 많이 들어 있으나 백색 부분에는 적다. 비타민 C에 풍부하게 들어 있는 C의 일종인 비타민 G는 소화 촉진 그리고 치아와 골격 형성 등을 증진시키는 기능을 가지고 있어 소위 식욕을 증진시키는 비타민이라고도 불린다. 무기질은

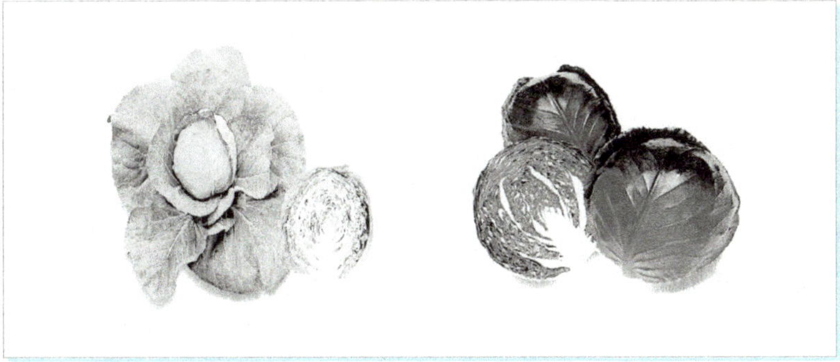

그림 2-13 양배추와 적색양배추

칼슘이 많이 들어 있으며, 칼륨, 인, 철, 망간 등도 비교적 많이 들어 있다. 양배추는 다른 채소류에 비해 수산이 거의 들어 있지 않으므로 불용성인 칼슘이 염의 형태를 만들지 않아 칼슘의 이용률이 높다. 서양에서는 양배추를 일종의 초절임(pickle)인 사워크라우트(sauerkraut)로 만들어 먹고 있다.

양배추의 즙은 위궤양과 변비의 예방과 치료에 효과적이며, 특히 사워크라우트는 소화불량해소에 기여한다. 그리고 양배추는 비타민 C와 젖산이 비교적 많이 들어 있다. 이밖에 양배추과에 속하는 것은 다음과 같다.

(3) 콜리플라워(Brassica oleracea var. botrytis)

콜리플라워(cauliflower)는 양배추의 꽃(cabbage flower)이라는 뜻이며 양배추에 비해 왜소한 편이며 지중해 연안이 원산지이다. 잎은 미색으로 꽃방석처럼 퍼져 있고 꽃봉오리 주위의 잎은 바깥 잎과는 달리 결구하듯이 안쪽으로 구부러져 있다. 꽃은 4월에 보라색이나 흰색에서 노란 색으로 변하고 비대한 꽃자루에 두툼한 꽃들이 빽빽이 무리 지어 달려 하나의 덩어리를 이룬다. 이 노란 색의 꽃봉오리를 식용하는데, 끝부분이 단단하고 즙이 많을 때 먹는다. 한국에는 1930년에 도입되어 1970년대 말부터 본격적으로 재배하기 시작했다.

그 성분 조성은 100g 중에 단백질 1.0%, 지방질 0.1%, 탄수화물 2.2%, 칼슘 10㎎, 인 32.6㎎, 철 0.48㎎, 비타민 A 44.4IU, 비타민 B_1 0.05㎎, 니아신 0.26㎎, 비타민 C는 31.3㎎이다.

그림 2-14 콜리플라워, 브로콜리, 브루셀 스프라우트

(4) 브로콜리(Brassica oleracea var. italica)

브로콜리(broccoli)는 지중해 지방 또는 소아시아 원산지로, 양배추의 변종으로 온화한 기후에서 서늘한 기후까지 잘 자라며 종자로 번식한다. 콜리플라워와 비슷하나 잎은 녹색이며, 상당히 치밀하게 구성되어 있다. 성분 조성은 100g중 단백질 2.0%, 지방질 0.13%, 탄수화물 3.8%, 칼슘 80.0*mg*, 인 46.8*mg*, 철 1.24*mg*, 비타민 A_2 1551IU, 비타민 B_1 0.06*mg*, B_2 0.13*mg*, 니아신 0.55*mg*, 비타민 C 72.6*mg*으로서 양배추과에서 비타민 A가 가장 풍부하게 들어 있는 것이 특징이다.

날것으로 먹거나 요리해서 먹으며, 짙은 녹색으로 영양가가 높고 맛이 좋다.

(5) 브루셀 스프라우트

브루셀 스프라우트(brucell sprouts)는 육질이 단단하며 양배추와 유사하며 크기는 방울 토마토 크기 정도로 한줄기에 여러 개의 과실이 달리는 모양이다. 그 성분 조성은 100g 중 단백질 4.4%, 지방질 0.5%, 탄수화물 9.0%, 칼슘 34.2*mg*, 인 78.6*mg*, 철 1.3*mg*, 비타민 A 403.5*mg*, B_1 0.08*mg*, B_2 0.16*mg*, 니아신 0.71*mg*, 비타민 C 95.7*mg*이다.

(6) 시금치(Spinacia oleracea)

시금치(spinach)는 명아주과에 속하는 1년생 초본으로 아시아 서남부 원산으로서 한국에는 조선 초기에 중국에서 전해진 것으로 보인다. 뿌리는 붉은색을 띠고 굵으며, 추위에 잘 견디는 식물로서 겨울 채소로 적당하고, 사계절을 통해 널리 재배되고 있는 영양소가 풍부한 채소이다.

표 2-13에서와 같이 성분 조성은 100g 중 단백질 함량(2.6% 내외)의 70%가 순단백질로서 그 아미노산 조성은 곡류에 부족한 리신, 트립토판을 많이 함유하고 있고 함황아미노산인 시스틴(cystine), 메티오닌(methionine) 그리고 이밖에 필수아미노산이 비교적 많이 들어 있어 식물성 식품 중 양질의 단백질을 가지고 있다. 당질의 함량은 2.7% 내외로 주로 설탕이며 전분도 들어 있다. 칼륨의 경우 전 무기질 양의 40%를 차지하고 있으며, 또한 철과 엽산이 비교적 다른 채소류에 비해 많이 들어 있어 악성 빈혈 예방에 효과가 있다.

시금치는 수산(oxalic acid)이 0.2~0.3% 들어 있어 칼슘과 작용하여 칼슘염의 형태로 된다. 이것은 체내에서 흡수되지 않아 칼슘의 이용률을 낮게 한다. 그러나 시금치는 림프계, 비뇨기계, 소화기계의 기능을 원활히 수행하는데 도움을 주고 특히 체중조절 식이로서 좋은 식품인데 이는 변통을 좋게 하는 하제(下劑)의 기능이 탁월하기 때문이다.

(7) 파(Allium fistulosum)

파(welsh onion)는 백합과에 속하는 다년생으로 중국 서부지역이 원산지로 보통 2~8본 정도로, 잎은 엽초부(葉 部)와 엽신부(葉身部)로 되어 있고, 엽초부가 길고 굵은 줄기파와 엽육(葉肉)이 얇고 연약한 잎파가 있다. 부추와 마찬가지로 특이한 자극적인 냄새와 매운맛을 가진 함황휘발성 물질을 가지어 생식할 경우 자극제로 작용하여 소화액 분비를 촉진하며 소화를 돕고, 진정 및 발한 작용을 하기도 한다.

파는 우리 식생활에서 양념류로 널리 애용되고 있는데 이는 조리할 때 좋지 않은 냄새를 제거해 주고, 가열조리 시 휘발성 함황화합물인 프로필디설파이드(propyldisulfide)가 가열에 의해 자극성 냄새가 제거됨과 동시에 프로필메르캅탄(propylmer-

그림 2-15 시금치와 파

captane)으로 변화되어 감미가 증가하게 된다.

파는 비타민 A, B군 및 C가 풍부하며, 칼슘을 비교적 많이 함유하고 있다. 또한 당질로서는 설탕보다 주로 환원당을 많이 함유하고 있다.

(8) 부추(Allium tuberosum)

부추(Chinese chives)는 Allium속에 속하는 마늘, 양파, 파 등과 같은 과에 속하는 식물로서 동남아시아 원산의 다년생초로 전체에서 특유의 강한 냄새가 있고 영양가도 풍부하다. 한국 각지에서 재배되고 있으며, 지방에 따라 솔, 정구지, 졸 등으로 불리워지기도 한다. 잎은 녹색으로 줄 모양으로 길고 좁으며 연약하다. 그 조직에는 일반적으로 티오설파이드(thiosulfide), 티오설폰네이트(thiosulfonate) 등의 특유한 냄새를 가진 휘발성 유황화합물들을 가지고 있다. 이들 성분은 마늘, 파, 양파 등과 같이 비타민 B_1과 결합체를 이룬 알리티아민(allithiamine)을 만들어 비타민 B_1의 흡수효율을 증대시킨다. 이외에 소화흡수를 돕고 장내의 살균작용 등의 효능이 있다.

부추는 추위와 더위에 잘 견디며 북만주, 시베리아 등지에서 잘 자라고, 중국에서 많이 재배하고 있다. 영양소는 무기질이 적절히 들어 있으며, 비타민 A, C도 비교적 풍부하게 들어 있다.

종자는 한방에서 구자(苟子)라 하여 비뇨(泌尿)의 약재로 사용한다.

(9) 상추(Lactuca sativa L.)

상추(lettice)는 1년생 초본으로 유럽과 서아시아가 원산지이고 재배 역사가 매우 오래 되어 기원전 고대 이집트 피라미드 벽화에 작물로 기록되고, 그리스·로마 시대에 중요한 채소로 재배하였다고 한다. 현재는 한국, 중국, 일본, 미국, 영국 등 넓은 지역에서 재배되는데, 재배되는 상추는 품종이 많이 분화되어 크게 결구상추(var. capitata), 잎상추(var. crispa), 배추상추(var. longifolia), 줄기상추(var. asparagina)의 4가지 변종으로 나뉜다. 한국에서는 주로 잎상추를 심으나 최근에는 결구상추의 재배를 주로 하고 있으며 경기도와 경상도에서 많이 재배한다.

상추는 생육 기간이 짧고 내한성이 강하여 겨울철에는 하우스 재배, 한여름 철에는 고랭지 재배 등으로 사계절을 통해 재배되는 채소이다. 잎이 부드러우며, 색은 연녹색에서 진녹색으로 바깥쪽 부위가 진녹색을 띤다. 잎의 색에 따라 영양소의 함량이 다소 다르나 대체로 무기질과 비타민류가 적절히 들어 있는데, 특히 철분의 함량이 다른 채소에 비해 많다. 당류는 대부분 포도당이고 로이신과 발린이 다른 채소보다 많다. 향기 성분으로는 알파 아미노낙산황산염이 대부분이다. 감칠맛으로는 아데닐산이 1㎎%정도 들어 있다. 또한 상추의 즙에는 졸음이 오는 최면(催眠) 성분을 함유하고 있는데, 이 성분은 쓴맛을 내는 락투신(lactucin), 렉투코피그린(lectucopicrin)이다.

우리나라에서는 상추쌈으로 생식하므로 청정재배를 하여야 하며 또한 최종 소비에 이르기까지 위생적으로 취급해야 한다.

(10) 쑥갓(Chrysanthemum coronarium var)

쑥갓(garland chrysanthemum)은 지중해 연안 원산으로 유럽에서는 관상용으로 화단이나 화분에 심고 채소로는 이용되지 않는다. 우리나라에서는 언제부터 재배되기 시작했는지 정확히 알 수는 없다. 1년생 초본으로 잎의 크기에 따라 대엽종(大葉種), 중엽종, 소엽종 등이 있으며, 우리나라에는 중엽종이 대부분이다.

쑥갓은 향기가 좋아 주로 생채로 이용하거나 나물(동호채)로 먹고 생선국, 찌개에 넣어 먹는데 끓고 난 후 불에서 내리기 직전에 넣는다. 비타민 A, B, C의 함량이 높으며, 무기질은 Ca와 Fe이 적절히 들어 있다. 쑥갓 중에는 비타민 C를 파괴하는 효소인 아스코르비아나제(ascorbinase)가 있으므로 채엽 후 가능한 한 빨리 소비하는 것이 좋다. 이 효소를 불활성시키려면 쑥갓을 데치기 하여 비타민 C의 산화를 방지할 수 있다.

(11) 갓(Brassica juncea Coss.)

갓(brown mustard)는 겨자과에 속하는 1년 또는 2년생 작물로 중앙아시아 원산이며 고온 다습한 곳에서 잘 자란다. 엽채류 가운데 비교적 단백질, Ca, P, Na, Fe 등의 무기질과 비타민 A, C를 풍부하게 함유하고 있는 작물이고 배당체인 sinigrin을 함유하는데 이것은 효소 myrosinase에 의해 mustard oil이 생성되며 특유한 향기와 매운맛을 띤다.

(12) 미나리(Oenanthe stolonifera DC.)

미나리(water dropwart)는 경엽이 진흙 속에서 연화된 미나리과에 속하는 다년생 초본이다. 특유한 향기를 지니고 있어 수시로 경엽을 채취하여 생선 탕류의 요리나 나물, 김치 등에 쓰인다.

미나리는 비타민 A, B_1, B_2, C 등이 풍부한 알칼리성 식품으로 무기질로는 철분의 함량이 비교적 높은 채소이다. 가끔 독미나리를 잘못 먹고 식중독을 일으키는 일이 있는데 독성분은 시쿠톡신(cicutoxin)이다.

(13) 죽순

죽순(bamboo sprout)은 대나무의 땅속줄기 마디에서 돋아나는 어리고 연한 싹이다. 단백질이 3% 내외 들어 있는데 그중 3분의 1이 티로신, 아르기닌, 콜린(choline), 베타인(betaine), 아스파라긴(asparagine), 푸린(purine) 염기 등의 비단백질태로서 이들 성분들이 감칠맛을 내게 한다. 죽순이 성장이 빠른 것은 트립토판에서 생성되는 indol-3-acetic acid를 함유하기 때문이다.

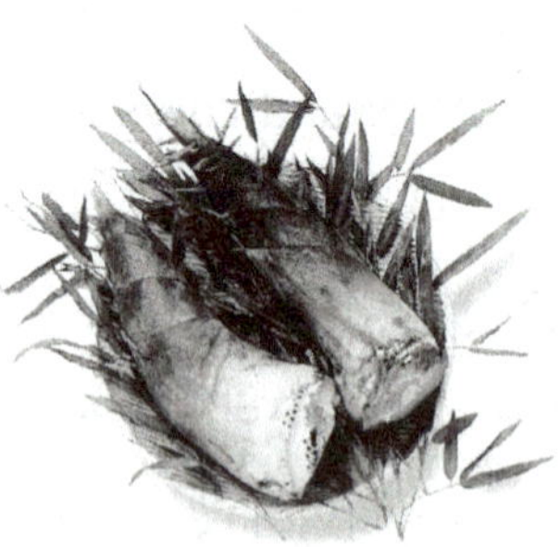

죽순은 다른 채소류보다 섬유소와 인(P)을 비교적 많이 함유하고 있으며 비타민류는 많은 편이 아니다. 죽순에는 수산을 함유하고 있어 오래 방치해 두면 그 함량이 증가하여 아린 맛의 원인이 되기도 한다. 또 아린맛 성분인 호모겐티스 산이 함유되어 있어 물에 담가 우려낸 다음 이용하는 것이 좋다.

(14) 아스파라거스(Asparagus officinalis)

아스파라거스(asparagus)는 백합과에 속하는 다년생 초본으로 150여 종이 있으나 식용할 수 있는 것은 한 품종뿐이다. 아스파라거스는 녹색과 백색이 있는데 녹색은 비타민 A가 풍부하게 들어 있으나 백색은 거의 들어 있지 않다. 질소화합물은 비단백태의 아미드인 아스파라긴의 형태로 함유(47%)하고 있다. 아미노산으로 잘 알려진 아스파라긴은 이 식물에서 처음 발견하였기 때문에 붙여진 이름이다. 만니톨, 비타민 C가 많고 혈관 강화작용을 하는 루틴과 쓴맛을 주는 사포닌을 함유하고 있나.

녹색 아스파라거스는 간, 신장, 피부, 인대(靭帶), 뼈 등의 형성에 기여하며, 특히 적혈구를 형성하는 기능을 한다.

아스파라거스는 특유한 향기가 있으며 열량이 적고 장의 운동을 자극하는 식이 섬유소를 함유하고 있어 다이어트 식품으로 우수하다. 수확 후 품질저하가 빠르므로 생산지에서 냉장저장하거나 통조림 한다.

(15) 셀러리(Apium graveolens var. dulce)

셀러리(celery)는 미나리과 작물로 남유럽, 북아프리카, 서아시아가 원산지로 본래 야생 셀러리는 쓴맛이 강하여 17세기 이후에 이탈리아 사람들에 의해 품종이 개량하여 현재에 이르고 있다. 연한 잎과 줄기를 식용하며 전체에 특유한 향기 성문인 세다놀리드(sedanolide)가 들어 있어 서양요리에서 없어서는 안 될 중요한 재료로 대부분 생체나 스프, 소스류의 향미를 내는 데 이용한다.

셀러리는 비타민 A와 B_1의 급원으로 좋으며, 칼슘, 인, 철 이외에 나트륨, 염소, 칼륨, 마그네슘 등도 풍부하게 들어 있어 영양가가 좋은 채소일 뿐만 아니라 소화기능을 돕고, 산독증(酸毒症, acidosis)을 해독, 즉 중화시키므로 혈액을 정화시키는 역할을 한다.

(16) 파슬리(Petroselinum crispum)

파슬리(parsley)는 미나리과 작물로 유럽 남동부와 아프리카 북부 원산지로 잎은 3장의 작은 잎이 나온 겹잎이고 짙은 녹색으로서 윤기가 난다.

특유한 향기 성분인 피넨(pinene) 등을 함유하고 있어 서양요리에서는 뺄 수 없는 채소로서 튀김을 하여 먹거나 잘게 썰어서 요리에 뿌리기도 한다.

파슬리는 비타민 A, C의 함량이 높아 그 급원으로 좋은 채소이며, 칼슘과 철분 함량이 높고 구리와 망간도 풍부하게 들어 있다. 또한 파슬리는 피를 깨끗하게 하는 혈류의 정화작용을 할 뿐만 아니라 장의 연동작용을 하여 소화와 배설을 돕는 역할을 한다.

(17) 머위(Petasites japonicus)

머위(butterbur)는 일본원산으로 엉거시과에 속하며 우리나라, 중국에도 분포하는 다년생 초본이다. 산야에 널리 자생한다. 잎은 줄기에서 나와 긴 잎자루가 있고 둥근 모양으로 가장자리에 불규칙한 톱니가 있다.

잎에는 비타민 A를 비롯해서 비타민이 비교적 골고루 들어 있으나 줄기에는 적다. 칼슘이 71㎎% 정도로 풍부하게 들어 있는 알칼리성 식품인데 영양 면보다는 향채로서 이용이 더 크다. 머위가 쉽게 갈변하는 것은 클로로겐산과 폴리페놀 성분 때문이다.

2) 근채류

근채류는 뿌리 부분을 식용으로 하는 채소류로 그 성분 조성은 표 2-14과 같다.

(1) 무(Raphanus sativus)

무(radish)는 십자화과(十字花科)에 속하는 근채류로 우리나라에서 예로부터 재배하여 배추 · 고추와 함께 3대 채소로 김치 등으로 널리 사용하여 왔다. 수확기가 가까워지면 바람이 들기 쉬우므로 생육이 빠른 것부터 수확한다. 저장용은 잎을 잘라 버리지만 잎이 붙어 있는 대로 출하하는 것이 보통이다.

당질이 비교적 많이 들어 있으며, 그 대부분이 포도당이고, 소량의 설탕 그리고 펜토

표 2-14 근채류의 일반 성분

	수분 (%)	열량 (kcal)	탄수화물		단백질 (g)	지질 (g)	회분 (g)	무기질(mg)			비타민(mg)				
			당질 (g)	섬유 (g)				P	Ca	Fe	A	B_1	B_2	niacin	C
무	94.3	18.0	3.5	1.0	1.1	0.1	0.6	23	27	0.4	0	0.02	0.03	0.3	15
당근	89.6	34.0	10.2	1.1	1.0	0.2	0.8	34	35	0.9	10,658	0.06	0.04	0.9	6
연근	82.6	67.0	13.4	1.1	2.0	0.1	0.8	66	22	0.4	0	0.06	0.03	0.5	57
토란	79.6	40.0	16.9	1.0	2.2	0.3	1.0	43	26	0.5	0	0.09	0.04	0.7	10
우엉	46.0		18.4	1.7	2.6	0.3	1.7	78	73	1.5	0	0.40	0.15	4.8	4
양파	90.0	35.0	10.8	0.3	1.9	0.4	0.7	61	20	0.5	35.5	0.09	0.15	0.1	7
마늘	64.0	120.0	24.3	0.8	3.0	0.2	1.3	50	32	1.6	12	0.33	0.53	0.1	10
생강	81.7		12.9	1.9	2.2	0.8	1.0	14	20	1.1	30	0.02	0.03	4.3	5

산(pentosan), 펙틴(pectin) 등으로 구성되어 있다.

단백질은 반이 비단백질태이며, 무기질은 칼륨, 나트륨, 칼슘 등이 비교적 함량이 높다. 무는 아밀라아제(amylase)가 많고, 이외에 아미다아제(amidase), 글리코시다아제(glycosidase) 등의 효소가 많아 생체로 먹거나 생즙을 내서 먹으면 소화를 촉진시켜 식욕을 돋우어 준다.

무의 자극적인 매운 맛 및 냄새 성분은 메틸메르캅탄(methylmercaptane: CH_3SH)과 겨자유(mustard oil) 성분 때문인데, 겨자유는 무 중의 배당체인 시니그린(sinigrin)이 조직 내의 효소 미로시나아제(myrosinase)에 의해 분해되어 생성된다.

이 겨자유는 방광 중에 있는 결석을 축출해 주는 역할을 한다. 또한 무즙은 카타르(catarrh)성 염증에 치료 효능이 있다. Ca, Na, P 등이 풍부하며 비타민 C가 30mg% 정도 함유되어 있으며 한편 무잎(무청)에는 carotene이 비타민 A의 효력으로 3,000 IU, 비타민 C가 90mg% 들어 있어 영양적으로도 우수하며 무와 더불어 조리에 널리 애용되고 있다. 단백질은 순단백질이 약 10% 정도 들어 있고, 칼슘, 칼륨, 나트륨 등의 무기질이 비교적 풍부하며 비타민은 삶아도 반 이상이 잔존한다.

그림 2-16 무우, 붉은색 무우, 알타리 무

(2) 당근(Daucus carota var. sativa)

당근(唐根, carrot)은 홍당무라고도 하며, 아프가니스탄이 원산지로 미나리과 작물로 뿌리의 크기나 형태는 품종에 따라 다르다. 주로 뿌리를 많이 먹는 근채류로 잎도 조리하여 먹는다. 당근은 다른 채소에 비해 수분이 85% 내외로 비교적 그 함량이 낮으며, 당질이 10.9% 정도 들어 있고 그 반이 설탕으로 감미가 강하다. 이외에 환원당, 펜토산, 펙틴질, 덱스트린, 피틴 등이 들어 있다. 칼슘, 칼륨, 나트륨, 인 등이 비교적 풍부하게 들어 있으며, 특히 비타민 A가 채소류 중 가장 많이 들어 있다. 당근 잎은 뿌리에 부족한 비타민 C와 칼슘이 풍부하게 들어 있으며, 맛과 향이 좋아서 다른 식품과 함께 조리하면 좋은 맛과 향을 낼 수 있다.

당근에는 비타민 C를 파괴하는 아스코르비나아제(ascorbianse)효소가 있어 비타민 C가 풍부한 다른 채소와 혼합하여 사용하는 것은 바람직하지 못하다. 당근에 식초를 가하면 그 효소의 기능이 약화되고, 당근은 살짝 데치면 효소는 불활성화되어 비타민 C의 파괴를 방지할 수 있다.

당근은 기름에 살짝 볶아서 섭취하면 지용성 비타민인 비타민 A의 흡수율을 높일 수 있다.

당근은 야맹증의 치료 효과가 있을 뿐만 아니라 치아 및 턱뼈의 발육지연 등에도 큰 효과가 있다. 치아 및 턱뼈의 발육지연은 저개발 국가 어린이에게서 흔히 볼 수 있는데

그림 2-17 당근과 마늘

이는 칼슘과 비타민 A의 부족에서 생기는 증세로 비타민 A와 칼슘이 풍부한 당근을 일년간 꾸준히 공급해 주면 정상적으로 회복될 수 있다. 또한 당근은 변비 증세에 치료효과가 우수하며, 미국에서는 항암(杭癌) 식이로 당근을 이용하고 있다.

(3) 마늘(Allium scorodorpasum var. viviparum Regel)

마늘(大蒜, garlic)은 단군신화와 삼국사기에 기록이 있는 것으로 보아 오래전부터 우리나라에서 이용, 재배되어 온 것으로 생각되는 인경채소(鱗莖菜蔬)로 주로 양념류로 애용되어 왔다. 마늘은 수분이 70% 내외로 채소류로서는 비교적 수분 함량이 적은데, 이는 채소류 중 당질을 약 25%로 많이 함유하고 있기 때문이다. 단백질 3.3% 정도로 glutamic acid를 포함하여 15종의 아미노산이 확인되었다. 무기질은 비교적 인이 풍부하며 칼슘, 철 이외에 알루미늄, 망간, 구리, 아연 등도 미량 함유하고 있다. 비타민 A는 극미량이며, 비타민 B_1, B_2, 니아신, 비타민 C 등이 적절히 들어 있다.

파, 양파, 부추 등과 같이 Allum속으로 맵고 자극적인 냄새와 맛을 가진 휘발성 함황화합물인 알릴디설파이드(allyldisulfide)를 함유하고 있다. 이 물질은 비타민 B_1과 결합하여 알리티아민(allithiamine)의 형태로 되어 장내 세균에 의해 분해되지 않고 비타민 B_1의 흡수율을 높이므로 비타민 B_1의 상승제(synergist)라고도 한다.

또한 장내 세균에 의해 비타민 B_1이 합성되기도 한다. 즉, 마늘의 함황화합물들은 장내에서 합성된 비타민 B_1과 결합하여 알리티아민을 만든다.

마늘은 동서양에서 예로부터 치료의학 식물로 사용되었다. 서양에서 민간요법으로 파슬리와 함께 혼합하여 식용하면 고혈압 치료 효과가 있어 애용되었으며, 구충제(驅蟲劑)로도 사용하였는데, 특히 마늘유(garlic oil)는 장관 내에 기생하는 기생충을 축출하기 위해 장관 내를 깨끗하게 하는 관장제(灌腸劑, enamas)로도 사용되었다.

특히 마늘에 요오드가 들어 있기 때문에 마늘 팩(pack)으로 마들어 목 부위에 올려놓을 경우 갑상선종(甲狀腺腫, goiter)의 치료 효과가 있다. 그리고 기관지 천식과 건초열(hay fever, 꽃가루와 먼지 등으로 생기는 코와 목 부위의 질환)의 치료 효능이 있다. 또한 마늘은 장내의 부패세균을 살균시키는 살균제의 효능을 지닌 크로토알데히드(crotoaldehyde)를 함유하고 있어 장관 내의 정장작용을 한다.

(4) 양파(Allium cepa)

양파(onion)는 서남아시아 원산으로 추측되며 우리나라에서는 조선말에 미국과 일본으로부터 도입된 것으로 짐작되며, 엽초의 밑부분이 비대한 비늘줄기로 어느 정도 엽총(葉叢)이 형성되어 비대해진 근채류로서 향신료로 많이 사용하고 있다.

양파는 당질이 약 10%내외 들어 있는데 갈락탄(galactan)과 크실란(xylan), me-thyl pentose 등의 형태로 존재하며 hemicellulose도 많다. 양파는 완숙함에 따라 단맛이 증가하는데 이는 다당류의 분해에 따른 포도당과 설탕이 생성되기 때문이다. 또한 양파를 가열해서 익히면 단맛이 증가하는데 이는 자극성 함황화합물인 프로필디설파이드(propyldisulfide, C3H5S · SC3H7))가 분해되어 설탕의 단맛에 50배나 되는 프로필메르캅탄(propylmercaptane)이 생성되기 때문이다.

무기질로는 칼륨, 칼슘, 철, 인, 나트륨 등이 풍부히 들어 있으며 특히 칼륨은 전 회분량의 약 30%를 차지한다. 비타민도 비교적 많으나 비타민 A는 거의 없다.

양파는 향신료로서 육류 및 생선류의 조리 시 불쾌한 냄새와 맛을 없애는 데 효과적으로 사용하고 있다. 양파는 마늘의 성분과 유사하므로 대체로 그 기능도 비슷하다. 양파에는 색소 성분으로 퀴세틴(quercetin, C15H10O7)이 들어 있는데 특히 껍질 부분에 많으며 이 물질은 비타민 C의 항산화제로 작용하여 비타민 C의 효능을 높이고, 모세혈관의 증강작용을 하므로 고혈압의 예방효과도 있다.

그림 2-18 양파

양파는 서양에서 민간요법으로 감기에 효능이 있고, 가슴 부위에 양파 팩을 지속적으로 하면 기관지염의 치료 효과가 있어 마늘과 더불어 식품의약으로 알려져 왔다.

양파에는 함황화합물을 함유하고 있는데 양파의 유황화합물은 특히 간에 좋으며, 또한 양파 속에 있는 유황과 단백질의 혼합물은 뇌와 신경계에 아미노산 반응을 촉진시켜 주는 역할을 한다.

(5) 생강(Zingiber officinale)

생강(生薑, ginger)은 동남아시아(인도, 말레이지아)가 원산지로 생강과에 속하는 다년생 열대초본으로서 향신료로 주로 이용하고 있으며, 소생강, 중생강, 대생강으로 분류하고 있다.

당질이 전체 고형분의 50~70%를 차지하고 있으며 전분, 펜토산의 형태로 존재하고 있다. 수증기로 증류되는 휘발성 향미 성분과 비휘발성 매운맛 성분을 함유하고 있어 향신료로 애용되고 있다.

생강 뿌리에는 향미 성분인 진지베렌(zingiberene), 시트랄(citral), 리나룰(linalool) 등의 정유(精油, essential oil) 성분이 있으며, 매운맛 성분인 진제론(zingerone, $C_{11}H_{14}O_3$), 쇼가올(shogaol, $C_{17}H_{24}O_3$), 진제롤(zingerol) 등이 있는데, 이 물질은 자극물질로서 구아이아콜(guaiacol)유도체이다.

생강은 향신료로 주로 쓰이며, 생강차 또는 당에 절여 말린 편강으로 애용되고 그밖에 생강주, 카레분, 소스 등으로도 이용되며, 한방에서는 뿌리줄기 말린 것을 건강(乾薑)이라는 약재로 쓰는데, 소화불량 · 구토 · 설사에 효과가 있고, 혈액순환을 촉진하며, 항염증과 진통 효과가 있다.

(6) 연근(Nelumbo nucifera)

연근(蓮根, Indian lotus)은 다년생 수생(水生)식물로, 북아메리카 원산으로 지하경(地下莖, 땅속줄기)은 땅속으로 길게 뻗어 끝에 덩이줄기를 형성하는 데 이 덩이줄기를 연근이라 한다.

연근은 당질이 13.4% 정도로 그 대부분이 전분으로 구성되어 있으며, 열매에는 라피노오스(raffinose)가 들어 있고, 비타민 C가 풍부하며, 아스파라긴(asparagine) 등의 아미노산이 들어 있다. 또한 폴리페놀(polyphenol) 화합물인 클로로겐산(chlorogenic acid) 등이 들어 있어 공기 중에 노출되면 갈변한다. 조리 시에 갈변을 방지하려면 pH를 저하시켜 효소를 불활성시키기 위해 묽은 식초에 담그거나 소금물에 담근다. 즉, 식초를 넣은 물로 삶은 다음 설탕과 소금 등으로 조리하면 된다. 씨눈에는 알카로이드인 nelumbine이 함유되어 있다. 뿌리는 조리하는 것 이외에 생식하기도 하며 전분과 분말 제조에도 쓰인다. 열매는 생식하거나 기름에 튀겨 먹고 꿀 또는 설탕에 졸여 정과를 만든다.

(7) 우엉(Arctium lappa)

우엉(edible burdock)은 지중해연안에서 서부아시아에 이르는 재디가 원산지로 유럽, 아시아의 온대에 널리 분포하며 뿌리에 축적된 괴경을 식용으로 하는 국화과 식물에 속한다. 우엉의 주성분은 당질(18% 내외)로서 전체의 반 이상이 이눌린(inulin)의 형태로 존재하며 소량의 펜토산, 당분도 들어 있다. 우엉에는 다른 근채류에 비해 무기질이 풍부하게 들어 있으며, 비타민류로는 니아신이 비교적 많이 들어 있다(표 2-14).

몸통이 노화하고 껍질이 거칠며 굵은 것은 떫은 맛이 강하고 향기도 업어져서 딱딱하고 씹는 맛도 좋지 않으므로 고를 때 피하는 것이 좋다. 삶으면 청색으로 변하는데 이는 우엉 중의 무기질이 우러나와 알칼리성이 되어 우엉의 안토시안(anthocyan)계 색소와 반응하기 때문이다. 또한 우엉을 절단하여 공기 중에 노출하면 갈변하는 것은 우엉 중의 폴리페놀(pholyphenol)화합물인 탄닌이 산화효소인 폴리페놀옥시다아제(pholyphenoloxidase)에 의해 산화되기 때문이다. 이의 방지법은 토란의 경우와 같다.

3) 과채류

과채류는 초본 식물의 열매를 식용하는 채소류로 그 성분 조성은 표 2-15와 같다.

표 2-15 과채류의 일반 성분 조성

	수분 (%)	열량 (kcal)	탄수화물		단백질 (g)	지질 (g)	회분 (g)	무기질(mg)			비타민(mg)				
			당질 (g)	섬유 (g)				P	Ca	Fe	A (R.E)	B_1	B_2	niacin	C
오이	95.5	9.0	3.4	0.5	0.9	0.2	0.5	17	18	0.3	30	0.06	0.50	0.8	10
가지	93.5	16.0	3.8	0.9	1.3	1.3	0.4	21	23	0.7	6	0.03	0.04	0.8	4
홍고추	85.2	39.0	5.3	5.0	2.6	1.7	0.7	56	16	0.9	1078	0.10	0.05	0.6	1160
풋고추	83.2	57.0	0.4	12.7	2.4	0.5	0.8	57	15	1.1	1350	0.20	0.34	1.2	92
피망	93.3		4.3	0.5	1.3	0.4	0.5	27	10	0.2	720	0.10	0.07	1.5	101
토마토	91.0	14.0	3.7	1.0	2.0	0.3	1.1	70	11	0.6	90	0.10	0.03	0.2	11
참외	93.8		3.3	0.9	0.9	0.3	0.8	12	14	0.3	27	0.05	0.05	0.6	22
딸기	92.2		7.1	1.9	0.9	0.2	0.5	17	13	0.5	16	0.04	0.04	0.4	99
수박	94.5	31.0	3.6	0.8	0.4	0.1	0.6	15	9	0.2	26	0.06	0.01	0.4	6
호박	85.7	38.0	10.3	0.8	1.2	0.2	0.9	23	44	4.1	27	1.02	0.07	0.6	35

(1) 오이(Cucumis sativus)

오이(cucumber)는 인도의 히말라야 지방이 원산지로 박과에 속하는 종류 중에서 대표적인 채소로 1년생 넝쿨형 초본으로 특이한 향기는 2, 6-nonadienal이며, 푸른색은 엽록소인 클로로필(chlorophyll)이 들어 있기 때문이다. 이 엽록소는 오이지나 오

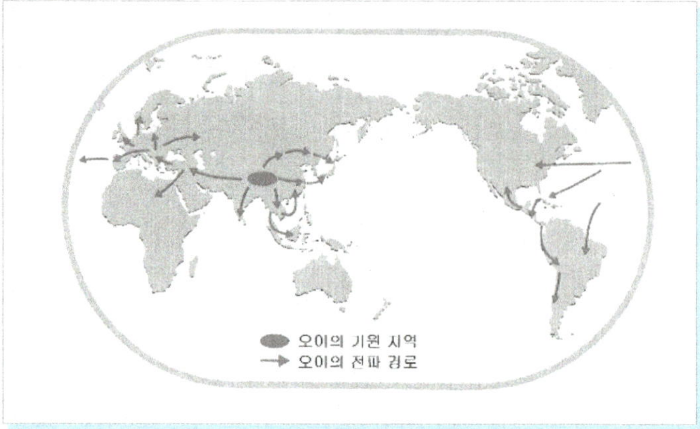

그림 2-19 오이의 전파도

이김치를 담그면 녹갈색으로 변화하는데 이는 산이 증가하여 클로로필의 마그네슘이 유리되고 수소와 치환되어 녹갈색의 페오피틴(pheophytin)으로 변화되기 때문이다. 그러나 녹청이 묻은 수세미를 오이지를 담글 때 넣으면 Mg^{2+}이 Cu^{2+}로 치환되어 엽록소에 고정되므로 본래의 색으로 유지될 수 있다.

쓴맛 성분은 배당체의 일종인 큐커비타신(cucurbitacin, $C_{32}H_{46}O_8$)으로서 이 성분은 짙은 녹색인 꼭지 부분에 많으며, 이것은 질소 비료를 과다하게 주거나, 인과 칼륨이 부족하거나 일조량이 많고 고온일 때 많이 생성된다. 그러나 수용성이므로 물에 담가두거나 열을 가하면 없어진다. 또한 오이에는 당근보다는 약하지만 비타민 C를 파괴하는 아스코르비나아제(as -corbinase)가 있으므로 초절임하거나 염분을 넣어주면 비타민 C의 파괴를 방지할 수 있을 뿐만 아니라 쓴맛도 제거된다.

주성분은 당질(1.4%)로서 전분이 거의 들어 있지 않고, 포도당 등과 같은 당류가 들어 있으며, 무기질로는 칼륨이 많고 칼슘, 인 그리고 미량의 철, 망간, 구리 등도 들어 있다. 어린 오이에는 비타민 C가 26mg%가 들어 있으나 수확기에는 반 이하로 감소한다.

특유의 풍미를 지녀 생식용으로 또는 오

이 물김치, 오이장아찌, 피클, 소박이, 냉국, 샐러드 등으로 이용된다.

오이는 소화 흡수를 도울 뿐만 아니라 장관 내를 깨끗하게 정화시키는 기능을 한다. 또한 햇볕에 탄 피부에 찬 오이 팩을 할 경우 피부 속의 혈액을 냉각시키는 놀랄 만한 효과가 있다고 한다.

(2) 호박(Cucurbita spp.)

호박(胡朴, pumpkin)은 박과에 속하는 1년생 초본으로 중앙아메리카 또는 멕시코 남부의 열대 아메리카를 원산지로 하여 고온다습지대에 적응하여 온 동양계호박(C. moschata Duch)과 페루, 볼리비아, 칠레 북부의 지대에 적응하여 온 서양계화박(C. maxima Duch)및 멕시코 북부와 북아메리카 서부를 원산지로 하고 있는 페루계 호박(C. pepo L.) 등 3종이 재배되고 있으며 우리나라의 호박은 동양계 호박에 속한다. 호박의 주성분은 당질로서 수로 전분의 형태로 존재하며, 이외에 환원낭, 설탕, 넥스트린, 펜토산, 갈락탄 등이 들어 있다. 저장성이 좋고 칼로리 원(54㎉)으로도 중요하다. 과육 색은 주로 카로틴에 기인하므로 비타민 A가 풍부하다. 비타민 C도 적절히 들어 있으나, 호박에는 아스코르비나아제가 표피에 존재하나 열처리 시 불활성화 된다.

호박씨에는 단백질(23% 내외)과 지방질(38% 내외)이 풍부하게 들어 있으며 단백질은 글로불린이 많고, 필수아미노산도 많이 조성되어 있다. 구성지방산은 주로 리놀레

그림 2-20 호박

산(linoleic acid), 올레인산(oleic acid)이며, 무기질은 인, 나트륨, 칼륨, 칼슘 등이 골고루 분포되어 있다.

주로 어린 호박은 채소용으로 조리하거나 절단하여 말리고 늙은 호박은 엿, 떡, 죽 등을 만들어 식용하고 있다.

(3) 가지(Solanum melongena)

가지(eggplant)는 인도 원산지로 우리나라에서 오래전부터 재배하여 왔으며, 그 형태에 따라 구형, 난형, 중장형, 장형, 대장형 등으로 나뉜다.

가지는 수분(93%)이 비교적 많이 들어 있는 과채류 중 하나이며, 당질에는 전분이 거의 들어 있지 않다. 비타민 A는 적고, 소량의 비타민 C를 함유하고 있다.

가지 껍질의 색소는 안토시아닌 계통의 나수닌(nasunin)색소로소 산화되면 변색되는데 이 색소는 각종 금속과 반응하여 금속 착화합물(錯化合物)을 형성하여 본래의 색으로 고정된다. 따라서 가지를 조리할 때 알루미늄을 함유한 명반을 넣거나 철이나 놋그릇 등의 금속제 조리기구를 사용하면 변색되지 않는다. 또한 이 색소는 pH의 변화에 따라 산성에서는 적색을 띠며, 알칼리성에서는 청색으로 변화한다.

가지는 쪄서 나물로 먹거나 전으로 부쳐 먹거나 세로로 자르고 가진 고기에 양념을 버무려 넣어서 찌면 훌륭한 반찬이 된다.

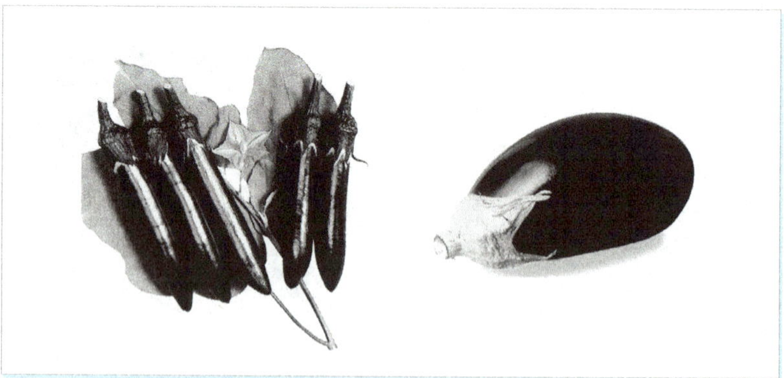

그림 2-21 가지의 형태에 따른 분류

(4) 고추(Capsicum annuum)

고추(green pepper, red pepper)의 원산지는 남아메리카이고 우리나라에는 1614년에 일본에서 전파된 것이 처음이며, 이후 1710년에 중국에서 도입된 기록이 있다. 매운 성분인 캅사이신(capsaicin) 함량에 따라 sweet pepper, hot pepper로 구분되며, sweet pepper(감미종)는 피멘토우(piment)로 표면이 매끄럽고 원추형 또는 심장형으로 과육이 매우 두껍고 달다. 한편 hot peppet는 칠리페퍼(chilipepper)로 가느다랗고, 뾰족하며 굴곡이 심하고 과육이 얇고, 맵기 때문에 단독으로 먹기보다는 양념으로 이용한다. 따라서 고추는 기호 식품임과 동시에 향신료로서 우리나라에서 김치류와 일반음식의 양념으로 널리 애용되고 있다.

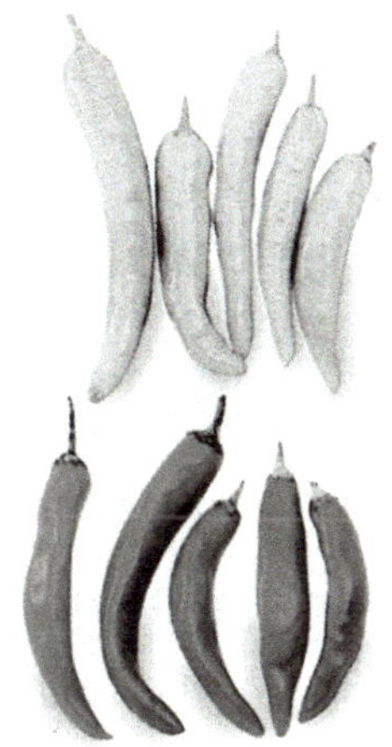

고추는 완숙된 건과용(乾果用) 붉은 고추와 청과용(青果用) 풋고추로 구분되는데 과실 및 잎은 요리에 쓰이고, 매운 붉은 고추는 분말로 하여 향신료나 소스의 원료로 쓴다.

붉은 고추는 매운맛을 내는 향신료로, 풋고추는 채식용으로 이용된다. 또한 풋고추는 비타민 A, B_1, B_2, C 등이 붉은 고추보다 다소 많으며(표 2-15), 다른 채소류보다 풍부하게 들어 있어 영양적인 면에서 균형이 잘 이루어진 채소류라 할 수 있다.

매운맛 성분은 껍질에 많이 있는 캅사이신이며, 붉은 색소는 베타 카로틴(β-caro-tene)과 캅크산틴(capxanthin)이다.

마른 고추(건고추)의 성분은 단백질 9%, 당질 32%, 지방 14%, Ca 120㎎%, P 130㎎%, Fe 10㎎%, 비타민 A 7,000IU, B_1 0.2㎎%, B_2 0.15㎎%, C 200㎎%를 함유한다. 특히 비키민 A와 C의 함량이 높고 생고추에도 비카민 C는 100㎎% 이상이 들어있다.

고추는 체내의 저항력을 높이는 많은 요소를 함유하고 있고, 건강보조 식품으로 알려져 있다. 즉, 고추에 들어 있는 비타민 A는 신체 여러 조직의 저항력을 높이며, 특히 호흡기 계통의 감기와 귀, 방광, 피부, 소화기관 계통의 질환에 대한 저항력을 높인다. 또한 고추에 들어 있는 비타민 B군은 음식물의 소화흡수를 도와 신진대사를 증진시켜 뇌와 신경계에 정상적인 기능을 유지하는 역할을 한다.

그리고 고추에 풍부한 비타민 C는 산독증을 방지하는 경이적인 건강 증진제로서 역할을 한다. 특히 고추에는 실리콘(silicon)의 함유량이 다른 채소류보다 상당히 높은데, 이 원소는 미(美)의 원소(beauty element)라 하여 모발, 피부, 손톱 및 발톱 그리고 치아 등 아름다움을 유지시켜 주는 성분으로 알려져 있다.

(5) 토마토(Lycopersicon esculentum)

토마토(tomato)는 가지과에 속하는 영양이 풍부한 과채류로 남미, 페루, 에콰도르 원산으로 우리나아에서도 날로 소비량이 증가하고 있는 채소이다. 토마토의 당질에는 설탕, 과당, 포도당 등의 당분이 주로 들어 있고 이밖에 펙틴질이 들어 있다.

토마토의 황적색은 카로틴(carotene)때문으로 따라서 비타민 A가 매우 풍부하다. 적색은 카로티노이드계 색소의 일종으로 리코펜(lycopene)에 기인하는데 이는 그 배합에 따라 빛깔이 달라서 주홍색종, 황색종 등으로 구분된다. 리코펜은 비타민 A로 전환되지는 않으나 항산화력을 지니며 루틴도 함유되어 있다. 토마토에는 구연산(citric acid), 사과산(malic acid), 주석산(tartaric acid), 호박산(succinic acid) 등을 함유하고 있어 향미를 내며 이들 산에 의해 비타민 C가 안정되며, 가열조리 시에도 파괴되지 않는다. 무기질로는 칼륨과 칼슘이 이 풍부하여 알칼리도 높은 식품으로 인과 염소도 적절하게 들어 있다.

토마토는 생식하는 것 이외에 주스, 퓨레(puree), 소스, 케첩(cachup) 등의 원료로 이용되고 있다.

토마토는 체내의 혈액 중에서 알칼리성이 되어, 독성물질 특히 요산(尿酸, uric acid)을 중화하여 제거하는 기능을 한다. 또한 간의 해독작용에도 기여한다.

신체의 혈액 중에는 혈전(血栓) 등과 같은 응혈(凝血)된 물질(stagnant)이 있는데 토마토는 이들 물질을 용해하는 용매로서 매우 효과적인 기능을 수행하여 피를 맑게 한다. 특히 토마토즙으로 응혈된 부위를 찜질할 경우 매우 효과가 있다.

그림 2-22 토마토와 딸기

(6) 딸기(Fragaria spp.)

딸기(strawberry)는 다년생 초본으로 남미로 우리나라에 전해진 것은 20세기 초로 추정되고 있다. 열매는 적색이고 표면에 흑색의 작은 씨가 산재하여 있다.

당질이 7.1% 정도로 주로 과당, 포도당, 설탕으로 단맛을 내며, 신맛은 사과산(malic acid), 구연산(citric acid), 주석산(tartaric acid), 비타민 C 등이며 특히 비타민 C가 풍부하게 들어 있고 나트륨과 칼륨도 적절히 들어 있다. 딸기의 색은 안토시아닌계의 적색 색소인 칼리스테핀(callistephin)이고 표면에 흑색의 작은 씨가 산재해 있다.

과형이 바르고 전면이 고르게 착색하여 있는 것이 좋다. 신선도는 과피의 긴장도와 꼭지의 시든 정도에 따라서 판단할 수 있다. 실온에서는 저장성이 지극히 나빠 곰팡이의 생성으로 하루이상 보존하기 어렵다.

현재 주로 생식용으로 소비되고 잼, 젤리, 빙과류, 술, 과일즙 등의 원료로 이용되며, 특히 펙틴질을 함유하고 있어 주로 딸기잼으로 가공되고 있다.

딸기는 배변을 좋게 하는 과채류로 알려져 있으며, 씨는 장염 환자의 염증을 자극시킬 수 있으므로 섭취에 유의해야 한다.

(7) 수박(Citrullus vulgaris)

수박(water melon)의 원산지는 열대 아프리카로 과실의 독특한 향기와 시원한 맛이 국민의 기호에 맞아 예로부터 참외와 함께 여름철 과일로 대표된다. 과육의 색에 따라 적색, 황색, 백색종이 있으나 우리나라에서 재배되는 것은 적색, 황색종이며, 씨 없는 수박도 육종한 바 있다.

열매는 둥글거나 타원형으로 표면에 녹색바탕에 검은 줄무늬가 있는 것과 없는 것이 있다. 과육은 수분이 많으며 붉고 감미가 강하며 씨는 갈색 또는 흑색이다. 익어도 다른 과채류처럼 외관상의 변화가 없어 판별하기 어렵다. 따라서 대부분 경험적인 방법에 의해 감별하고 있는데 대체로 두드려서 탁음이 나는 것, 과실 자루 부분이 벌어지고 골이 생긴 것 등이 잘 익은 것이다.

수박은 수분 함량(95% 내외)이 많아 워터멜론(water melon)이라 하며, 당질로는 포도당, 과당 등의 당분이 많아 단맛이 나며 여름에 주로 생체로 먹는다. 지방에는 비타민 F가 많아 육식을 많이 하는 사람에게 좋다. 비타민 A, C가 적절히 들어 있으며 무기질로는 칼륨이 많으며, 그 외에 인, 나트륨, 칼슘 등이 들어 있다.

수박의 색소는 카로티노이드인 리코펜(lycopene)과 알파-카로틴(α-carotene)이다. 이중 리코펜 함량이 많으나, 리코펜 양쪽이 개환(開環)된 고리 구조를 하고 있어 비타민 A로서의 효능은 없다.

수박은 이뇨 및 배설작용이 우수한 과채류로 알려져 있다. 이는 수박 중에 수분과 시투루린이라는 가용성 화학물질이 풍부하게 들어 있어 혈액에 신속히 흡수되어 신체 여러 기관에 축적된 물질들을 가용화시켜 배출시키는 역할을 한다.

(8) 참외(Cucumis melo var. makuwa)

참외(muskmelon)는 단맛이 나는 머스크멜론(muskmelon), 즉 동양계 참외로 알려진 이집트가 원산지인 것이 있고 흔히 멜론(melon)이라 부르는 것은 인도와 기니(Guinea)가 원산지이며, 유럽에 전파한 서양계 참외인 Cantaloupe종이 있다. 우리나라에는 삼국시대에 만주를 거쳐 들어온 것으로 여겨진다.

동양계 참외는 외피가 백색 내지 황색이고 매끈하며 골이 있고, 과육은 대부분 희고,

그림 2-23 수박과 참외

육질이 연하고 향기가 있고 맛이 달다.

참외 역시 익은 정도, 숙도(熟度)를 판별하기가 어렵다. 미숙한 것은 추숙(追熟)이 어렵고, 과숙한 것은 품질이 저하되므로 숙기(熟期)를 정확히 판단하여 수확하여야 하는데 일반적으로 저온기에는 개화 후 35일 만에, 저온기와 고온기 사이의 것은 개화 후 28~30일 정도에 수확하는 것이 안전하다.

주성분이 당질로서 주로 당분 함량이 많은데, 익어감에 따라 그 함량이 증가하여 감미도가 증가하게 된다. 그리고 비타민 A, C가 적절히 들어 있다.

참외는 수분 함량이 많고, 그 수분에 무기질이 적절히 들어 있어 체내에서 산성화되어 가는 액성을 알칼리화(alkalinizing)하여 중화시켜 생기(生氣)가 넘치게 할 뿐만 아니라 이뇨 및 배설작용도 우수하다.

여름의 생과로 널리 이용되며 참외 꼭지는 과체(瓜蒂)라 하여 한방에서는 콧속에 생긴 군살 제거에 쓰고 씨는 과자(瓜子)라 하여 염증성 질환(축농증)에 쓴다.

5. 과실류

과실은 식물학상으로 자방(子房, 씨방)이 성숙한 것이나, 꽃받침 또는 꽃받이 등이 자라 과실의 현태가 된 가과(假果)를 말한다. 과실의 구조는 대체로 외과피(外果皮), 과육부, 종자로 구성되어 있다.

과실류는 수분을 많이 함유하고 있어 갈증 해소와 수분 섭취에 이상적이다. 과당, 포도당 등의 당분과 당 알코올(alcohol)류 그리고 사과산(malic acid), 구연산, 주석산 등의 유기산이 풍부하여 맛이 달고 상쾌한 느낌을 준다. 덜 익은 과실에는 엽록소(chlo-rophyll)를 함유하나 완숙됨에 따라 카로티노이드 색소와 플라보노이드(flavo-noid) 색소를 함유하여 아름다운 색을 나타내 기호성을 부여하는 등의 특성을 가지고 있다. 또 과실에 따라 정도의 차이는 있으나 펙틴질을 함유하고 있어 잼과 젤리 등을 만들 수 있다. 특유한 향미를 지닌 과즙을 발효하여 과실주를 만든다. 또 각종 소화 효소를 지니므로 후식으로 적당하며 육류의 연화를 위해 고기를 재울 때 쓴다.

근래 CA(controled atmosphere storage) 저장 방법이 과실류에 적용되면서 저장기간이 연장되고 있다. CA저장은 저장실 내부의 온도(0~4℃)를 낮추고, 산소는 2~3%로 줄이고 이산화탄소의 비율은 2~5%로 증가시켜 급격한 조직 연화와 숙성을 지연시키고 부패를 방지하는 저장법이다. 수확 후 호흡이 급상승하는 사과, 배, 바나나, 망고, 살구, 감귤류, 토마토, 아보카도 등은 호흡 상승기 이전에 미리 수확하여 CA 저장에 의해 숙성시킨 후 판매하면 효과적이라 할 수 있다.

과실류는 과육(果肉)이 발달된 형태에 따라 크게 4가지로 분류할 수 있다.

표 2-16 과일의 분류

분류	과육의 형태	종류
인과류(仁果類) (pomaceous fruits)	씨방에 종자를 함유하여 배꼽 반대편에 꼭지를 지닌다	사과, 배, 비파, 감, 감귤류
핵과류(核果類) (stone fruits)	단단한 핵이 존재하며 핵 안에 종자를 포함하고 있다	복숭아, 살구, 매실, 자두, 대추, 앵두
장과류(漿果類) (berries)	과피는 유연하며 육질은 다량의 즙을 함유하고 있다	포도, 무화과, 석류, 딸기
견과류(堅果類) (nuts)	외피가 단단하며 종자 부위는 식용이 가능하다	밤, 호도, 은행, 잣

이밖에 열대 과실류로서 바나나, 파인애플, 아보카도, 망고, 양다래 등이 있다.

1) 인과류

인과류는 자방(씨방) 외축의 꽃받침의 연장부가 이를 둘러싸고 이 부분이 발달하여 과육부가 된 것으로 자방 안에 종자가 있고 과실 꼭지는 배꼽 반대편에 있다. 한편 준인과류는 자방이 발달하여 형성된 과실로서 형태상으로 인과와 다르지만 중심부에 종자가 모여 있어 인과와 유사하여 준인과라 한다.

인과류와 준인과류의 성분 조성은 표 2-17와 같다.

(1) 사과(Malus pumila var. domestica)

사과(apple)는 서아시아와 유럽 지방이 원산지로 우리나라에는 사과의 일종인 능금을 재배하여 왔으나 현재의 사과는 능금보다 훨씬 큰 과실로 중국으로부터 들어온 것이다. 사과는 세계적으로 중요한 과실 중의 하나로 그 품종도 다양하며 품종에 따라 성분 조성도 다소 차이가 있다.

사과는 인과로서 중앙부에 종자가 있는 과심(果心)이 있어서 과육부와 치밀한 유연(柔軟)조직을 이루고 있다.

미숙한 것은 사과산과 전분을 많이 함유하지만 성숙해짐에 따라 산과 전분이 감소하

표 2-17 과실류의 일반성분

	수분 (%)	탄수화물		단백질 (g)	지질 (g)	회분 (g)	무기질(mg)			비타민(mg)				
		당질 (g)	섬유 (g)				P	Ca	Fe	A	B1	B2	niacin	C
사과	87.0	11.0	0.4	0.4	0.8	0.4	13	5	0.4	80	0.7	0.02	0.2	8
배	85.8	11.7	0.8	0.5	0.2	0.4	35	4	0.2	20	0.04	0.03	0.3	4
감	83.6	14.1	0.8	0.6	0.4	0.5	36	13	0.1	2240	0.03	0.03	0.4	16
귤	87.4	9.9	0.9	1.0	0.5	0.4	14	28	0.3	2426	0.33	0.7	2.6	30
포도	84.5	15.3	0.4	0.8	0.6	0.3	20	12	0.5	73.3	0.40	0.25	0.3	12
무화과	78.2	19.7	0.5	1.4	0.4	0.4	45	34	0.6	80	0.05	0.05	0.5	6
석류	87.1	10.7	0.8	0.6	0.2	0.8	15	9	0.2	0	0.06	0.01	0.4	10
복숭아	89.1	0.6	0.1	0.6	0.1	0.5	19	9	0.5	1330	0.02	0.05	1.0	7
살구	86.4	1.0	0.2	1.0	0.2	0.6	23	9	0.9	2200	0.02	0.04	0.7	9
자두	85.1	0.7	0.3	0.7	0.3	0.2	11	8	1.3	266	0.02	0.03	0.8	5
대추	59.9	2.4	0.9	2.3	0.9	0.9	52	63	3.9	103	0.03	0.42	5.1	0
앵두	82.6	1.1	0.8	1.1	0.8	0.5	17	22	0.9	110	0.02	0.03	0.4	14

는 반면, 당이 증가하여 향기가 생성된다.

사과의 주성분은 당분으로 10% 내외 들어 있고 대부분 과당(fructose)이고 포도당(glucose)과 설탕(sucrose)도 들어 있다. 무기질은 철분이 비교적 많은 편은 아니지만 사과 중의 철분은 체내에서 다른 식품 중의 철분 흡수를 돕는 역할을 하므로 매우 유용한 성분이다.

유기산은 사과산이 0.5% 정도이며 품종에 따라 함량이 다르다. 이외에 구연산, 호박산, 주석산 그리고 젖산과 수산이 미량 들어 있다. 껍질의 아름다운 색은 안토시아닌계 색소에 기인하며, 향기 성분은 의산(擬酸), 초산, 낙산(酪酸), 카프로산(caproic acid) 등의 아밀에스테르(amyl ester)와 알코올류(butyl alchol, ethyl alchol)이다.

사과 껍질을 벗기면 과육 중의 탄닌류(catechin chlorogenic acid), 퀴세틴 등의 폴리페놀 화합물이 공기 중의 산소에 노출되어 산화 효소인 폴리페놀옥시다아제(polyphenoloxidase)에 의해 갈변 물질을 형성한다.

polyphenole 화합물 $\xrightarrow[\text{polyphenoloxidase}]{O_2}$ quinone류 (적갈색) $\xrightarrow[\text{더욱 산화되어}]{}$ melanin 색소 형성 (흑갈색)

갈변 방지를 위해서는 산소 접촉을 막기 위해 환원제를 첨가하거나 공기 차단, 데치기(blanching) 등의 방법으로 효소를 불활성 시킬 수 있으나 사과의 경우 데치기는 곤란하다. 그러므로 묽은 소금물에 담가 놓으면 소금물의 염소가 산화효소의 활성을 억제시킬 수 있으므로 갈변을 방지할 수 있다. 또한 이 산화효소는 철과 구리 이온에 의해 활성화되므로 사과에 무쇠 칼이나 구리 용기의 사용은 가급적 피하는 것이 좋다.

사과에는 2~5*mg*% 내외의 환원형 비타민 C를 함유하고 있으나 산화효소에 의해 쉽게 산화되어 산화형 비타민 C로 변화되어 손실을 가져올 수 있으므로 껍질을 벗긴 후 가급적 빨리 먹는 것이 바람직하다.

사과 중의 펙틴(pectin)은 장내에서 수분을 흡수해 만복감을 느끼게 하여 다이어트 과일로 좋을 뿐만 아니라 부풀린 펙틴 물질은 일종의 자극물질로 연동작용을 하여 변통을 좋게 하여 정장작용을 한다. 그러나 변통이 잘 이루어지지 않을 경우 장관 내에 가스가 생길 수 있다. 또한 사과는 피를 맑게 하는 효능을 가지고 있어 순환기계 질환과 동맥경화 예방에 좋다.

사과는 주로 생식하며, 과실 샐러드 재료로 쓰이고, 주스, 사이다, 식초 등의 재료로 이용되며, 또한 펙틴질을 많이 함유하고 있어 잼이나 젤리를 만드는 중요한 원료가 된다.

(2) 배(Pyrus communis var. ussuriensis)

배(梨, pear)는 온대 중부의 과일로서 우리나라 전국에 재배 가능하며, 품종은 그 원산지에 따라 동양종과 서양종으로 나누며, 동양종은 한국종, 일본종, 중국종으로 구별된다. 일본 배는 돌배를 기본종으로 하여 개량된 품종의 하나로 우리나라에서는 주로 일본에서 개량 육성된 것이다. 일본배에는 과육 세포중에 석세포(stone cell)가 있으며 붉은 계통이 많다. 서양배는 혀의 촉감이 좋고 향기가 있으며 석세포가 적어 생식요

그림 2-24 배

이나 통조림용으로 많이 이용된다.

당분은 10% 내외로 주로 과당이 많고, 설탕, 포도당이 소량 들어 있다. 유기산은 사과산이 많고, 구연산, 주석산도 들어 있다. 비타민류는 사과보다 적게 들어 있고, 과육 중의 석세포(stone cell)는 펜토산(pentosan)이 주성분이며 가수분해 되면 크실로오스(xylose)와 아라비노오스(arabinose)가 생긴다. 배의 향기 성분은 아세트알데히드(acetaldehyde)이고 이밖에 여러 알코올류와 휘발산 등이 향미를 낸다. 서양배에는 카로틴류가 20IU 정도 함유되어 있으나 일본배에는 없다.

어느 것이나 신선하고 육질이 치밀하며 그 품종의 특질을 가진 것이 좋으나 특히 일본배는 과육이 희고 다즙인 것이 좋고 서양배는 알맞게 후숙되어 과육이 끈적하고 향기가 나는 것이 좋으며 중국배는 과피에 광택이 있고 방향을 가진 것이 좋다. 너무 숙성되기 전에 적기에 따서 봉지를 벗긴 후 통풍이 잘되는 음지에서 상자에 넣은 대로 쌓고 충분히 방치하여 실내온도 2~4℃, 실내습도 85%이하에서 저장한다.

(3) 감(Diospyros kaki)

감(persimon)은 준인과류로서 일본과 중국이 원산지이며, 온대지방에 적합한 과수이며 떫은 감과 단감 두 종류로 나눈다.

감은 당분이 15% 내외로 그 함량이 많고 그중 포도당 6%, 설탕 5%, 과당 2~3%으로 단감과 떫은 감에 따라 약간의 차이가 있다. 또 곶감을 만들면 표면에 흰색의 분이 생기는데 이는 만니톨(mannitol)이다.

감은 비타민 C가 비교적 풍부해서 30㎎% 정도이나, 감잎에는 800㎎%가 들어 있어 감잎차로 애용되며, 시기별로는 6월과 7월 상순에 함량이 가장 높다.

과육의 색은 카로틴(carotene), 크립토크산틴(crytoxanthin) 등의 카로티노이드(carotenoid)계 색소에 기인하는데 이들 성분은 비타민 A의 전구체(provitamin A)로 330IU 정도의 효력이 있다.

떫은 성분은 탄닌(tannin)의 수용성 성분인 시부올(shibuol, C14H20O8) 때문인데 그 함량은 0.39~0.77% 이다. 시부올은 시간이 경과함에 따라 분자 내의 호흡작용에 의하여 생성된 에틸 알코올(ethyl alcohol)이 감속에 있는 효소 알코올데히드로게나아제(alcoholdehydroge nase)에 의해 아세트알데히드(acetaldehyde)가 생성되어 시부올과 결합하여 불용성 불질로 변화시킴으로써 떫은맛을 느끼지 못하게 된다. 즉, 떫은맛을 없애는 것을 탈삽(脫澁)이라 하는데, 이는 가용성 시부올을 불용성 물질로 만드는 과정을 말한다.

탈삽방법에는 42~45℃ 온수로 침지하는 온탕 탈삽법, 감 표면에 알코올을 살포하는 알코올 탈삽법, 호흡을 조절하는 탄산가스 탈삽법 이외에 카바이트 탈삽법 등이 있다.

단감 속의 검은 점인 탄닌이 변화한 것으로 시부올과 같이 분해하면 플로로글루신(phloroglucine)과 갈산(gallic acid)이 된다.

단감은 주로 생식하며, 떫은 감은 탈삽 후 식용하거나 곶감, 수정과, 감시럽, 감식초 등을 만든다. 서양에서는 감 먹기를 조심하고 있는데, 감의 타닌성분이 지방질과 작용하여 변을 굳게 하기 때문이라 한다.

(4) 감귤류

감귤류(citrus fruits)는 온주밀감, 여름밀감, 라임, 레몬, 만다린(Mandarin, Tangerine 포함) 등이 포함되며 준인과류에 속하는 상록과수로 아열대성 상록과수로 동남아시아 각지에 자생한다. 우리나라에서 주로 재배하는 품종은 내한성이 강한 온주밀감이다.

감귤류는 세계적으로 중요한 과실로서 그 종류가 다양하고, 근래에 와서 육종을 통하여 개량되어 그 종류가 많아졌는데, 감귤류라 함은 Citrus속에 속한 과실을 말한다. 품종에 따라 다르지만 감귤류는 탄수화물, 펙틴질, 유기산, 단백질, 지방질, 색소(carotenoid계, flavonoid계) 그리고 정유 성분을 함유하고 있다.

당분은 종류에 따라 다소 차이가 있으나 대체로 10% 내외이고 90% 이상이 포도당과 과당이며, 미량의 섬유질을 함유하고 있다.

펙틴은 과실 전체에 분포되어 있으며, 성숙함에 따라 불용성인 형태가 가용성으로 바뀌지만 과숙하면 품질이 저하하거나 불용성으로 다시 바뀐다. 부위별 펙틴 함량을 보면 플라베도(flavedo)층 4.2%, 알베도(albedo)층 4.7%이며, 주스에도 0.06% 들어 있다.

감귤의 상쾌한 맛은 유기산에 기인하는데 구연산과 사과산이 관여하며 그 외에 호박산, 주석산 등도 들어 있다.

정유 성분은 d-limonnen이 껍질 정유 성분의 90%를 차지하는데 이 물질은 향미 성분 이외에 지연성(遲延性) 쓴맛 물질을 가지고 있는데, 신선할 때 먹으면 쓴 맛은 없으나 과즙을 저장하거나 가공처리하는 동안에 쓴맛이 생기게 된다. 향미 성분으로 중요한 성분은 시트랄(citral)이다.

귤의 껍질에는 쓴맛 성분인 나이긴(naringin)이 있는데 이것은 효소 나린긴니아제(naringinase)에 의해 가수분해되어 람노오스(rhamnose)가 떨어져 나가 쓴맛이 없는 배당체인 프루닌(prunin)이 생성되고 다시 이 푸루닌에 결합되어 있는 포도당도 가수분해되어 쓴맛이 없는 나린게닌(naringenin)이 형성된다.

과피 알베도층에는 플라보노이드계의 배당체인 헤스페리딘(hesperidin)이 들어 있는데 이 물질은 모세혈관을 튼튼하게 보호하는 비타민 P의 기능을 한다. 그리고 이 물질은 감귤 주스나 통조림에서 잘 용해되지 않고 침전이 되어 혼탁의 원인이 된다.

감귤은 주로 생식하며 마멀레이드(marmalade)를 만드는데 쓰이기도 한다.

레몬을 포함한 감귤류는 인체 내에서 독성물질 제거에 효과적이다. 특히 인체 내의

그림 2-25 감귤, 오렌지, 레몬

어떤 방법으로도 제거할 수 없는 잠복성의 독성 물질을 제거하고 간의 해독 작용을 도와준다. 즉 손상된 간의 불순물을 제거하는 기능을 한다. 감귤류는 특히 감기치료에 효능이 있는데 이는 해열작용과 인플루엔자(influenza) 병원균의 살균제(germicide) 역할을 하기 때문이다.

(5) 비파(Eribotrya japonica)

비파(枇杷, loquat)는 상록 활엽수로 따뜻한 지역인 대만, 인도, 일본 등지에서 재배하고 있으며, 우리나라에는 제주도와 전남, 경남 일부 지역에서 소량 재배되고 있다. 과실의 중앙에 종자가 있어 가식부는 70~80%이다.

과육은 다즙질로서 90%의 수분을 가지며 당분이 12%로 단맛이 나는 과실로 과육의 색은 황색인데 이는 주로 베타카로틴(β-carotene)에 기인하며 비타민 A 효력은 230 IU로 크지만 비타민 C는 적어서 5㎎% 정도밖에 안된다. 주로 생식을 하지만 이외에 통조림, 비파주, 잼 젤리 그리고 파이에 넣는 속 재료로 쓰이고 있다. 또 잎을 달인 물은 해소, 주독에 특효가 있다고 하며 종자는 다량의 전분을 함유하므로 전분 제도의 원료가 되고 사료로도 쓰인다.

2) 핵과류

핵과류는 내과피에 단단한 핵이 있으며, 그 가운데 종자가 들어 있고, 중과피가 과육을 이루고 있는 과실이다.

(1) 복숭아(Prunus persica sieb. ZUCC. var. vulgaris)

복숭아(桃, peach)는 도이과(桃李科)에 속하는 Prunus속으로 중국이 원산지며 우리나라에서는 사과, 배, 포도 다음으로 중요한 과수이다. 복숭아 이외에 살구, 매실 등도 이에 포함된다.

복숭아는 과육의 색에 따라 백도(白桃)와 황도(黃桃)가 있는데 우리나라에서는 백도가 많이 재배되지만 황도의 재배도 늘어가고 있다. 복숭아는 핵과(核果)로서 핵이 과육과 잘 분리되는 이핵종(離核種, free stone peach)과 분리되지 않는 점핵종(粘核種, cling stone peach)이 있다. 따라서 이핵과는 생식을 주로 하고, 점핵과는 통조림이나 넥타, 주스 등의 원료로 쓰이고 있다.

핵 주변 과육에는 안토시아닌 색소를 지니고 있는데 과육 부분이 적색인 복숭아는 통조림하면 pH의 변화에 의해 자색으로 변하여 상품적 가치가 떨어지나 그 액성을 산성으로 하면 다시 적색으로 변화한다.

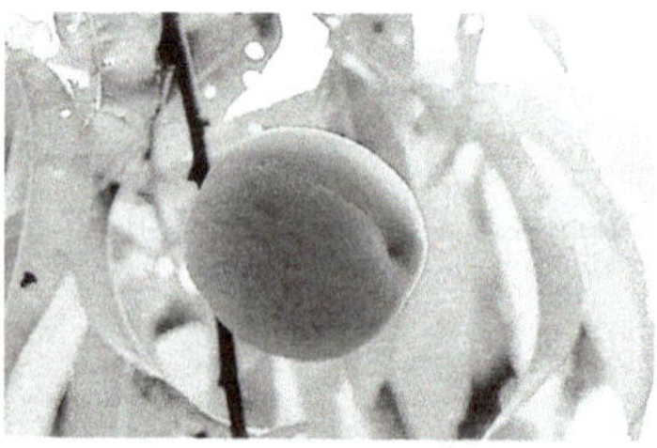

복숭아는 당질이 10% 내외로 주로 포도당, 과당, 설탕 등이 들어 있어 단맛이 있고, 유기산은 구연산과 사과산이 들어 있으며, 향기 성분으로는 유기산의 에스테르(ester), 아세트산알데히드 및 알데히드류들이 관여한다. 황도는 백도에 비하여 비타민 A가 열 배 정도 더 들어 있다. 이는 카로티노이드계 색소에 기인하는데 황도에는 주로 비타민 A의 활성을 지닌 베타 카로틴(β-carotene)이 많이 들어 있고 이외에 제아크산틴(zeaxanthin), 크립토크산틴(cryptoxanthin) 등이 들어 있다.

(2) 살구(Prunus armeniaca)

살구(杏, apricot)는 다른 핵과류에 비하여 내한성이 강하며, 핵에서 과육이 잘 분리된다. 살구씨를 행인(杏仁)이라 하는데 단맛과 쓴맛이 있다. 단맛을 첨인(甛仁)이라 하며, 주로 식용하고 쓴맛은 약용으로 쓰인다.

살구의 주성분은 탄수화물이고 당분이 10% 내외로 대부분 설탕이고, 이외에 과당 포도당이 들어 있다.

유기산으로는 구연산, 사과산, 주석산 등이 들어 있으며, 과육의 황색 색소는 다량의 카로틴에 기인되므로 비타민 A가 풍부하고 이외에 리코펜 황색 색소가 있다. 살구는 생식하거나 통조림, 넥타, 건조살구, 냉동살구 등의 원료로 이용되고 있다.

살구는 다이어트 식품으로 좋은데 이는 알칼리도가 비교적 높고, 장관 내에서 변통을 잘 되게 하는 하제(下劑)로서의 기능이 우수하기 때문이다. 또한 코발트를 함유하고 있어 빈혈 치료에 효능이 있다.

(3) 매실(Prunus mume sieb.)

매실(梅室, Japanese apricot, mume)은 원산지는 중국이며 3000년 전부터 건강보조 식품이나 약재로 사용되었으며, 우리나라에는 삼국시대에 정원수로 전해져 고려 초부터 약재로 사용된 것으로 추정된다. 매화나무의 열매로 둥근모양이고 5월 말에서 6월 중순에 녹색으로 익는데 신살구라고도 하며 미숙한 과실로부터 핵을 분리하고, 과피를 벗겨 건조시켜 한약재로 쓰이기도 한다. 성분 조성은 살구와 비슷하며 열매 중 과육이 약 80%인데, 그 중에서 약 85%가 수분이며 당질로서 주로 설탕을 함유하고 있고, 당질이 약 10%이다. 무기질, 비타민이 풍부하고 칼슘, 인, 칼륨 등의 무기질과 카로틴도 함유되어 있다. 그 중 시트르산은 당질의 대사를 촉진하고 피로를 풀어주며, 유기산은 구연산, 사과산, 주석산 등으로 위장의 작용을 활발하게 하고 식욕을 돋우는 작용을 한다.

미숙한 매실, 즉 청매(青梅)의 씨 중에는 배당체인 아미그달린(amygdalin)이 들어 있는데 씨가 연하여 잘 깨지므로 이때 아미그달린이 용출되고 공존하고 있는 효소(emulsin)에 의해 분해되어 벤즈알데히드(benxaldehyde)와 유독한 HCN(청산)이 생성된다. HCN은 체내에서 호흡작용을 하는 효소의 기능을 억제하여 중독현상을 일으키는 독성물질이다.

알칼리성 식품으로 피로회복에 좋고 체질개선 효과가 있다. 특히 해독작용이 뛰어나

배탈이나 식중독 등을 치료하는 데 도움이 되며, 신맛은 위액을 분비하고 소화기관을 정상화하여 소화불량과 위장장애를 없애 준다. 변비와 피부미용에도 좋고 산도가 높아 강력한 살균작용을 한다. 최근에는 항암식품으로도 알려졌다.

주로 매실주를 만드는 데 사용되고, 절임살구(잼, 주스, 농축액) 등으로 먹거나 말려서 먹는다. 그밖에 간장 · 식초 · 정과 · 차를 만들거나 장아찌를 담그기도 한다.

(4) 자두(Prunus salicina)

자두(李紫挑, plum, prune)는 중국이 원산으로 다른 과실에 앞서 일찍나며 맛이 달고 과즙이 많다. 말리지 않고 가공하거나 생과일로 이용하는 것을 플럼(plum)이라 하고 씨를 제거하지 않고 건조할 수 있는 품종을 프룬(prune)이 라고 한다. 자두의 주성분은 당질로서 12% 내외로 포도당(3~8%), 과당(3~6%), 서당(1~5%) 등이다. 그외에도 섬유, 펜토산, 펙틴 등이 들어 있으며, 유기산 1~2% 정도로 사과산이 주이고 그외 구연산, 주석산 등이고, 탄닌도 소량(0.1~0.2%) 함유하고 있다.

유럽에서는 건조 프룬을 많이 가공하는데 즉, 자두를 묽은 알칼리 용액에 담가 놓은 후 꺼내어 잘 세척하고 햇볕에 1주일 이상 말린다. 이런 제품은 주로 쿠키나 케이크 등을 제조하는 부재료로 쓰인다. 특히 각종 무기질이 농축되어 있는 건조 자두는 혈액, 두뇌, 신경계 등에 좋은 식품으로 알려져 있다.

(5) 앵두(Prunus tomentosa)

앵두(cherry)의 원산지는 중국과 유럽으로 감미종(甘味種)과 산미종(酸味種) 등이 있는데, 과실이 작고, 저장 및 수송이 불편하고 나무가 크게 자란 후 수확이 가능하므로 우리나라에서는 일부 생과용으로 이용될 뿐이다.

그림 2-26 자두와 앵두

주성분으로 당질이 13% 내외로 포도당, 과당이고, 유기산은 주로 사과산으로 0.42~0.6% 정도 들어 있다. 용도는 생식을 하거나 제과 원료, 프루트 펀치(fruit punch) 등으로 쓰인다.

비교적 철분 함량이 많아 조혈(造血)기능과 변통(便痛)작용이 우수하다. 특히 검은 앵두(black cherry)에 많이 들어 있는 철 성분은 쓸개와 간의 해독기능을 가지고 있다.

알이 비교적 굵고 과경이 시들어 있지 않으며 신선하고 감미와 산미가 적당한 것이 좋다. 과실은 실온에서는 6~10일 정도 보존하기 어려우나 0℃ 이하의 냉온에서는 15~30일까지도 저장이 가능하다.

(6) 대추(Zizyplus jujuba)

대추(dade, jujube)는 열대 및 아열대지방에서 재배하는 낙엽과수로서 인도 대추, 이스라엘 대추와 온대지방에서 재배하는 중국 대추가 있다. 우리나라에서는 중국 대추(jujube)를 주로 재배하고 있는데, 옛 부터 큰일에 공물로 이용하거나 약용으로 존중되어왔다.

과실은 구형 또는 타원형의 녹색으로 길이가 2~3㎝ 정도이고 가을에 완숙하면 황갈색이 된다.

당질이 25% 내외로 풍부하여 100g당 약 270㎉ 열량을 내는 열량 식품으로서 칼로리를 많이 소모하는 사람에게 좋은 과실이다. 또한 비교적 섬유소가 많이 들어 있는데 이 섬유소는 다른 과실류보다 매우 부드러워 위와 장을 자극하지 않는다. 따라서 위궤양이 있는 사람에게는 바람직한 과실이라 할 수 있다. 또한 칼슘, 인, 철 등이 비교적 풍부하게 들어 있고, 극히 적은 양이지만 우리 인체에 꼭 필요한 구리를 함유하고 있는 것이 특징이라 할 수 있다.

3) 장과류

장과류는 한 개의 과실이 하나의 자방으로 된 것으로 중과피와 내과피가 유연하고 육질의 즙이 많은 과실로서 그 성분 조성은 표 2-17와 같다.

(1) 포도(Vitis labrusca)

포도(葡萄, grape)는 세계 여러 지역에서 재배되는 과실로서 아시아에서 전파되어 발달된 유럽종과 아메리카 대륙에서 자생된 미국종 등으로 나눌 수 있다. 우리나라에서는 주로 Campbell early종을 재배하고 있다. 과거에는 생식용 품종만 재배하여 왔으나 포도주, 깐포도, 주스 등의 가공품의 수요가 늘어나 생식과 가공겸용 종이 증가 추세에 있다.

포도는 당질이 15% 정도 들어 있고 나머지 대부분이 포도당과 과당으로 10~18.3%를 함유한다. 특히 포도당은 체내에서 쉽게 열량원 즉, 에너지원으로 전환될 수 있는 단당류로 피로 회복에 효과적이다. 유기산은 주로 주석산, 사과산이 약 1% 정도 들어 있고 이밖에 미량의 구연산을 함유하며 유기산 총량은 0.14~0.95% 이다. 떫은 맛은 0.17~0.27% 함유되어 있는 탄닌 때문이다. 과피의 색소는 안토시아닌계 색소에 속하는 페투니딘(petunidin), 말빈(malvin)을 함유하고 있고, 펙틴질과 검(gum)질이 들어 있다.

포도는 당분이 많고, 색소 및 방향 성분 등이 있어 그 과즙을 발효시켜 포도주 제조에 많이 이용된다. 씨가 없는 품종은 건조하여 건포도를 만들고, 큰 알맹이는 시럽 통조림을 만드는 데 이용한다. 이밖에 과즙을 착즙하여 주스, 잼, 젤리를 만든다.

포도는 예로부터 전세계를 통해 치료요법으로 널리 사용되어 왔다. 매일 포도를 식용하는 지역에서는 암 발생률이 현저하게 낮다는 보고가 있다. 포도의 치료 효과 중에

그림 2-27 포도와 야생포도

포도에 들어 있는 마그네슘을 들 수 있다. 즉, 장관 내의 운동을 원활하게 수행하는 데 필요로 하는 마그네슘이 포도에 풍부하게 들어 있다는 점이다.

또한 포도는 장의 운동을 증진시키고, 간을 정화시키며, 신장 기능을 돕는 효능이 있다. 이는 포도의 성분들이 혈액의 액성을 알칼리화(allkalinizing)시켜, 신체 여러 부위에 축적되어 있는 유독성 산성 물질들을 중화시키므로 축적된 노폐물을 제거하게 된다. 특히 검은 포도는 철분 함량이 많아 적혈구를 생성하는 조혈 기능을 한다.

(2) 무화과(Ficus carica)

무화과(無花果, fig)는 꽃바지(花托)가 처음부터 열매 모양으로 돋아서 그대로 열매가 되기 때문에 무화과라고 부른다. 우리나라에서 재배하기 시작한 것은 100년이 채 되지 않는다. 남해안과 제주도 지방에서 일부 재배되고 있을 뿐이며, 주로 열대 및 아열대지방에서 재배되고 있다.

가식부가 97% 이고, 수분(78% 내외)이 비교적 적고, 당질이 20% 내외로 당분의 함량이 많아 장관 내에 쉽게 흡수되어 곧 체내에서 에너지원으로 전환되어 이용된다. 유기산과 비타민도 적다. 단백질 분해효소인 피신(ficin)을 함유하고 있으므로 고기의 연화제로 사용되는데 육식 후 과일로 적합하며, 펙틴과 당단백질인 뮤신(mucin)을 함유하고 있어 장관 내에서 변통을 원활하게 해준다.

생식용으로 쓰이거나 건과, 잼, 푸딩, 통조림 등으로 만든다. 잎은 단백질과 고무질이 많으며 그 즙액은 회충 등의 구약제과 신경통의 약재로 이용되어 왔다.

(3) 석류(Punica granatum)

석류(pomegranate)의 원산지는 페르시아이며, 인류에게 알려진 가장 오래된 과실로서 지중해 연안을 거쳐 아시아에 전파되었다. 6월에 새빨간 꽃이 피고 9월 중순~10월 하순에 많은 씨가 들어 있는 공모양의 홍색 열매를 수확한다.

석류는 온화한 과실로서 캘리포니아 연안에서 주로 재배되고 있다. 석류의 주성분은 당질이 10% 내외 들어 있는데 전화당이 당질에 약 14% 정도로 전화당이 13.9%이며 유기산으로는 구연산(1.5%)이 들어있다. 비타민 A는 거의 없으며, 비타민 C의 함량(10mg% 전후)도 비교적 적은 편이다. 열매는 생식하거나 과즙에 설탕을 가하여 시럽(grenadine syrup)을 만들기도 한다. 가식부는 20% 정도에 지나지 않는다.

석류의 성분에는 신장과 방광을 강화하는 강장제의 역할을 하는 성분을 함유하고 있으며, 약간의 하제의 기능도 있다. 민간에서는 천식, 백일해 치료에 이용하거나 구충의 목적에 사용한다.

4) 열대 과실류

열대 과실류는 열대지역에서 생성되는 과실류로서 그 성분 조성은 표 2-18과 같다.

표 2-18 열대 과실류의 일반 성분 조성

	수분(%)	탄수화물		단백질(g)	지질(g)	회분(g)	무기질(mg)			비타민(mg)				
		당질(g)	섬유(g)				P	Ca	Fe	A	B1	B2	niacin	C
바나나	78.7	18.7	0.8	1.2	0.2	0.4	18	65	1.9	289	0.06	0.04	0.8	8
파인애플	85.0	12.9	0.7	0.8	0.2	0.4	5	13	0.3	55	0.01	0.02	0.7	30
아보카드	80.6	4.0	0.8	1.6	12.4	0.6	32	18	0.5	220	0.08	0.15	1.2	11
망고	87.8	11.0	0.5	0.5	0.2	0.5	9	6	0.2	3242	0.04	0.04	0.6	24
양다래	86.9	10.1	1.2	0.7	0.4	0.7	27	24	0.5	-	0.01	0.01	0.5	27

(1) 바나나(Musa sp.)

바나나(banana)의 원산지는 열대 아시아이며 다년생 목상초본(木狀草本)으로 과실의 과피가 두껍고 박피하기가 쉽다. 과육은 부드럽고 주로 당질(18% 내외)로서 대부분 전분이며, 맥아당과 포도당이 들어 있다. 완숙함에 따라 전분 함량이 감소하는 반면 당분의 함량은 증가한다. 즉 당질 함량이 많아 열량이 풍부하고 쉽게 소화 흡수되고, 무기질과 비타민류도 비교적 풍부하여 소화기 장애가 있는 사람이나 회복기 환자에게 좋은 식품이다.

미숙한 바나나는 프로토펙틴(protopectin)이 존재하나 완숙함에 따라 펙틴, 펙틴산 등으로 변화되어 연해진다.

단백질은 프롤라민(prolamin)과 글루텔린이다. 구연산 등에 의해 산미가 있고, 이소아밀알코올, 이소아밀아세테이트, 헤사날(2-hexanal) 등의 방향 성분으로 향기도 높다.

바나나는 너무 익거나 상처가 나면 흑갈색으로 변화하는데 이는 아미노산인 티로신(tyrosine)이 티로시나아제(tyrosinase)효소에 의해 디히드록시페닐알라닌(dihydroxyphenylalanine : DOPA)으로 되며 이 DOPA는 폴리페놀옥시다아제(polyphenoloxidase)산화효소에 의해 산화되어 흑갈색의 멜라닌 색소를 생성하기 때문이다.

미숙한 과육은 엽록소가 있으나 알파 카로틴(α-carotene) 색소는 적으며 완숙함에 따라 엽록소는 감소하는 반면, 알파 카로틴의 함량은 증가하여 담황색을 띤다. 이외에 크산토필(xanthophyll) 색소도 들어 있으며 pectin은 0.7~1.2% 정도이나 완숙하면 반감한다.

산지에서 미숙한 것은 수확하여 후숙시켜 식용하고, 이외에 건조 바나나, 주스, 양과자, 냉과류 등에 쓰인다. 바나나는 장관 내에서 Acidophillus균을 증식시키는데 이 균에는 칼륨의 함량이 풍부하여 체내의 대사조절에 이용하고, 특히 근육조직의 기능에 유용하다.

생식용으로 많이 쓰이고 건조시키거나 분말로 하여 과자류의 원료로 쓴다.

(2) 파인애플(Ananas comosus)

파인애플(pine apple)은 아메리카 열대지방이 원산으로 다년생 상록초본으로 열매는 장과(漿果)가 모인 원통형이다. 하와이, 타이, 브라질에서 많이 생산되며 과육은 즙이 많고 설탕, 포도당, 과당 등의 당분이 많으며, 구연산, 사과산, 주석산 등의 유기산을 함유하여 산미가 있어 좋은 맛과 풍미를 갖고 있다. 외피 근처에는 수산칼슘의 결정이 있어서 혀를 자극한다. 과육의 색은 β-carotene으로 황색을 띠며, 비타민은 대체로 적으나 C는 60㎎%로 비교적 풍부하다.

파인애플은 변비나 소화불량인 사람에게 좋은 과실이고, 또한 통변을 좋게 하므로 다이어트 식품으로도 좋다. 뿐만 아니라 과육에는 브로멜린(bromelain)이라는 단백질 분해효소가 있어 소화에 도움을 준다. 그러나 파인애플을 과식할 경우 혀나 입술 등에 손상을 입게 되는데 이는 브로멜라인 효소 때문이다.

파인애플은 주로 생식하며, 과육의 품질이 2~3일내에 떨어지므로 주로 가공하여 통조림, 주스 등으로 이용하거나 샐러드 등에 사용한다. 부산물인 펄프는 사료로 쓰인다.

(3) 아보카도

아보카도(avocado)는 페르시아가 원산지이며, 남아메리카, 중앙아메리카, 멕시코, 남부 캘리포니아 등지의 열대 아메리카 지역에서 중요한 과수이다.

아보카도의 특징은 다른 열대 과실류에 비해 과실유(fruit oil), 즉 지방질(12% 내외)이 풍부하고, 당질(4% 내외)은 비교적 적은 편이다. 따라서 부드럽고 감미로운 맛과 견과류와 유사한 향미를 가진다. 풍부한 과실유로 인해 열량이 높은 과실이다. 아보카도는 열네 종류의 무기질을 함유하고 있어 신체대사와 성장에 중요한 기능을 하는데, 특히 철과 구리는 적혈구 생성을 도와 빈혈증을 예방하는 기능을 한다. 또한 나트륨과 칼륨은 체내에서 높은 알칼리 반응을 수행한다.

보통 완숙에 가까운 것을 수확하여 추숙(追熟)시킨 후 연화시킨 다음 식용하며, 연숙(軟熟)한 것을 쪼개서 씨를 버리고, 양념류나 샐러드유를 넣어서 먹기도 한다.

(4) 망고(Mangifera indica)

망고(mango)는 미얀마, 말레이시아, 인도 등지가 원산지로 열대 각지에 분포되어 있는 다년생 상록 교목으로 과피는 황색 또는 홍색이고 과실 중앙에 하나의 긴 타원형의 핵이 있으며 그 주위가 섬유로 싸여 있고 과육은 황색이며, 약간의 수지(樹脂) 냄새가 난다.

망고는 당질(11%내외)이 주성분이며, 그 단맛은 주로 과당이 관여하며, 약간의 설탕을 함유하고 있고, 유기산으로는 주석산을 함유하고 있다. 특히 비타민 A(3,200 IU)가 풍부한 열대과실이다.

망고는 상당량의 갈산(gallic acid)을 함유하고 있는데 이 물질이 장관 내에 결합하여 살균제의 역할을 한다. 망고의 즙은 피를 맑게 하고 열을 내리는 해열작용을 한다.

망고는 매우 좋은 향미를 가지며 저장성이 좋아 생식 이외에도 잼, 젤리, 시럽 통조림 등을 만드는 데 이용된다.

(5) 양다래(Actinidia chinensis)

양다래(키위, kiwifruit)는 넝쿨성 낙엽과수로, 흔히 키위로 알려진 과실이다. 6~7월에 흰 꽃이 피고 열매는 8~10월에 갈색 털이 덮인 달걀 모양으로 익는다. 열매 모양이 키위라는 새처럼 생겼다고 하여 열매를 '키위'라고 부른다. 뉴질랜드, 중국이 원산지로 온대 및 아열대지방에서 주로 재배되며, 우리나라에서는 1977년 뉴질랜드로부터 묘목을 들여와 남부지방(경남, 전남, 제주도)에서 재배하고 있다. 양다래는 수확 후 후숙(後熟)하여 먹는 과실로서 5~6개월 간 저온저장이 가능하다.

과육의 가운데 부분은 크림색이고, 그 둘레는 연한 녹색이며 깨알 같은 종자가 있다. 꽃이 암수딴그루이므로, 나무를 심을 때는 암나무 몇 그루에 수나무 1그루씩 섞어 심어야한다.

당도는 수확 당시보다 후숙하는 과정에서서 증가하는 반면, 산도는 저장 중에 감소한다. 양다래는 주성분이 당질(10% 내외)로서 주로 당분이며, 철분과 비타민 C가 비교적 풍부한 과실이다.

비타민 C가 풍부하여 성인 1명이 하루에 필요한 양이 열매 1개에 충분히 들어 있다. 향기가 있으므로 날것으로 먹고, 잼과 아이스크림 등에 사용한다.

5) 견과류

견과류는 외과피가 아주 단단하고 식용 부위는 곡류나 두류처럼 자엽이다. 그 성분 조성은 표 2-19과 같다.

표 2-19 견과류의 일반 성분 조성

	수분 (%)	열량 (kcal)	탄수화물		단백질 (g)	지질 (g)	회분 (g)	무기질(mg)			비타민(mg)			
			당질 (g)	섬유 (g)				P	Ca	Fe	B1	B2	niacin	C
밤	57.8	162	35.8	1.3	3.2	0.6	1.3	68	28	1.6	0.25	0.08	1.0	12
호두	4.5		9.5	1.2	18.6	59.4	1.8	199	130	3.0	0.55	0.11	0.8	0
은행	54.2	183	36.8	0.6	5.4	1.7	1.3	156	5	1.1	0.40	0.04	1.6	14
잣	5.5		4.3	0.9	18.6	64.2	1.5	165	13	4.7	0.33	0.10	7.0	0

(1) 밤(castanea crenata)

밤(栗, chestnut)은 종류에 따라 원산지가 다른데 현재 우리나라에 재배되고 있는 품종은 중국종과 한국종이다. 우리나라에서 예로부터 재배해 온 평양밤은 중국종으로 껍질이 얇고 달아서 유명하지만 해충에 약하다. 그래서 요즈음 재배되고 있는 품종은 재래종 중에서 충해에 강한 우량품종과 일본 개량품종이다. 다른 과수에 비해 재배하는데 노력이 적게 들고 저장성이 좋으며 수송이 용이하므로 경사가 급한 지형이나 산간 지방에서도 유리하게 재배할 수 있다.

열매는 가시로 덮인 공 모양의 밤송이(껍질) 속에 1~3개쯤 들어있으며 익으면 껍질이 열린다.

당질이 35% 내외로 많고 그중에 약 50%가 전분이며, 당분으로는 포도당과 설탕 이외에 펜토산과 덱스트린 등이 들어 있다. 단백질의 함량은 3% 내외로 알부민이 들어 있다. 무기질로는 칼슘이 많고 칼슘, 인, 철 등도 적절히 들어 있다. 비타민류로는 A, B_1, C 등이 적절히 들어 있는데(비타민 C 26~33*mg*%, B_1 0.45 *mg*%) 특히 견과류에서 부족한 비타민 C가 들어 있어 좋은 급원이 되고 있다. 비교적 영양소가 골고루 균형있게 들어 있다. 이밖에 밤의 속껍질에는 탄닌(tannin)이 소량(0.38~0.42%) 들어 있어 떫은맛이 난다.

밤은 다른 과실에 비해서 오히려 곡류에 가까운 성분을

가지므로 열량원으로서 좋은 과실이라 할 수 있다. 밤은 쪄 먹거나 구워서 먹기도 하며, 과자나(프랑서 과자 마론글랏세), 주악 등에 사용한다. 깐밤은 당절임액에 담궈 통조림으로 만든다.

(2) 호두(Juglans regia var. orientis)

호두(胡挑, walnut) 호두나무과에 속에 속하는 낙엽목으로 원산지는 페르시안, 중아아시아로 우리나라에는 중국에서 수입되었다. 현재 각지에 널리 보급되어 있으나 비교적 집단적으로 많이 심고 있는 지방은 충남천안이다.

가식부는 과실의 핵 중의 인(仁)에 해당하며, 폐기율(50% 이상)이 높은 견과류이다.

호두는 여러 품종이 있다. 우리나라 호두는 페르시아 호두의 변종으로 핵의 껍질은 두껍고 주름이 적으며 인(仁)이 충실하다. 완전히 숙성하면 껍질이 벗겨져 자연히 낙과(落果)하는데 숙기(熟期)가 일정하지 않으므로 장대로 두들겨 딴다. 핵의 껍질이 흑색을 띠는 것은 탄닌 때문이다.

지방질(60%내외)과 단백질(20% 내외)이 풍부하고, 무기질과 비타민 B_1도 적절히 들어 있어 영양소가 적절한 고열량식품이라 할 수 있다. 특히 무기질로는 인이 많고, 칼슘, 마그네슘, 칼륨, 철 등도 비교적 많이 들어 있다. 지방산은 주로 리놀레산(linoleic acid)이며, 단백질은 글루불린이 많고, 아미노산은 트립토판, 리신이 많으며 그 조성면으로 볼 때 우유 단백질보다 우수하다고 할 수 있다.

저장할 때는 1~2℃ 내외의 저온에 두면 1년간 보존할 수 있다. 특유한 향미가 있어 아이스크림, 제과 등의 재료에 쓰이고 있다.

(3) 은행(Ginkgo biloba)

은행(銀杏, ginko)은 암수가 다른 교목으로 식용을 하는 것은 은행나무 열매 안의 인(仁)이다. 5월경에 새잎이 나고 과실이 10월경에 익으면 노란색의 살이 많은 외종피로 둘러쌓이고 점액이 많은 외종피는 악취를 풍긴다. 내종피는 딱딱하고 흰색이며 그 속에 씨가 들어 있다.

은행의 주성분은 당질(38% 내외)로서 주로 전분이 67.8%로 많고 다른 견과류에 비해 많이 들어 있다. 단백질은 주로 글로불린으로 트립토판 등이 풍부하여 아미노산 조성도 우수하다. 무기질로는 인이 풍부하고 비타민 A, C, 니아신 등이 적절히 들어 있는데, 특히 니아신이 다른 과실류에 비해 비교적 풍부하게 들어 있다.

(4) 잣(Pinus koraiensis)

잣(柏子, pine nut)은 잣나무의 열매로 암수 한그루이며, 솔방울과 같은 방울 안에 열매가 열린다. 잣은 지질(65% 내외)의 함량이 매우 높아 열량이 높다. 그리고 비타민 B군의 함량도 풍부하며, 특히 니아신이 다른 과실류에 비해서 그 함량이 높다.

무기질로는 인과 철분의 함량이 높아 빈혈 치료에 도움이 된다. 그러나 잣은 지방질과 인의 함량이 높고 다른 무기질의 함량이 낮기 때문에 체내에서의 액성은 산성이므로 산성식품이다.

저장성이 좋은 편이나 봄철이 지나면 기름이 절어 맛과 영양가가 떨어지므로 어둡고 서늘한 곳에 두는 것이 좋다. 더 오래 보관하려면 껍질을 벗기지 않고 저장하는 것이 좋다.

9~10월에 채취하여 생식하고 과자나 요리에 주로 고명으로 이용하기도 하며 술을 담그기도 한다. 한방에서는 잣을 해송자(海松子)라 하여 성질이 온화해지고 영양을 도우며 대변을 부드럽게 하는데 사용한다.

(5) 아몬드(Peunus communis)

아몬드(almond)의 원산지는 소아시아 지방이고 예부터 재배되어 왔다. 열매가 성숙하면 껍질이 열려 핵이 나오면 핵 중의 인을 식용으로 한다. 풍미에 따라 sweet almond와 bitter almond로 구분하는데 bitter almond는 oil을 만든다. 그 외에도 술안주, 제과원료에 사용된다.

6. 버섯류

고대 그리스와 로마인들은 버섯을 신의 식품이라 극찬하였고 중국에서는 불로장수의 영약으로 귀히 여겨 왔으며 우리나라에서는 삼국사기에 버섯에 관한 최초의 기록이 잇고 조선시대에 와서는 관심이 지대해져 식품으로서 뿐만 아니라 약으로서의 섭취방법, 종류, 특징 등을 책에 기록하여 현재까지 전해지고 있다. 우리나라는 기후가 온난하고 우량이 많아 버섯의 생육에 적합한 입지조건을 가지고 있다. 그 때문에 특히 봄부터 가을에 걸쳐 숲이나 나무 등에 많이 발생하며 이것을 식용이나 약용으로 한다. 지금은 대부분의 식용버섯을 인공재배하고 있어 쉽게 이용이 가능해졌다. 그러나 식용으로 알려진 것이 100여종이 가까우나 그중 일반적으로 식용으로 이용되며 시장에서 판매하고 있는 것은 20~30 여종으로 겨우 10% 정노에 불과하다.

버섯(fungi)은 엽록소가 없기 때문에 고등식물과는 달리 광합성, 즉 탄소동화작용을 하지 못하므로 다른 유기체에 기생하여 영양분을 섭취한다.

버섯은 산과 들의 나무나 풀 밑의 땅에 야생하는데, 송이, 표고, 싸리버섯 등은 우리나라에서 예로부터 먹어 왔다. 자연에서 야생하는 것 이외에도 표고, 목이, 양송이버섯 등은 인공 재배하여 생산하고 있다.

특유의 향과 씹는 맛, 건강에 대한 관심이 높아지면서 소비가 늘고 있으나 수분함량이 많고 각종 효소를 가지고 있어서 쉽게 부패하는 단점이 있다.

버섯은 거의 100%의 가식부를 가지며 소화도 좋다. 특유의 방향을 가진 것도 있다. 우리나라나 외국요리에 널리 쓰이며 건조하거나 통조림으로 한다. 비타민 B_2 및 D의 공급원이 되는 등의 식품으로서의 가치를 갖는다 할 수 있다.

표 2-20 버섯의 종류

구분	종류
식용버섯	표고버섯, 송이버섯, 양송이버섯, 느타리버섯, 팽이버섯, 싸리버섯, 만가닥버섯, 노루궁뎅이버섯, 잎새버섯, 달걀버섯, 개암, 망태버섯, 먹물버섯, 벚꽃버섯, 큰갓 버섯
약용버섯	상황버섯, 영지버섯, 동충하초, 아가리쿠스(선령버섯), 장수버섯, 첨마버섯, 구름버섯

1) 버섯의 일반적인 모양과 성분

버섯은 영양기관인 균사체와 번식기관인 포자를 지닌 자실체로 되어 있는데 균사는 발달하여 실모양이 되며 세포막으로 격막(膈膜)을 이룬 여러 세포들로 되어 있고 엽록소가 없다. 자실체(字實體)가 송이나 표고와 같이 갓 모양을 비롯하여 목이처럼 귀 모양, 싸리버섯과 같이 빗자루 모양, 알버섯과 같이 둥근 것 등 여러 모양을 하고 있다.

자실체의 구조는 균습(菌褶, 주름 gills)을 가진 균산(菌傘, 갓 cap, pileus)과 균병(菌柄, 기둥 stem)가 그 주체이며 이 부분이 가식부이다. 대 밑에는 각포(脚苞, volva, 대주머니), 상부에 턱받이(균륜(菌輪), ring)가 있다.

버섯은 자실체의 주름살에서 생긴 포자가 바람 또는 물에 의하여 여러 장소에 옮겨져 발아하면 균사를 형성한다. 균사가 퍼져서 균사체를 이루고 자실체인 버섯이 형성되는데 균사는 땅속 혹은 목재 속에서 살고 자실체가 외부로 돌출되어 자란다.

버섯의 성분 조성은 수분이 90% 이상이고, 채소와 과실류와 같이 무기질이 풍부하며, 육류처럼 단백질이 1.5~2% 정도로 적절히 들어 있어 서양에서는 "vegetable beefsteak"라는 표현을 하듯 채소와 육류 등에 걸맞은 식품이라 할 수 있다.

또한 버섯에는 게르마늄(germanium) 유기체가 다소 풍부하게 들어 있다. 이 원소는 체내에서 산소의 효율을 높혀 체내의 오염물질을 약화시켜 질병에 대한 저항력을 길러주는 약리적인 효능이 있다.

버섯류의 소화율은 단백질의 경우 약 75.4%이며, 표고와 송이버섯의 경우 80% 이상으로 비교적 양호한 편이다.

버섯의 단백질(3% 내외) 중에 약 65% 정도는 순단백질이고, 약 35%는 비단백질의 질소화합물로서 아데닌, 알라닌(alanine), 콜린, 글루탐산, 로이신(leucine), 페닐알라닌, 프롤린, 트리메틸아민(trimethylamine) 등을 함유하고 있다. 당질에는 펜토산 이외에 만니톨(mannitol), 트리할로오스(trehalose) 등이 들어 있는데, 이들 아미노산류와 당류 성분들이 버섯의 맛을 내는 데 기여한다. 지방질(1% 이하) 함량은 낮으며, 구성 지방산은 리놀레산(linoleic acid), 올레인산(oleic acid), 스테아린산(stearic acid) 등이다. 그리고 비타민 D_2의 전구체인 칼시페롤(calciferol)과 레시틴(leci-

표 2-21 식용 버섯의 일반성분

	수분 (%)	열량 (kcal)	탄수화물		단백질 (g)	지질 (g)	회분 (g)	무기질(mg)			비타민(mg)			
			당질 (g)	섬유 (g)				P	Ca	Fe	B_1	B_2	niacin	C
표고	91.0	38.0	5.5	0.5	2.0	0.3	0.5	58	8	2.0	0.07	0.23	0.5	13
송이	90.2	28.0	6.7	0.8	2.4	0.8	0.8	41	6	1.2	0.05	0.39	8.3	6
양송이	92.5	17.0	3.6	0.8	3.6	0.2	0.8	112	9	0.6	0.10	0.33	4.9	3
느타리	91.3	25.0	5.6	0.8	3.0	0.4	0.9	98	4	4.5	0.08	0.30	0.8	10

thine)도 들어 있다.

버섯의 향기 성분으로는 송이버섯에 알코올류인 마수테이크 알코올(masutake alcohol), 에스테르(ester)류인 메틸 신나메이트(methyl cinnamate), 표고버섯에 렌티오닌(lenthionine)을 함유하고 있어 독특한 향미를 부여한다.

버섯의 색소는 안트라퀴논(anthraquinone)계 색소가 많으며, 버섯의 변색은 산화효소인 폴리페놀옥시다아제와 티로시나아제에 의해 기인하는데 이들 효소에 의해 산화되어 흑갈색으로 변화한다. 이외에도 품질을 저하시키는 퍼옥시다아제, 우레아제(urease), 글리코시다아제(glycosidase), 리파아제(lipase) 등이 있어 버섯 저장에 지장을 초래한다. 무기질로는 칼륨, 인, 철 등이 비교적 풍부하게 들어 있으며, 이외에 구리, 망간 등도 들어 있다.

독버섯으로 알려진 것은 약 50여종으로 유독성분은 주로 amide로서 muscarine, neurine, choline 등이 있고 phalloidin, amanitin은 맹독성 peptide이다. 중독사고는 버섯이 생산되는 시기인 9~10월경에 많고 유명한 독버섯으로는 알광대버섯, 화경버섯, 무당버섯, 외대버섯, 미치광이버섯, 웃음버섯, 땀버섯, 광대버섯, 끈적버섯, 깔때기버섯 등이다.

독버섯의 식별법은 대체로 다음과 같지만 절대적이지 않으므로 판별에 유의해야 한다.

- 버섯을 찢어보아서 부서지거나 세로로 쪼개지지 않는 것
- 빛깔이 진하고 화려하거나 쉽게 변하는 것

- 악취가 있는 것
- 점질의 액, 또는 유즙을 분비하는 것
- 버섯을 끓였을 때 은수저를 넣어 흑변하는 것

2) 식용버섯류

(1) 표고버섯(Cortinellus edodes)

표고(oak mushroom)는 봄,여름, 가을에 걸쳐 참나무과와 자작 나무과에 속하는 나무에 사물 기생균(saprophite)이 기생하여 자란 버섯으로 일본과 중국 원산으로 요즘은 대부분 인공 재배하고 있다. 표고의 자실체는 갓, 주름살, 대의 세 부분으로 되어 있고, 갓의 주름이 5~10㎝로 둥글고, 표면은 담갈색, 혹은 흑갈색의 비늘모양(흑화고, 백화고)이다. 육질은 두껍고 주름을 빽빽이 나 있다.

생 표고로도 많이 이용하지만 주로 건조시켜 장기 보존하면서 사용하는데 일광건조를 하면 버섯 중의 에르고스테롤(ergosterol)이 햇빛에 의해 비타민 D_2로 변하고(provitamin) 그 량은 건조 중량의 0.2%에 이르며, 조리 시 불려서 사용하면 육질이 쫄깃쫄깃해진다. 그 외에도 비타민 B_1, B_2도 상당량이 들어있으며 무기질로는 Ca와 P이 많다. 주성분은 당질(8.0% 내외)로서 다른 버섯류에 비해 비교적 많으며, 주로 헤미셀룰로오스(hemicellulose), 트리할로스(trehalose), 만니톨(mannitol) 그리고 환원당 등이다.

정미성분으로 5'-구아닐산(5-guanylic acid)와 glutamic acid가 많이 들어 있어 맛난 맛(旨美)을 내며, 유황을 함유한 레티오닌(lenthionine, $C_2H_4S_5$)이 독특한 향미를 낸다.

표고버섯 전, 솥밥, 스프, 전골 등에 널리 이용되고 중국요리에는 없어서는 안되는 재료이다.

표 2-22 건 표고버섯의 비타민 D_2와 에르고스테롤의 함량

부 위	비타민 D_2 (I.U/100g)	에르고스테롤(μg/g)
균 산	868	2095
주 름	2,242	3643
균 병	468	1546
자실체 전체	1,008	2,187

(2) 송이버섯(Armillaria matsutake)

송이(pine mushroom, matsutakeol fungues)는 30~40년 된 적송림(赤松林)에서 기생하는 것 가을철 한 때에 발생하는 소나무 향이 나는 버섯으로 인공재배가 쉽지 않다. 우리나라를 비롯하여 중국, 일본 등 동양에서만 생산되며 강원도 양양, 고성 지역, 소백산 지역 등지에 분포하며, 저장성이 없어 시산이 경과함에 따라 중량 감소와 품질이 저하 되므로 냉장 수송이 필요하다.

버섯의 갓 지름은 5~20㎝ 정도이고, 육질은 백색으로 치밀하고 특유의 향이 있고 자루는 원통형으로 빛깔은 갓과 같다. 갓이 많이 피지 않은 것을 상품으로 상당한 고가에 판매된다. 송이의 발생시기는 발생지역의 기상 조건에 따라서 차이가 있으나 대체로 9월 상순부터 10월 중순까지의 불과 30~40일간이다,

특유한 향기 성분인 matsutakeol, methyl cinnamate(메틸 계피산)이 혼합한

그림 2-28 표고버섯과 송이버섯

것이고, 비타민 B_1, B_2 급원으로도 좋으며, 그 외에도 에르고스테롤(ergosterol, 0.03%) 등이 풍부하다.

송이는 향이 좋아 그대로 구워 먹거나 다른 재료와 함께 전골, 산적, 볶음 등 각종 요리에 쓰인다. 주로 자연산만 이용하므로 매우 고가의 산품이다.

(3) 양송이버섯(Agaricus bisporus)

양송이(mushroom)는 유럽이 원산지이며 전 세계 고루 분포한다. 우리나라는 1960년대부터 시작되어 중부이남 지역에서 널리 재배하며, 주로 봄 · 가을 2기작이 실시되고 있으며, 통조림으로 가공 수출되거나 생 버섯으로 국내에 시판되고 있다.

모양은 갓의 지름이 12~15㎝이지만 통조림용은 갓이 피기 전의 것이어야 하기 때문에 지름이 3㎝ 정도의 것을 사용한다.

품종은 백색종, 크림종, 갈색종, 고온종 등이 있으며, 우리나라에서 제일 많이 재배하는 것은 백색종으로 pure white, snow white 등이 있다. 양송이 재배는 볏짚 등 균상 재료를 배합하여 퇴적, 발효시킨 후 종균을 접종하여 재배한다. 수확은 갓과 대를 구별할 수 있고, 주름살을 싸고 있는 피막이 터지기 전에 해야 한다. 갓이 펴져 포자가 노출되면 상품가치가 없다.

영양성분은 수확시기, 선도 배양상 등에 따라 다르다. 다른 버섯류에 비하여 단백질(48%)이 풍부하며, 무기질과 비타민 B군(B_1, B_2, niacin)과 에르고스테롤도 적절히 들어 있으며 섬유질은 적다. 유리 아미노산으로 arginine, histidine, isoleucine, lysine, phenylalanine, proline 및 tyrosine이 함유되어 있다. 또 아밀라아제(amylase), 말타아제(maltase), 프로테아제(protease), trypsin 등의 효소가 들어 있어 소화를 돕는다. 양송이를 공기 중에 오래 노출하면 갈변하는 것은 티로시나아제(tyrosinase)에 의한 때문으로 이 tyrosinase는 혈압강화에 좋은 효과를 나타낸다.

통조림하거나 양송이 스프, 샐러드, 튀김 등의 재료로 쓴다.

(4) 느타리버섯(Pleurotus ostreatus)

느타리버섯(oyster mushroom)은 송이과에 속하며 한국을 비롯한 일본, 시베리아 그리고 유럽, 북아메리카 지역 등지에 분포되어 있다. 다른 버섯들의 발생이 적은 늦은 가을에 참나무, 오리나무, 미루나무 등의 활엽수에 발생하여 골목(버섯나무, mushroom logs) 재배를 주로 하지만 최근에는 볏짚 재배도 하고 있다.

버섯의 형태는 부채 또는 반달 모양으로 갓의 지름이 3~15㎝ 정도이며 부채모양 또는 반달 모양을 이루면 겉면은 밋밋하고 회백색이다. 자루는 대개 짧고 굵으며 주름은 백색이며 자루에 뚜렷하게 붙은 것이 특징이다. 2~5월과 9~12월에 2회 재배하는데 이때가 최적기이다.

느타리버섯은 주로 당질과 단백질로 구성되어 있으며 특히 무기질로는 철분이 많이 들어 있고 비타민 C도 적절히 들어 있다.

(5) 목이(Auricularia auricula judae)

목이버섯(Chinese ear fungus)은 온대에 널리 분포하며 연중 계절을 가리지 않고 발생한다. 우리나라에서는 자연생 목이의 주산지로는 강원도, 전라도, 경상북도 등 이 있으며 털목이, 흰목이 등이 있으며 갓의 지름은 3~12㎝이다. 버섯의 색은 백색, 회색, 갈색이고, 참나무, 뽕나무, 딱총나무의 고목에 자란다. 겉 표면은 한천질로서 건조하면 연골(軟骨)상으로 되며, 중화요리에 많이 쓰이고 있으며 흰목이를 장수불로하는 귀한 버섯으로 여긴다.

자실체는 귀(耳) 모양으로 폭이 2~6㎝ 정도이며 물결모양의 주름이 있다. 어린버섯이 생긴 후 10~15일(4~6㎝)이면 채취한다. 채취후 2~3일 햇볕에 말리면 수분함량이 8~10%정도로 장기 보존하면서 먹을 수 있다.

성분은 다른 식용 버섯류과 비슷하여 조섬유가 많으나 조단백질, 만니톨 등이 적어 맛이 단백하다. 비교적 석회와 인산이 풍부하게 들어 있다.

우리나라에서도 비교적 많이 이용하는 버섯의 하나이지만 특히, 중국요리에서는 표고버섯 다음으로 많이 쓴다.

(6) 팽나무버섯(Flammulina velutipes)

송이과에 속하며, 세계적으로 온대지역에 분포한다. 늦가을에서 이른 봄까지 팽나무,

감나무, 느티나무, 뽕나무 등에의 활엽수의 고목에 야생하지만 재배가 용이하여 병에 톱밥과 비료를 주어 인공 재배하기도 한다. 갓은 지름이 2~8cm이고 야생의 것은 밤색 또는 황갈색으로 표면이 끈적끈적한 점성물질로 덮여 있다. 살이 두꺼울수록 좋은 품질이며, 갓의 색은 백색이고 중심부는 담갈색이며 자루의 색은 백색이며 중간은 비어 있다. 최근에는 노란색의 팽이버섯이 나오고 있다.

요리할 때는 작게 잘라 국이나 스프에 넣기도 하며 덩어리째 구워 육류 요리에 곁들이기도 한다.

(7) 석이버섯

석이버섯은 석이과에 속하며 험준한 암벽의 바위에 붙어서 사는 버섯으로 표면은 회갈색이며 약간 매끄러운 반면 안쪽은 검은색으로 털이 있다. 마른 상태에서는 부서지기 쉽고 불리면 부드러워진다. 담백한 맛과 씹히는 맛이 있으며 우리나라 요리에는 물에 불려 주로 고명으로 이용한다. 한방에서는 각혈, 하혈, 등에 지혈제로 이용 한다.

그 외에도 싸리버섯은 여름에서 가을에 걸쳐 침엽수나 활엽수의 숲에서 볼 수 있고 알버섯은 봄에 모래땅의 소나무 숲, 즉 바닷가 해송에서 주로 많이 난다. 노루궁뎅이버섯은 쫄깃한 질감이 있으며 최근 관심이 높아지고 있는 버섯의 하나이다. 송로버섯은 프랑스의 유명한 버섯 요리의 재료로 유명하다.

그림 2-29 노루궁뎅이 버섯과 트뤼플 버섯

03 축산식품 재료

식육류(食肉類)는 동물성 단백질의 공급원이 되는 대표적인 식품으로 식용으로 이용할 수 있는 가축(家畜)이나 가금(家禽)그리고 야생동물의 조직을 말한다. 식육은 주로 동물의 골격근(骨格筋)인 살코기를 말하지만 도살 후 부산물로 간, 염통, 혀, 꼬리 기타 내장도 포함하는데 살코기와 구별하여 내장육이라 하기도 한다. 식육류로는 종류와 부위, 성별, 연령에 따라 영양조성이 다르고 성질도 다르나, 신선육은 단백질뿐만 아니라 지방, 무기질, 비타민류(B 복합체)의 중요한 급원으로 곡류를 주식으로 하는 한국인의 식생활에 중요한 식품이다. 식육류로는 소, 돼지, 양, 말, 염소, 토끼 등의 육류와 닭, 오리, 칠면조, 꿩 등의 조류가 있다.

1. 식육류

1) 식육류의 일반성분

고기의 성분은 일반적으로 수분 함량이 72~75%로 이를 제외하면 대부분 단백질(20~25%)로 되었고, 그 조성은 동물의 종류, 품종, 성별 그리고 영양상태 및 부위에 따라 차이가 있다. 암컷이 수컷보다 지방 침착이 잘 되고 지방 함량이 많으며, 결합조직 함량이 적어 연하고, 고기의 색은 엷은 편이다. 연령에 따라 어린 것은 수분이 많고, 지방이 적으며 고기의 색이 연하고, 결합 조직이 적어 연하며, 육엑기스분(meat extracts)이 적어 맛이 담백하지만 깊은 맛이 덜하고. 늙은 동물의 고기는 결합조직이 많고 근육간의 지방량이 낮아 고기가 질기고 맛이 없다. 고기의 수분이 쉽게 분리되고 유실 되어 보수성이 낮아진 것은 풍미가 좋지 못하다. 대체로 수분 함량이 높은 것은 지방 함량이 적다. 식육류의 성분 조성은 표 3-1과 같다.

표 3-1 식육류의 일반성분

	수분 (%)	탄수화물		단백질 (g)	지질 (g)	회분 (g)	무기질(mg)			비타민(mg)			
		당질 (g)	섬유 (g)				P	Ca	Fe	A	B_1	B_2	niacin
소고기	75.5	0.3	0	22.8	3.7	1.0	142	19	4.8	15	0.12	0.63	16.3
돼지고기	72.4	0.2	-	20.7	4.6	1.1	218	4	3.0	10	0.95	0.11	5.0
양고기	74.4	0	0	16.4	8.6	1.2	210	7	2.0	0	0.15	0.20	5.0
닭고기	73.5	-	-	20.7	4.8	1.3	302	4	-	40	0.09	0.15	5.0
오리고기	71.8	0	0	23.0	3.8	1.2	225	21	2.7	0	0.20	0.27	5.7
칠면조	64.0	0	0	24.4	10.5	1.1	230	1.5	-	0	0.20	0.15	8.0

① 단백질

고기에는 약 20% 내외의 단백질이 들어 있는데 수분을 제외한 고형분의 약 80%를 차지한다. 근육 단백질은 그 기능이나 구성위치, 용해도의 차이에 따라 근장 단백(globular protein) 근원섬유 단백질(섬유상 단백질 fibrous protein)과 결합조직 단백질(stroma protein)로 나눌 수 있다.

근원섬유 단백질은 전체 단백질의 약 60%를 차지하며 근육의 수축과 이완에 관여하는 단백질로 미오신(miosin), 액틴(actin)과 직간접으로 조절하는 조절 단백질인 트로포미오신(tropomyosin), 트로포닌(troponin), 알파 액티닌(α-actinin), 베타 액티닌(β-actinin)으로 나눈다.

Myosin은 근원섬유 중 굵은 필라멘트에 존재하고 근육의 수축과 이완을 수행하고 사후경직 또는 육가공에 있어서 결착성을 지배하는 단백질이다. Actin은 가는 필라멘트에 존재하며 구상액틴(globular actin)과 섬유상 액틴(fibrous actin) 두 가지 형이 있는데 구상 액틴이 전환되어 섬유상 액틴으로 된다.

근장 단백질은 근장 중에 용해되어 존재하는 단백질로 물이나 묽은 염류 용액에 추출되는 수용성 단백질이다. 이 단백질에는 색소 단백질인 미오글로빈(myoglobin), 시토크롬(cytochrome)과 여러 가지 효소가 들어있다. 또 미토콘드리아(mitochon-dria)의 산화효소와 해당 효소도 포함되어 있는데, 이들은 호기적, 혐기적 해당을 지배하여 글리콜리시스(glycolysis)와 TCA cycle대사가 행하여진다. 또한 폐기물의 가수분해에 관하여는 리소좀의 효소와 단백질을 합성하는 핵단백질도 포함되어 있다.

결합조직 단백질은 근육의 약 10%를 차지하는데 그 성분은 대부분이 콜라겐(collagen), 엘라스틴(elastin), 레티쿨린(reticulin) 등으로 이들은 근속과 근속을 연결하며 장기를 지탱하기 위해 연결하고 2개의 뼈와 뼈를 접속하기 위한 인대(ligament) 역할이 있다. 고기의 질긴 정도와 밀접한 관계를 가지고 있어 질긴 고기에는 이들 결체조직의 성분이 많이 들어 있으며 동물의 나이가 많아짐에 따라 함량이 증가한다.

콜라겐(collagen)은 백색으로 신축성이 적으며 육기질의 대부분을 차지하는 것으로 진피, 연골(cartilage), 인대(ligament) 등에도 많이 들어 있는 백색 섬유상 단백질이다. 장시간 물과 함께 가열하면 가용성인 젤라 틴(gelatin)으로 분해되어 소화가 가능하다.

엘라스틴(elastin)은 탄력이 있는 황색조직으로 망상구조를 하고 있으며 탄성섬유를 구성하는 단백질로 늙은 동물이나 운동량이 많은 근육에 많이 들어 있다. 물을 가하여 가열하여도 일반적인 조리 온도에서는 가용화되지 않는다. 트립신(trypsin)에 의해 소화된다.

육단백질의 아미노산 조성은 영양적으로 우수하며 생물가는 쇠고기 83, 돼지고기 79로서 비교적 높다.

② 지질

고기 중의 지질은 함량 변동이 크고, 그 조성도 동물의 종류, 나이, 영양조건, 도체 부위에 따라 다르다. 동물체의 지방은 피하, 근육간(筋肉間), 신장 주위, 망막 등의 지방에 존재하는 축적지방(deposit fat)과 근육, 장기 등의 조직에 있는 조직지방(tissue fat)으로 나눈다.

축적지방은 에너지원으로 이용되며 대부분 중성지질로 팔미트산(palmitic acid), 스테아르산(stearic acid), 올레산(oleic acid), 리놀레산(linoleic acid) 등의 고급지방산이며 내장 중위의 결합조직과 근육사이의 피하지방 조직에 존재한다. **조직지방**은 에너지원으로 이용되지 않는 세포(cell)의 구성성분이며 중성지질 이외에 콜레스테롤(cholesterol), 인지질, 당지질의 함량이 많다. 특히 뇌, 신경계의 조직에는 콜레스테롤이 다량의 유리상태로 들어 있다.

필수지방산인 리놀레산의 함량은 돼지고기가 더 많고 지질의 함량은 근육조직의 성분 중 변동이 가장 현저하다.

지질의 융점은 맛과 관련이 깊고 돼지기름이 소기름에 비해 입안에서 촉감이 좋은 것은 돼지기름의 융점이 소기름에 비해 낮고 사람의 체온에 가깝기 때문이다. 닭고기의 지질은 융점이 더 낮아 식어도 먹기 나쁘지 않다.

표 3-2 동물성 지질의 융점과 요오드가

종류	융점(℃)	요오드가
소고기	40~50	32~47
돼지고기	33~46	46~66
닭고기	30~32	58~80
양고기	44~55	31~46

③ 탄수화물

물체에 들어 있는 당질은 소량이며 대부분이 근육과 간에 존재하며 그중 글리코겐(glycogen)이 가장 많다. 간장에는 2~8% 존재하나 근육 중에는 0.5~1.0%로 소량 들어 있다. 해당과정(glycolysis)을 거치면 젖산으로 되어 육의 사후 강직과 밀접한 관계가 있다. 그 함량은 동물의 종류, 성별, 연령과 부위에 따라 달라진다.

④ 무기질 및 비타민

무기질은 1% 내외이며, 세포액의 염류 농도를 유지하고 효소작용에 기여하는 생체의 구성이나 대사에 중요한 역할을 한다. P와 S이 많으며, Ca의 함량은 적은 대표적인 산성식품이다. 금속 이온 중에는 K이 많고 그 다음으로 Na, Mg 이온의 순이다.

비타민은 지용성 비타민 A, D 등은 적은 편이고, 수용성 비타민 중 C는 없고, B군은 풍부한 편이다. 근육 내에는 비타민 B 복합체가 많으며, 간에는 비타민 A, B_1, B_2, C,

D 등이 풍부하다. 특히 돼지고기에는 다른 고기보다 B_1이 대단히 많다.

엑기스분은 고기를 조리할 때 용출되는 성분으로 이것을 농축한 것은 육엑기스분이며, 고기의 풍미를 주는 단백질, 지방질, 무기질 등이 들어 있다. 또한 이노신산(inosinic acid), 크레아틴(creatin), 호박산(succinic acid), 글루탐산(glutamic acid), 아미노산 등도 고기의 맛을 내는 정미(呈味) 성분이다.

⑤ 색소

식육의 색은 근육색소인 미오글로빈(mypglobin)과 혈색소인 헤모글로빈(hemo-globin)에 의하여 붉은 색을 띠는데 동물의 종류와 연령, 근육의 종류에 따라 달라진다. 쇠고기는 돼지고기보다 미오글로빈의 함량이 많기 때문에 짙은 붉은색을 나타낸다.

신선한 고기를 공기 중에 방치하면 미오글로빈은 공기 중의 산소와 결합하여 선홍색의 옥시미오글로빈(oxymyoglobin)이 되고 계속 방치하면 갈색의 메트미오글로빈(metmyoglobin)으로 변한다. 고기를 가열하면 글로빈이 변성하여 떨어져 나가고 헤미틴(hemitin) 또는 헤민(hemin)으로 변하여 갈색과 회색의 가열 육이 된다.

가열한 소금 절임 육제품이 선명한 적색을 띠는 것은 소금 절임 발색제로서 넣은 아질산염에 의해 니트로소미오글로모겐(nitrosomyochromogen)이 생성되기 때문이다.

2) 고기의 성상

고기는 식육류의 가식부(可食部, edible parts)를 말하며 도체로부터 얻어지는 근육을 정육(精肉)이라 한다.

근육조직(muscle tissue)은 주로 근세포(muscle cell), 근섬유(muscle fiber)로 되어 있다. 이것은 종류에 따라 횡문근 섬유(straited muscle fiber)와 평활근 섬유(smooth muscle fiber)가 있으며, 이들은 뼈에 부착되어 있는 골격근(skeletal muscle), 내장과 혈관을 구성하고 있는 평활근(smooth muscle) 세 종류로 나눌 수 있다.

골격근과 심근은 현미경으로 보면 가로 무늬를 이루고 있어 횡문근(cross straited muscle)이라고도 한다. 기능적으로 골격근은 능동적인 운동기이며, 그 운동이 의지에 의해 조절됨으로 수의근(voluntart muscle)이라 하며, 심근과 평활근은 불수의근이라 한다.

대체로 골격근 섬유는 길고 가지가 없는 섬유상 세포로 되어 있다. 근초(strcolemma)는 근섬유를 둘러싼 막을 말하며, 단백질과 지방으로 되어 있고, 비교적 탄력이 있다.

근장(sarcoplasm)은 근섬유의 세포질을 말하며, 세포 내의 교질물질이 분산되어 있다. 근장의 75~80%가 물이며, 그밖에 지방, 글리코겐(glycogen), 단백질, 기타 무기질 성분 등이 있어 에너지원이 되며 해당과정의 여러 효소가 들어 있다.

근원섬유(myofibril)는 가늘고 긴 원통형 섬유이며, 평균 지름이 1~2㎛로 근섬유의 장축(長軸)에 평행하게 되어 있다. 근원섬유는 명암(明暗)의 차이에 따라 밝은 곳을 명대(I-band), 어두운 곳을 암대(A-band)라고 한다. 근원섬유에는 다시 초원(超原)섬유가 있으며, 굵은 섬유는 주로 미오신(myosin)으로 되어 있어 미오신 필라멘트(myosin filament), 가는 섬유는 거의 액틴(actin)으로 되어 있어 액틴 필라멘트(actin filament)라 한다.

심근은 자율 신경계의 지배를 받으며 계속 쉬지 않고 수축과 이완을 되풀이한다. 무늬 모양은 거의 골격근과 같아 A-, I-, Z- 및 M- band가 명확하며, 비교적 근장이 많고, 근원섬유가 적은 편이다.

결합조직은 체내의 여러 조직을 연결하고 유지하는 조직으로 골격의 구성분이다. 콜라겐 섬유(collagenou's fiber)는 고기의 부드러운 정도를 좌우하는데 운동량이 많은 근육에 이 섬유가 많고 물을 가하여 가열하면 젤라틴(gelatin)이 된다.

탄성 섬유(elastic fiber)는 인대와 혈관 벽의 근육과 기관의 외곽 구조에 널리 존재하고 있으며, 노화됨에 따라 그 함량이 증가한다.

지방조직은 피하, 기관의 주위 복강 등에 침착되어 체온을 유지하고, 기관을 보호하며, 영양물질로 축적된 것이므로 근육조직에 침착되면 육질을 향상시킨다.

체지방은 백색과 황색지방이 있는데 대부분 백색 지방이지만 황색지방의 색은 세포

내에 시토크롬(cytochrome)의 함량에 기인한다.

3) 육의 사후 변화

식육은 도살 후 근육 내에 있는 여러 가지 효소에 이해서 그 성상에 여러 가지 변화를 일으키는데 이를 부패와 구분하여 자가소화라 하며 사후 경직과 숙성의 두 단계로 나눈다. **자가소화(自己消化, autolysis or post mortem autolysis)**는 도살 후 호흡에 의한 산소의 공급이 차단되어 근육 내에 혐기적 효소작용에 의해 경직(硬直, rigor)이 일어나는 것을 이르는데 이로 인하여 연화(軟化)되어 맛과 풍미가 좋아진다. 더 진행되면 곧이어 미생물에 의해 쉽게 부패(腐敗, putrefaction)를 일으킨다.

도살 직후 첫 단계는 혈액을 제거하는 과정으로 방혈(防血)이라 하는데 가능한 한 빨리 혈액을 제거하여야 한다. 혈액은 미생물 번식에 아주 좋은 영양원이고, 고기의 품질에 좋지 않으므로 도살과정에서 혈액의 제거는 필수적이다. 도상 직후의 고기는 연하지만 조금만 지나면 근육이 수축되어 이완되지 않고 경직되는데 이를 사후경직(死後硬直 또는 死後强直, rigor mortis)이라고 한다.

사후경직은 도살 직후 근육의 pH가 약알칼리성에서 중성이고 근섬유의 myosin과 actin이 해리되어 있는데 해리된 myosin은 ATP를 흡착하여 actin과의 결합이 방해되기 때문에 actomyosin의 양이 극히 적다. 그러나 시간이 경과하면 근육중의 글리코겐(glycogen)이 분해되어 젖산이 생기고 pH는 산성으로 기울게 되고 산성에서 활성화되는 ATPase에 의해서 ATP가 분해되어 인산이 생기기 때문에 더욱 산성을 나타내게 된다. 그러면 myosin이 ATP를 잃게 되고 대신에 actin과 결합하여 분자가 크고 점도가 높은 액토미오신(actomyosin)을 생성함으로써 이를 이완시켜 주는 ATP가 생성되지 못하여 액틴과 미오신으로 해리(이완)되지 못하는 비가역적인 액토미오신(actomyosin)으로 수축되기 때문이다. 따라서 사후경직은 근육의 이완에 관여하는 ATP가 생성되지 않기 때문이며, 또 하나의 요인으로는 사후 젖산 축적에 의한 pH 저하에 따른 산성하에서 액틴과 미오신 간의 불가역적 상호결합이 더욱 강해져 근육의 신전성(extensibility)을 잃고 굳어지게 된 것이다.

사후경직에 도달하는 시간은 여러 요인 즉, 동물의 종류, 크기, 도살 전의 동물의 피로상태, 저장온도 등에 따라 다르다. 온도가 높으면 빠르고 낮으면 늦게 나타나며 도살 전에 운동을 시켜서 근육 중에 젖산량이 많은 경우에는 경직이 빨라진다. 일반적으로 쇠고기, 양고기는 2~8시간, 돼지고기 30분~2시간, 닭고기의 경우 1시간에 경직이 시작되며 최대 경직까지 도달 시간은 소와 말이 12~24시간, 돼지가 8~16시간, 닭이 6~12시간 정도이다. 사후 경직된 고기는 보수력이 떨어져 육즙이 많이 분리되며 질기고 맛이 나쁘며 소화도 잘 되지 않는다.

경직이 지난 후 이온 조성의 변화로 점차 변형 약화(弱化)되고 근육 내에 존재하는 단백질 분해효소에 의해 자기소화가 일어나 근원섬유 단백질과 결체 단백질이 일부 분해되고 연화되어 가용성 단백질로 분해되며, 펩티드(peptide), 펩톤(peptone), 아미노산(amino acid)등으로 분해되어 맛과 풍미가 좋아진다. 이러한 형상을 경직해제(rigor off)라 하고 이 같은 현상은 생육의 이완과는 달라서 actomyosin이 actin이나 myosin으로 해리하는 일은 없다. 이와 같은 경직해제를 인위적으로 진행시키는 것을 숙성(熟性, aging)이라 한다. 자기소화에 관여하는 효소는 리소좀(lysosome)의 불활성 상태에 있는 카펩신(cathepsin)과 베타 글루쿠로니다아제(β-glucuronidase)등이고 pH저하로 이들 효소가 방출되어서 자가소화에 관여한다.

숙성에 소요되는 시간은 온도가 높을수록 단축되지만 pH가 점차로 올라가고 유리아미노산 등이 증가하면 유해세균에 의해 부패가 일어나기 쉽기 때문에 일반적으로 도살 후의 도체는 정상적으로 자가소화를 거쳐 식용에 적합한 상태로 하기 위해 가급적 빨리 안전하게 냉장하여 서서히 숙성시킨다.

칼슘 활성효소(calcium activated enzyme fraction : CAF)는 기다란 근원섬유를 짧게 소편화(小片化, fragmentation)하여 근력의 장력을 저하시키고, 연도를 증가시키는 효과를 부여한다.

고기는 사후 변화로 색이 변화하는데 산소가 충분한 상태 즉 도살 전이나 직후의 육색은 밝은 적색이지만, 사후의 고기의 색은 산소가 없어 어두운 적자색을 띤다. 신선한 고기는 산소에 노출되면 선홍색이 되며 더욱 산화되면 흑자색으로 변화한다.

자기소화된, 즉 숙성된 고기는 펩티드, 펩톤, 아미노산 등의 단백질 분해물이 들어 있어서 pH7의 부근에서 온도가 적합하면 미생물이 쉽게 증식하여 근육 단백질이 분해되며 아민(amine), 암모니아(ammonia), H_2S, CO_2, 인돌(indol), 스케톨(skatole), 메탄(methane), 메르캅탄(mercaptane) 등이 생성되어 부패취(putridodor)를 내고, 육색도 변화한다.

4) 식육의 종류

식육의 품질은 동물의 성별, 연령, 품종, 지방함량, 부위, 사료의 종류에 달라서 달라질 수 있다.

(1) 쇠고기(Bos taurus var. domesticus)

쇠고기(beef)는 세계적으로 상당히 오래 전부터 먹어 왔는데 기원전 3000~2000년 이집트 피라미드 벽화에 쇠고기를 먹는 모습이 그려져 있다. 몸집이 크고 부위에 따라 영양 성분와 육질이 달라 용도에 따라 조리법을 달리하고 있다. 지방이 고루 분포되어 있는 쇠고기는 영양가가 높고, 향기, 질감 등이 좋아 우리나라 사람들도 선호하는 식품이다.

표 3-3 쇠고기의 부위별 용도

부위	용도	부위	용도
등심, 채끝, 안심	구이, 스테이크	사태	장조림
우둔, 설도	산적, 불고기	앞다리, 목심	불고기
양지	국거리	갈비	불갈비, 찜

식용 소는 고기의 생산을 목적으로 개량한 것으로 정육률이 높아야 한다. **정육률(fesh meat %)**이란 도살한 도체 부분에서 뼈를 빼낸 나머지 가식부로 하는 고기의 비

율을 나타낸 것이다. 정육률은 평균적으로 40~45% 정도이며, 내장이 약 30%를 차지한다.

정육 중량 = 정육률(%) / 도체 중량 × 100

성장기를 넘어서고 잘 비육된 암소와 거세된 소의 고기는 선홍색으로 광택이 나며 특유의 방향이 있다. 근섬유는 결이 잘고 탄력이 있고 백색의 지방이 여기저기 섞여져 산재하여 마치 대리석과 같은 무늬(霜降, marbling)를 이룬다. 숙성이 잘 되지 않고 영양이 부족한 식육은 살이 거칠고, 색상 또한 암적색이며, 결체조직이 많아서 질기고 지방은 황색을 띠며, 풍미가 좋지 못하다. 그러나 숙성을 시키면 이를 다소 해소시킬 수 있다. 숙성은 보통 0℃ 10일간, 8~10℃ 4일간, 17℃에서 3일간 두면 이루어진다.

보통 비육우는 3세, 한우는 만숙종(晩熟種)으로 생후 5세가 되어야 성우가 된다. 따라서 성우육을 비프(beef)라 하며, 송아지도 월령에 따라서 veal(16주 미만)과 calf(6~9개월)로 구분한다. 송아지 고기는 암적색이고 지방이 섞여 있지 않으며 근섬유는 가늘고 수분이 많아서 연하지만 엑스분이 적어서 풍미는 덜하다. 또한 숙성할 필요가 없을 뿐 아니라 오히려 부패하기 쉬워 보존성 나쁘다. 우리나라에서는 그다지 이용이 많지 않으나 구미에서는 연한 고기로서 귀하게 이용되어서 쇠고기와는 전혀 다른 식육으로 취급하고 있다.

우리나라는 고기는 육질에 따라서 특등육(등심, 대접살, 채끝살), 상등육(볼기, 앞다리), 보통육(사태, 목덜미, 양지), 등외육(내장, 갈비)의 네 등급으로 나눈다.

단백질은 부위에 따라 그 함량이 다르지만 22% 내외이나 대리석 무늬로 되어 있는 로오스 부위는 12% 정도이다. 대부분이 근육 단백질로서 아미노산 조성은 매우 우수한 편이지만 트립토판(tryptophan)이 부족하여 제한인자(제한아미노산)이다. 그래서 트립토판 함량이 많은 식품(고구마, 시금치 등)과 함께 조리하면 이상적이다.

지질은 부위에 따라 특히 차이가 심하여서 어깨살 같이 3.7% 가량 되는 것에서부터 상강육과 같이 41%에 이르는 것까지 있다. 쇠고기는 양고기와 같이 지방의 융점이 높아서 구워 먹거나 볶아 먹거나 또는 삶아 먹는 조리법으로 뜨거울 때 먹는 것이 좋다.

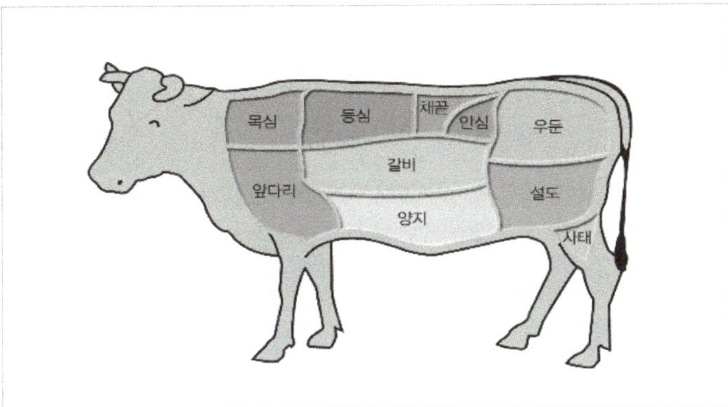

그림 3-1 소고기의 부위별 명칭

비타민과 무기질은 대체로 과채류보다 적으며, 비타민 A, B_1, B_2, C, D, E가 근육보다 간에 많이 함유되어 있으며 특히 비타민 A와 철(Fe)이 다른 육에 비하여 풍부하다. 무기질로는 인, 황의 함량이 많아 산성식품이다. 철의 함량은 고기의 붉은색에 비례하므로 쇠고기는 돼지고기보다 훨씬 많은 철을 함유(1.3~3.6mg%) 한다.

(2) 돼지고기(Sus scrofa var. domesticus)

돼지(pork)는 아시아나 유럽에 널리 분포라며 신석기시대의 정착과 함께 가축이었다. 중국에서는 기원전 2200년경에 돼지가 사육되었으며 고대 그리스에서는 햄 등의 가공육으로도 이용되었다. 이슬람이나 유대교, 힌두교에서 돼지는 부정한 것으로 취급되어 먹지 않는다.

새끼가 자라서 도살할 때까지 소요되는 기간이 5~6개월이며, 하루에 600g씩 체중이 증가하므로 생산성이 좋고 도체율도 다른 가축에 비해 월등하다.

색은 대체로 담홍색이나 회적색이지만 부위에 따라 다르다. 근섬유는 섬세하고 고기가 부드러우며, 지방은 미세한 입자로 되어 있는 순백색으로 입 안에서 비교적 잘 녹고 소화율도 비교적 높다(소화율 95% 이상).

수분함량이 55~70% 정도로 쇠고기보다 약간 적다. 단백질 함량은 17~22% 로서, 안심이나 등심이 삼겹살에 비해 높아 외국에서는 안심 · 등심을 선호하는 편이나 우리나

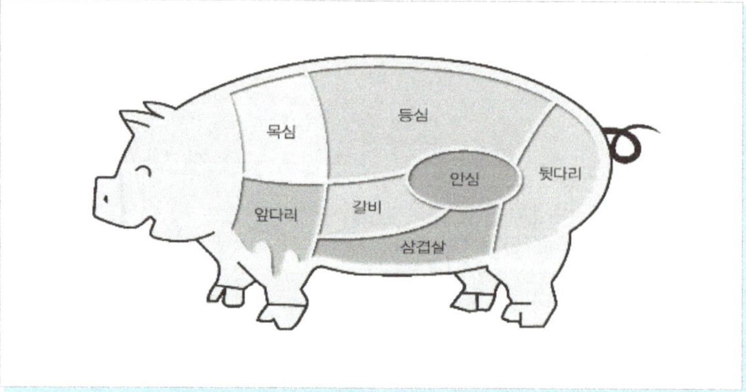

그림 3-2 돼지고기의 부위별 명칭

라는 지방 함량이 높은 삼겹살을 선호한다.

지방함량은 고기의 육질을 좌우하며, 순백색이며 단단하고 방향을 가진 것이 상등품이며, 쇠고기에 비하여 리놀레산(linoleic acid)이 풍부하다.

필수아미노산이 풍부하여 아미노산 조성이 우수하다. 근육섬유는 섬세하여 부드럽다.

비타민 B_1의 함량이 매우 높아 쇠고기의 10배 정도이며 안심과 등심 부위에 많다.

돼지는 생고기를 직접 조리하여 이용하는 것 이외에 지방이 적고 단백질과 수분이 많은 뒷다리살로는 햄(ham), 소시지(sausage)를 지방이 많은 복부 삼겹살로는 베이컨(bacon) 등의 가공용으로 이용한다. 이밖에 털은 브러시를 만드는 데 쓰인다.

그리고 돼지고기 섭취에서 가장 주의하여야 하는 것은 설익은 돼지고기를 먹을 경우 선모충에 감염될 수 있으므로 충분히 가열 조리하여 먹어야 한다.

(3) 양고기(Ovis aries)

양은 생후 1년 이상 된 비육을 양(45~50*kg*)을 숙성시킨 것을 무텐(mutton)이라 하고, 어린 양고기를 램(lamb)이라 하는데 mutton은 특이한 냄새가 있으나 lamb은 거의 냄새가 없다. 일반적으로 lamb이 mutton보다 육질이 연하고 풍미가 좋아서 정육으로 좋으나 가공용으로는 대체로 지방이 너무 많고 살코기의 양이 적어 많이 이용되지는 않는다.

양고기는 섬유가 가늘고 조직이 단단하지 않아 고기질이 연하고 소화도 잘되며, 맛도 있어 구미 각국에서 애용되고 있으나, 우리나라에서는 별로 이용하지 않고 있다.

양고기는 쇠고기와 돼지고기에 비해 단백질 함량(16% 내외)은 적은 반면 지방질 함량(8% 내외)이 비교적 높다. 다른 영양소는 대체로 쇠고기와 유사한 조성을 하고 있다. 양고기의 색은 쇠고기보다 엷으나 돼지고기보다 진한 선홍색이나 적색이다. 지방은 백색이며 근섬유에는 적고, 피하와 신장 주변에 많다.

양고기는 전골, 로스구이, 칭기즈칸 요리에 주로 이용되고 있으며, 지방의 융점이 높아 입 안에서 잘 녹지 않으므로 식은 것은 먹기에 부적합하다.

(4) 염소고기(Capra hircus)

염소(山羊, goat)는 젖과 고기를 동시에 이용할 수 있으며, 육용종으로 비육만을 위주로 하는 품종은 따로 있지 않다.

염소고기는 양고기와 비슷하나 색이 좀 엷고 염소고기 특유의 냄새가 나며 지방질이 쇠고기와 유사하며 양고기처럼 느끼하지 않다. 또 섬유가 섬세하여 조리를 잘하면 맛이 좋은 고기이나 도살할 때 방광과 외피지방을 잘 제거하지 않으면 특유한 냄새가 난다.

중동지역 국가 중 회교도가 많은 나라에서는 양고기와 함께 중요한 식육이지만 우리나라에서는 보신의 목적 외에는 별로 이용되지 않는다.

(5) 토끼고기

토끼(兎, rabbit)는 모피와 털을 생산하기 위해 주로 사육되는 집토끼(domestic rabbit, Lepus cuniculus domesticus)와 산토끼(hare, Lepus vulgaris) 등이 있다. 집토끼는 식육으로 이용되는 것 이외에도 의학 등 기초 연구의 실험동물로도 이용되고 있다.

고기는 단백질이 비교적 많고, 리신(lysine), 트레오닌(threonine) 등의 아미노산이 조성되어 있어 영양가도 풍부하다. 색은 담홍색으로 조섬유는 부드러우며, 지방질은 양고기보다 적어 맛이 담백하고 외관은 닭고기와 유사하다. 닭의 지방이나 껍질과 섞어서 조리하면 닭고기와 비슷한 맛이 난다. 또한 글리코겐 함량이 좋지 못하나, 보수성과 점착성이 강해 소시지 등 가공육의 배합에 주로 이용하고 있다.

(5) 닭고기(Gallus domesticus)

닭(chicken)은 기원전 3000년에 인도에서 사육되었고 중국, 동남아시아, 이란, 지중해연안국, 유럽 등으로 확산 되었다. 육류 중 가장 소비가 많다.

닭고기는 가슴과 넓적다리의 근육이 잘 발달되어 있으며, 가슴살은 단백질은 많으나 지방이 적어 맛이 담백하고 혈류의 잔류가 적어 육색이 백색이나, 넓적다리 살은 육 염기가 많아 특유한 풍미가 있고 붉은 육색을 가지고 있다. 근육섬유는 가늘고 치밀하며, 지방은 피하와 복강에 많고, 근육 사이에는 적으며 선황색으로 비타민 함량이 많다. 닭껍질은 결체조직이 주이지만 지방이 풍부하고 부드러워서 식용한다. 단백질은 23% 정도로 열량이 100g 당 151㎉ 정도이다. 지방은 융점은 낮고 불포화 지방산이 65% 이상으로 실온에서 거의 굳지 않으며, 밝은 황색을 띤다. 이는 카로틴(carotene)이 함유되어 있기 때문으로 다른 육류에 비해 비타민 A의 함량이 비교적 높아 다른 식육에 비해 3배나 많다.

늙은 닭이나 수탉의 고기는 질기나 거세한 닭과 2~3개월 된 어린 닭의 고기는 연하고 맛이 좋다.

보통 식용 닭은 생체 중량이 1.8㎏ 이하, 14주 미만의 것을 말하며, 지육률(枝肉率)이 62%이고, 기름에 튀기면 50~55%로 감소한다. 지육률(%)은 도체율이라고도 하며 생체중량에 대한 지육의 량 비율로 나타낸다.

(6) 오리고기

오리(duck)는 기원전 2~3천년 전부터 고대 이집트에서 사육하였고, 유럽에서는 기원전부터 로마인이 물오리를 길들여 몸집을 비대하게 사육하여 식용으로 제공한 것으로 추정된다. 우리나라에서는 신라시대나 고려시대에 임금에게 진상한 기록이 남아 있다.

고기의 질은 매우 연하며 풍미가 있다. 오리는 닭보다 성장이 빠르고 비육이 좋을 뿐만 아니라 질병에 잘 견디어 사육에 어려움이 없다,

일반 성분은 닭과 비슷하여 단백질 풍부하고 아미노산 조성이 우수하다. 특히 라이

신, 발린, 로이신, 메치오닌 등의 필수아미노산의 함량이 높다. 지방함량은 높으나 불포화지방산이 많고 콜레스테롤의 함량이 닭고기가 100g당 120㎎인 것에 반하여 80㎎ 정도로 낮다.

비타민으로는 B_1, B_2, 니아신(niacin)이 비교적 풍부하며 소화성이 뛰어나다.

근래에는 여성의 미용식이나 자양 강장식으로 주목받는 식품의 하나이다.

(7) 칠면조(Meleagris gallopavo var. domesticus)

칠면조(turkey)는 북아메리카와 멕시코가 원산지로 야생 칠면조를 길들여 사육한 것으로 콜럼버스가 북아메리카대륙을 발견한 1492년 이후 전세계에 보급되었다. 우리나라는 1950년대부터 사육하였다.

칠면조고기는 오리고기와 같이 육질이 부드럽고 향미가 있어 닭고기보다 우수하다. 그 성분 조성은 닭고기, 오리 등과 비슷하다.

칠면조는 통째 구이, 삶은 고기 또는 두 가지 이상의 고기를 삶아 낸 국물로 만든 콩소메(consommé) 등으로 애용되고 있다.

(8) 육가공품

육가공품으로는 햄, 베이컨, 소시지 등이 있다.

① 햄

햄(ham)은 원래 돼지의 뒷다리 부위(ham)살을 원료로 염지, 훈연한 것을 말한다. 즉, 원료 육에 소금, 아질산염(발색제), 조미료, 향신료 등을 잘 섞은 다음 가볍게 눌러서 1~2일간 서늘한 곳에 방치하여 만든다. 즉 이 같은 조작을 큐어링(curing)이라 하는데 큐어링 후 침지액에 절인 다음, 훈연(smoking)하여 방부성과 풍미를 부여한 것으로 종류는 다양하지만 대표적으로 레귤러햄, 본레스햄, 로인햄, 락스햄이 있다. 레귤러햄(regular ham)은 넓적다리 부위의 살을 뼈가 붙은 채로 만들어 골부(bone ham)햄이라고도 하며 단순히 햄이라고 하면 보통 레귤러 햄을 말한다. 본레스햄(bo-neless ham)은 레귤러햄과 동일한 부위의 재료를 원료육으로 뼈를 제거하고 살코기만으로 만든 것이다. 로인햄(loin ham)은 로인 로울드햄(loin rolled ham)이라고도 하며 로인 부위를 원료로 하여 만든 햄으로 오린 이외 부위의 재료로 만든 것은 모양이 비슷하더라도 로인햄이라 하지 않는다. 로인햄에 속하지 않은 소형의 햄을 락스햄(lachs ham)이라 한다.

② 베이컨

베이컨(bacon)은 부위(belly 또는 삼겹살) 고기를 원료로 염지, 훈연한 것이 일반적이며 햄과 마찬가지로 종류가 많다. 대표적으로 캐나다식, 덴마크식 베이컨, 보일드 베이컨, 로울드 베이컨 등이 있다.

③ 소시지

소시지는 햄이나 베이컨 등의 원료육을 제외한 돼지고기를 갈아 조미한 것을 장(腸) 속에 넣어 훈제한 것이다. 소시지는 돼지고기 이외에 쇠고기, 양고기, 토끼고기, 고래고기 등도 섞어 사용하기도 한다.

과거에는 케이싱(casing)할 때 내장 기관(소장, 대장 등)을 씻어서 염지하여 사용하였으나 근래에는 셀로판(cellophane), 비닐(vinyl), 폴리에틸렌(polyethylene)지 등의 필름(flim)을 사용한다.

소시지는 더메스틱 소시지(domestic sausage)와 드라이 소시지(dry sausage)로 나눌 수 있는데 데메스틱 소시지는 장기간의 보존을 목적으로 하지 않고 그 풍미에 중점을 두어 일반 부식용으로 한 것으로, 포크 볼로너(pork boloner), 비엔나(wie-nia), 프랑크 푸르트(framkfruit), 리용(lyones), 블러드(blood), 리버(liver) 등으로 그 종류가 다양하다. 드라이 소시지는 훈연 후 장기간 저장을 목적으로 한 제품으로 살라미(salami)와 시보레(cervelet) 등이 있다.

2. 우유 및 유제품

유즙(milk)은 포유동물의 유선에서 분비되는 액체로 예로부터 어린 동물과 인류에게 중요한 식량이 되었다. 유즙을 생산하는 가축은 소, 양, 말, 면양 등이 있으나 주로 소의 젖인 우유(牛乳, milk)를 이용하였다.

유즙은 어린 포유동물의 신생아에 있어 유일한 식량이며, 발육에 필요한 영양소가 과부족 없이 적절히 들어 있어 단일 식품으로는 완전한 식품에 가깝다. 우리가 먹는 우유는 젖소로부터 착유한 원유를 살균 처리하여 축산물 가공 처리법 규정된 규격에 맞도록 제조된 시유(city milk)이다. 각 성분의 소화흡수도 좋을 뿐만 아니라 일반 식품에서 부족하기 쉬운 칼슘이 풍부하여 칼슘의 공급원으로 좋은 식품이다.

또 우유를 원료로 하여 제조 가공한 아이스크림, 버터, 치즈, 발효유 등의 유제품이 일상생활에서 영양식품으로 애용되고 있다.

1) 우유

(1) 우유의 성상

우유는 유백색의 불투명한 액체이다. 이는 우유의 여러 성분 특히 카세인(casein) 입자와 지방구(脂肪球)가 분산되어 있기 때문이다.

우유는 이용 면이나 성분 내용에 따라 그 명칭이 다르다. 즉 전유(whole)를 원심분리하면 상층부에 유지방을 주성분으로 한 크림(cream)과 하층부에 탈지된 탈지유(skim milk)로 분리된다. 크림은 버터의 제조 원료가 되고 이때 부산물로 버터밀크가 생기는데 이를 유장(milk plasma)이라고도 한다.

한편, 전유나 탈지유에 산 또는 응유효소(renin)를 작용시켜 생성되는 응유물로 커드(curd)라 하며, 커드를 제거한 나머지를 훼이(whey) 또는 유청(milk serum)이라 한다. 훼이에 들어 있는 알부민과 글로불린을 유청 단백질(whey protein)이라 부른다. 커드는 치즈를 만드는 원료로 사용한다.

(2) 우유의 성분

우유의 성분은 수분, 단백질, 지방질, 당질, 무기질 및 비타민 그리고 이밖에 여러 종류의 미량 성분으로 구성되어 있다. 우유 및 유제품의 성분 조성은 표 3-4와 같다.

우유의 단백질은 주로 교질현탁(膠質懸濁, colloidal suspension)으로, 지방질은 유탁(乳濁, emulsion)으로 되어 있으며, 당질과 무기질이 용액(solution)에 들어 있어 우유는 복잡한 유동(流動)액체를 이루고 있다. 일반적으로 우유의 조성에 있어서 수분을 제외한 성분은 전고형분(全固形分, total solid : TS)이다. 전고형분은 유지방과 무지고형분(無脂固形分, solid not fat : SNF)으로 나뉜다.

우유의 전고형분은 약 13%인데 그 중 38%가 유당으로 가장 많이 함유되어 있는 고형분이다.

우유 단백질은 카세인과 유청 단백질(whey protein)로 구분되는데 카세인은 탈지유가 pH 4.6으로 되어 침전된 부분을 말하며, 유청 단백질은 상징액에 남아 있는 부분을 말한다. 우유 단백질 중 카세인태 질소는 78.5%로, 우유 단백질의 주성분은 카세인이라 할 수 있다.

표 3-4 우유 및 유제품의 일반 성분

	수분 (%)	탄수화물		단백질 (g)	지질 (g)	회분 (g)	무기질(mg)			비타민(mg)			
		당질 (g)	섬유 (g)				P	Ca	Fe	A	B_1	B_2	niacin
우유	88.2	4.4	0	3.4	3.4	0.7	85	112	0.1	100	0.03	0.15	0.1
연유	74.1	9.0	0	8.0	7.3	1.6	189	225	0.1	180	0.08	0.46	0.3
분유	2.0	38.2	0	26.4	27.5	5.9	708	909	0.5	1130	0.29	1.46	0.7
요구르트	79.7	18.3	0	0.1	0.1	0.3	-	115	3.7	86	0.22	0.05	1.0
아이스크림	65.3	23.6	0	4.0	6.2	0.9	120	130	0.1	130	0.04	0.20	0.1
버터	17.0	0.2	0	0.5	81.4	1.1	-	71	2.1	2000	0.07	0	0
치즈	43.2	2.8	0.8	21.8	27.8	4.4	613	613	0.6	700	0.06	0.35	0.4

우유의 카세인은 칼슘과 결합된 카세인 칼슘(Ca-caseinate)의 형태로 들어 있으며, 우유가 젖산에 의하여 산도가 0.6~0.7%, pH 5.2~5.3으로 되면, 칼슘은 젖산과 결합하여 젖산 칼슘이 되고 카세인은 유리되어 응고물(curd clot)로서 침전된다.

카세인은 $\alpha, \beta, \kappa, \gamma$ 등 네 종류의 집합체로 되어 있으며 이들의 집합체를 micelle이라 한다. κ-카세인은 카세인 복합체(casein complex)의 15%를 차지하며, 우유에 카세인이 교질현탁으로 분산되어 들어 있게 하는 유지작용의 역할을 한다.

우유를 응고시키는 렌닌(rennin)은 카세인으로부터 κ-카세인을 분리시켜 안정성을 잃게 한다. 즉 이와 같이 κ-카세인이 없어진 것이 파라카세인(paracasein)이며, 이것은 칼슘 이온의 존재하에서 불용성인 파라카세인 칼슘(Ca-paracasein)의 응고물을 형성한다. 이와 같은 현상을 이용하여 치즈를 만든다.

유청 단백질은 전 우유 단백질의 약 20%를 차지하며 가용성 단백질이라고도 한다. 락토알부민(lactoalbumin)과 락토글로불린(lactoglobulin)은 대표적인 유청 단백질로서 약 80%를 차지한다.

초유에는 면역 단백질이 15~25%로 많이 들어 있다. 한편 우유에 들어 있는 비단백태 질소 화합물의 함량은 전 질소량의 약 5%로 요소(urea), 크레아틴, 크레아티닌, 유리 아미노산, 암모니아 등이 들어 있다.

우유의 지방질은 대부분 지방산의 트리글리세리드(triglyceride)인 유지방이 차지하며 미량의 인지질 및 스테롤과 기타 미량의 지용성 비타민 및 유리 지방산이 들어 있다. 지방산은 60~70%가 포화지방산으로 팔미틴산, 스테아린산, 미리스틴산, 부티린산 등이고, 불포화지방산은 25~35%로 올레인산과 리놀레산 등이다.

유지방의 산패(rancid)는 주로 리파아제에 의해 가수분해된 저급 지방산 특히 부티린산에 의해 불쾌한 냄새가 난다.

이밖에 레시틴, 세팔린, 스핑고미엘린(sphingomyeline) 등의 인지질과 세레브로사이드(cérébroside), 콜레스테롤, 에르고스테롤 등도 있다.

우유의 탄수화물은 대부분은 유당이며, 이외에 미량의 포도당, 갈락토오스, 소당류가 들어 있다. 유당은 우유 전고형분의 약 40%를 차지하며, 젖산 발효에 의해 젖산을 생성해서 유산균 음료로 이용한다. 유당에는 α형과 β형의 두 가지가 있는데 그 비율이 2:3

이다. β형은 용해도와 감미도가 커서 유아식품 등의 제조에 이용된다. 또한 유당은 용해도가 낮기 때문에 과포화 용액이 되어 불용상태의 유당이 되므로 특히 아이스크림, 가당연유의 제조 시 큰 결정이 생겨 사상(砂狀, sandiness 또는 lactose glass), 즉 모래 형태의 조직이 되기 쉽다.

비결정성 모래질(lactose glass)형의 유당은 흡수성이 크기 때문에 분유 중에서 유당이 습기를 흡수하여 단백질 입자를 고착시켜 덩어리가 되어 버린다.

무기질은 약 0.7% 내외 들어 있는데 특히 Ca, P, Mg, Cl, Na 등이 많으며, Zn, Cu, I, Fe, F 등도 들어 있다. 특히 Cu와 Fe은 유지방의 산화를 촉매하여 불쾌취를 발생시키는 데 관여하기도 한다. 또한 Ca나 P은 영양 면에서 매우 중요한데 그 비율도 Ca : P(10 : 8~9)로 적절하다.

영양상 필요한 비타민류가 대체로 골고루 들어 있다. 즉, 지용성 비타민으로는 A, D, E, K 등이 있고, 수용성 비타민류로는 B_1, B_2, B_6, 니아신, 비오틴, B_{12}, 폴산(folic acid), 콜린, C 등이 함유되어 있다. C는 가열처리 시에 거의 소멸되며, A는 주로 카로틴에 기인하는데 그 함량은 사료 중의 카로틴량에 좌우된다. 비타민 D는 그 전구체인 에르고스테롤-7-데히드로스테롤 형태로 들어 있다.

우유의 특이한 냄새는 아세톤, 알데히드류, 부티린산, 메틸설피드(methylsulfide) 등 때문이다.

우유의 효소로는 리파아제, 포스파타아제, 프로테아제, 아밀라아제, 락타아제 그리고 리덕타아제(reductase) 등과 같은 산화 환원 효소가 있는데 이들 효소들은 유제품 제조 시 필요한 것도 있으나 대부분 우유의 변질에 작용한다.

크산틴 옥시다아제(xanthin oxidase)는 샤르딘저(Schardinger) 효소라고도 하는데 이 효소는 모유에는 없고, 우유에만 있으므로 모유와 우유를 판별하는 데 이용된다.

2) 유제품

(1) 시유

시유(city milk)는 음용할 수 있도록 처리하여 판매하는 우유를 말하며, 우유 원래의 성상을 가지고 있다. 보통 우유란 젖소로부터 짜낸 우유를 다른 유제품이나 영양소를 넣지 않고, 그냥 살균하여 용기에 넣고 포장해서 판매하는데 이를 시유라고 한다.

시유는 백색우유와 가공우유로 구분된다. 백색우유는 원유를 살균 처리한 일반 우유와 비타민과 무기질을 강화한 강화우유, 환원우유, 유당분해우유, 다이어트용 저지방우유, 균질화 우유, 풍미우유, 탈지유 등이 있다. 가공유에는 초코우유, 바나나우유, 딸기우유, 멜론우유 등이 있다. 근래에는 유지방, 무기질, 비타민, 유산균 등의 성분을 변화시킨 기능성 우유와 저온살균에 의한 고급 우유도 개발되고 있다.

시유 처리공정은 제품의 종류, 살균 방법 등에 따라 차이가 있으나 대체로 이 가운데 균질화와 살균 공정이 중요하다.

균질화는 우유 지방의 부상(浮上)으로 생기는 크림층의 생성을 방지하기 위해 균질화를 한다. 이에 의하여 우유는 점성이 높아지고 풍미가 좋아지며 지방의 소화흡수도 증가한다. 균질화는 50℃ 정도여야 효과적이며, 균질기에서 지방을 압축시켜 지방구를 1.0μ 크기로 균일하게 유지시킨다.

살균은 우유의 병원균과 유해균을 없애기 위한 처리이다. 따라서 우유 성분이 열에 의한 손상을 막기 위해 다음과 같은 살균 방법을 쓰고 있다.

① 저온 살균법(低溫殺菌法, pasteurization) : 62~65℃에서 30분간 가열살균
② 고온 단시간 살균법(高溫短時間殺菌法, high temperature short time pasteurization : HTST법) : 72~75℃에서 약 15초간 가열살균
③ 초고온 살균법(超高溫殺菌法, ultra high temperature heating pasteurization : UHT법) : 132~135℃에서 수 초간(2~3초간) 가열살균

(2) 연유

연유(condensed milk)는 우유의 수분을 증발시킨 유고형분의 함유량이 많은 농축유를 말하는데 설탕의 첨가 여부에 따라 가당연유와 무당연유로 나뉜다.

무당연유는 1/2~2.5로 농축하여 만든 것으로 유고형분 25.5% 이상, 유지방 7.0% 이상이며, 크림이라고도 한다. 주로 우유 또는 커피 크림의 대용으로 쓰인다. 원래 무당연유는 전유(全乳)를 농축한 것이지만 탈지유를 원료로 한 무당탈지 연유도 있는데, 별로 제조하지 않는다. 근래에는 우유, 탈지유, 훼이 등을 농축하여 멸균처리를 하지 않은 여러 종류의 농축유로 제조되며 주로 제과용, 아이스크림용, 기타 식품제조 원료로 쓰이고 있다.

가당연유는 우유에 설탕을 넣고 약 1/2~2.5로 농축한 것으로 유고형분 28% 이상, 유지방 8.0% 이상이며, 제품 중에 40~45%의 설탕이 들어 있고 그 방부력에 의하여 보존성을 갖는 유제품이다.

(3) 분유

분유(dried milk, milk powder)는 용적이 작고, 가벼워 다루기 좋고 보존성이 커서 저장과 수송에 편리한 유제품이다.

분유에는 원료유의 종류에 따라 전유를 건조한 전지분유(whole milk powder), 탈지유를 건조한 탈지분유, 또 가당하여 건조한 가당분유가 있고 유아들에게 필요한 영양소를 넣어 만든 조제분유(modified milk powder) 그리고 복합 조제분유도 있다. 이외에 아이스크림 믹스 분말 등이 있다. 전지분유의 경우 유고형분 95.0% 이상, 유지방 25.0% 이상으로 되어 있다.

분유의 제조는 처음에는 농축하여 얻은 유병(milk dough)을 가열 건조한 다음 분쇄하는 유병식 건조법(dough drying)이 쓰였으나 근래에는 거의 대부분 분무건조(spray drying) 방법으로 제조되고 있어 영양 성분의 손실을 극소화시키고 있다. 전지분유 등은 저장 중에 지방의 산화를 방지하고 또 산화되기 쉬운 비타민 A, C 등의 파괴를 방지하며 저장성을 높이기 위해 질소 가스를 충전하여 봉관(seaming)한다.

(4) 아이스크림

아이스크림(ice cream)은 크림에 설탕, 향료 및 안정제 등을 넣어 섞고 동결시킨 것으로 빙과류(frozen dessert)의 하나이다. 유지방이 주원료이므로 영양가치가 큰 기호식품으로서 특히 후식으로 애용되고 있다.

아이스크림은 제조 원료에 따라 또는 제조 방법에 따라 여러 가지 종류가 있다. 그 대표적인 종류로는 플레인 아이스크림, 샤베트, 아이스밀크, 워터 아이스 등이 있다.

① 플레인 아이스크림(plain icecream)

한 가지 종류의 향료만 넣어 만든 것으로 그 종류는 유지방 8~16%, 무지 고형분 6~12%, 설탕 12~17%, 안정제 0~0.7%로 향료에 따라 가장 흔한 것은 바닐라 아이스크림, 초콜릿 아이스크림, 커피 아이스크림, 박하(mint) 아이스크림 등이 있다.

② 샤베트(sherbet)

유고형분(milk solid)은 5% 내외로 낮게 하고 과즙, 구연산, 주석산 등의 유기산을 넣어 0.3~0.4% 산도를 유지한 후 안정제 등을 넣고 설탕은 30% 정도로 하여 만든 것으로 산미와 감미가 강하다. 그러나 유고형분을 전혀 넣지 않는 것은 아이스 셔벗이라고 한다.

③ 아이스밀크(ice milk)

일반 성상은 플레인 아이스크림과 같으나 유지방 함량이 5% 내외로 낮고 무지고형분은 13%내외로 높은 것이다. 보통 흔히 아이스크림이라 부르고 있으나 이 플레인 아이스크림은 특별 아이스크림이라 불러 구별하기도 한다.

④ 워터아이스(water ice)

물에 설탕, 과즙, 향료 등을 혼합하여 동결한 것이다. 안정제, 착색제, 유기산 등이 첨가된 것으로 아이스 바(ice bar), 아이스케이크(ice cake) 등으로 불린다.

(5) 크림 및 버터

우유를 원심분리 할 때 유지방이 많은 부분을 **크림**이라 하는데, 크림에 함유된 유지방 함량에 따라 종류가 다르다. 크림은 커피용이나 조리용의 소비 외에 버터, 아이스크림, 제과 등의 제조 원료로도 쓰인다. 보통 유지방이 18% 이상인 우유를 말한다.

크림은 지방 함량에 따라 36% 이하인 라이트 크림(light cream)과 36% 이상인 헤비 크림(heavy cream)으로 나뉜다.

버터(butter)는 유지방을 주성분으로 하는 지방 식품이다. 우유에서 분리한 크림을 천천히 교동(chunning)하면 유지방 원형막이 파괴되고, 지방은 결착되어 콩알과 같은 크기의 버터 입자가 된다. 이것을 모아 이겨서 남아 있는 물을 분산시키고 덩이 상태로 만든 것이 버터이다.

버터는 식염 첨가에 따라 1.5~2.0%의 소금을 가한 가염버터(salted butter)와 무염버터로 분류되고, 원료 크림의 발효 유무에 따라 유산 발효시킨 산성 크림버터(sour cream butter)와 발효시키지 않은 감성 크림버터(sweet cream butter)로 분류된다.

가정용으로 소포장되어 판매되는 식용 버터 대부분은 가염 감성 크림버터이며, 발효크림버터는 독특한 방향과 풍미를 지닌 식용 버터의 하나이다. 또 무염 버터는 제과용, 아이스크림 제조용으로 쓰인다.

버터는 품질규격상 유지방 80% 이상, 수분 16.6% 이하로 되어 있다. 그리고 커드는 들어 있지 않은 것이 바람직하다.

버터는 지방이 주성분으로 고열량 식품이며 소화율도 97~98%로 높고, 지용성 비타민 A, D, E, K가 들어 있으며, 특히 비타민 A가 100g당 2,000IU가 들어 있어 매우 풍부하다.

(6) 치즈

치즈(cheese)는 우유에 레닛(rennet, 응유효소) 또는 젖산균을 작용시켜 우유 중의 카세인을 지방과 함께 응고시킨 커드로 그냥 덩이를 만들거나, 또는 가열, 가압 등의 처리를 하여 덩이를 만든 다음 세균, 곰팡이 등을 작용시켜 숙성(ripening)하여 만든 식품이다. 치즈는 원료 생산 농가에서 자가용으로 제조하는 것 외에도 그 원료와 제조법에 따라 수백 종에 이른다.

치즈는 수분 함량과 굳기의 정도에 따라 다음과 같은 종류가 있다.

① 특별 경질 치즈(very hard cheese)

가장 굳은 질의 치즈로서 세균에 의하여 약 1년간 숙성시킨 것으로 수분 함량은 25~30%이다. 분말로 만들어 이용하기 때문에 분쇄 치즈(grating cheese)라고도 한다. 파마산(Parmesan), 로마노(Romano) 등의 제품이 유명하다.

② 경질 치즈(hard cheese)

수분 함량이 30~40%인 굳은 질의 치즈로 세균에 의하여 약 1년간 또는 적어도 5~6개월간 숙성시킨 것이다. 체다(Chedder), 고우다(Gouda) 등과 같이 가스구멍(eye)이 없는 것과 스위스(Swiss), 엠멘탈(Emmenthal) 등과 같이 가스 구멍이 있는 것이 있다.

③ 반경질 치즈(semi hard cheese)

경질 치즈와 연질 치즈의 중간으로 38~45%의 수분을 가지고 있다. 종류에 따라 세균에 의해 숙성되는 것과 곰팡이에 의해 숙성되는 두 가지가 있으며, 5~6주부터 5~6개월간 숙성시킨다.

④ 연질 치즈(soft cheese)

수분 함량이 40~60%로 질이 연하며, 세균 또는 곰팡이 등으로 짧은 기간 동안 숙성시킨 것이나 코티이지(Cottage) 등 전혀 숙성되지 않는 것도 있으며, 이들의 보존성은 극히 낮아서 제조 후 단시일 내에 소비해야 한다.

⑤ 특수 치즈

제조 원료 및 제조법이 일반 치즈와 다르다. 여기에는 두 가지 이상의 천연 치즈를 원료로 한 가공 치즈(natural cheese), 훈연을 한 훈연 치즈(process cheese), 특유한 향신료를 섞어 넣은 향미 치즈(spiced cheese) 등이 있다.

치즈는 단백질과 지방질이 주성분이지만 회분도 비교적 많이 들어 있다. 대체로 단백질과 지방질이 원유의 약 열 배정도 농축된 것과 같으며 또 단백질은 숙성에 의하여 소화되기 쉬운 수용성으로 되어 있다. 그리고 비타민 A와 칼슘도 풍부하다. 따라서 치즈는 풍미가 우수한 기호식품인 동시에 영양가도 풍부한 식품이다.

(7) 발효유

발효유(fermented milk)는 우유에 젖산균을 배양하여 발효시켜 제조되는 액상 또는 반겔상의 젖산음료이다. 젖산균의 번식에 의하여 유해균과 병원균의 발육이 억제되어 방부성이 있고 보존성이 있어 안전할 뿐만 아니라 장내에서 소화흡수가 잘되며, 또한 장에 이상발효를 일으키는 유해균의 발육을 막아 주는 정장작용을 한다.

발효 제조에 있어 먼저 필요한 것은 젖산균의 순수배양이다. 원 균주로부터 시작하여 균의 증식으로 균수를 증가시키면서 차차 배양액 양을 증대시켜 나아가는데, 이 목적을 위해 쓰이는 젖산균의 순수 배양물을 스타터(starter)라고 한다.

발효유 제조 시에 쓰이는 스타터용 젖산균으로, 실온에서 배양하여 젖산의 배양을 목적으로 할 때는 Streptococcus cremoris와 S. lactis가 쓰이고, 고온에서는 S. acidophilus, S. thermophilus가 쓰인다. 보다 많은 젖산 생성을 필요로 할 때는 Lactobacillus bulgaricus가 적당하며, 젖산과 같은 향기를 내기 위해서는 우유에 구연산을 작용시켜 디아세틸 초산(diacetyl acetic acid), 알코올 등을 생성하는 Leuconstoc citrovorum, S. diacetilactis등을 섞어 쓴다.

발효유의 종류는 다음과 같다.

① 요구르트

요구르트(yoghurt)는 아주 오래전부터 제조되어 온 발효유로, 진한 젤리상의 응고유이므로 상쾌한 산미가 있다. 요구르트는 살아 있는 젖산균을 그대로 먹는 것이다. 액상, 건조형, 각종 과실 요구르트, 냉동 요구르트 등 그 제조 방법, 성분 및 원료, 첨가물 등에 따라 매우 다양한 종류가 있다.

한편 젖산 이외에 알코올분이 들어 있는 알코올 발효유가 있는데 이를 유주(milk wine)라고도 하며 다음과 같이 케휘어와 쿠미스가 있다.

② 케휘어(kefir)

코카서스 지방에서 제조해 오던 발효유로 우유 이외에 산양유, 면양유 등을 원료로 하여 제조하기도 한다. 그러나 원래는 산양피(皮)로 만든 용기에서 발효시킨다. 이 제품은 1% 산도와 1% 알코올을 함유한다.

③ 쿠미스(koumis)

시베리아 지방에서 마유(馬乳)를 원료로 하여 제조하는 발효유이다. 마유에는 유당이 많이 들어 있어 알코올 발효에 적당하다. 유럽에서는 탈지유에 젖당 또는 훼이를 넣어 만든다.

3. 알류

알[卵]류로는 달걀, 오리알, 메추리알 등이 있으나, 일반적으로 알이라 하면 달걀을 일컫는다. 알류의 성분 조성은 표 3-5과 같다.

표 3-5 달걀의 일반 성분

	수분 (%)	열량 (kcal)	탄수화물		단백질 (g)	지질 (g)	회분 (g)	무기질(mg)			비타민(mg)			
			당질 (g)	섬유 (g)				P	Ca	Fe	A (R.E)	B1	B2	niacin
달걀(전란)	74.9	158	-	0	12.5	10.7	1.0	240	89	2.0	159	0.06	0.42	0.1
난백	88.9	45	-	0	10.2	0.1	0.8	12	10	0.1	0	0.02	0.80	0.1
난황	49.4	377	-	0	16.2	32.6	1.8	612	149	6.5	557	0.28	0.40	0.1
메추리알	78.6	166	-	0	12.4	11.8	1.1	229	58	4.2	456	0.14	0.70	0.1
오리알	70.8	191	-	0	13.0	13.9	1.3	240	60	2.6	331	0.15	0.49	0.1

1) 달걀의 구조

달걀은 난각(卵殼), 난각막(膜), 난백(卵白), 난황(卵黄)으로 되어 있다. 난각(egg shell)은 난각막과 밀착되어 있으며, 이것을 합친 중량은 달걀 중량의 8~11%를 차지한다.

산란 직후 난각 표면에는 수정관에서 분비된 점액이 건조된 큐티클(cuticle)이 있다. 난각의 두께는 270~350㎛이며 1㎠당 100~300개의 세공이 있는 다공질(多孔質)이다.

난각막(egg shell menbrane)은 내외의 두 층으로 되어 서로 밀착되어 있으나 둔단부(large end)에서는 서로 떨어져 공간을 이루어 기실(氣室, air cell)이 된다. 내외 난각막은 다같이 섬유구조로 되어 있다.

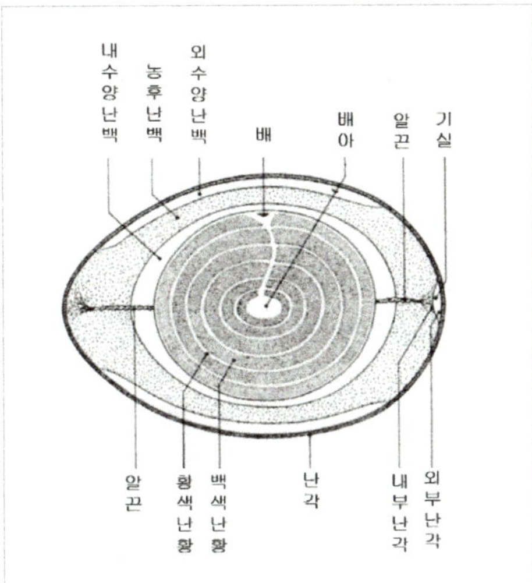

그림 3-3 달걀의 구조

난백(egg white, albumin)은 외수양 난백(outer thin albumin), 농후난백(thick albumin) 및 내수양 난백(inner thin albumin)의 삼층으로 구성되어 있으며, 다시 난황을 둘러싼 농후 난백(chalaziferous)은 양단에서 난색(알끈, cha-laze)을 이룬다. 신선란에 있어서 농후 난백은 50~60%를 차지한다.

난황(yolk)은 30~33%를 차지하며, 난황막에 싸여 있다. 난황의 상반구표면 중심부에는 지름 2~3㎜ 크기의 배반(germdisc)이 있으며, 하부는 난황 중심부를 향하여 유백색 액상의 라테브라(latebra)가 된다. 즉, 난황은 라테브라를 중심으로 하여 황색 난황과 백색 난황의 층을 이룬다.

우리나라에서는 달걀을 중량에 따라 특란(61g 이상), 대란(55~60g), 중란(48~54g), 소란(42~54g), 경란(41g 이하)으로 구분하고 있다.

달걀의 품질을 판정하는 신선도 측정 방법은 다음과 같다.

① 외관

신선란은 난각 표면이 거칠고 선명하다. 일반적으로 광택이 있는 것은 신선하지 못하다.

② 할란(割卵)검사

알을 깨뜨려 내용물을 유리판에 쏟아 놓고, 외관, 냄새 등을 검사하고, 난백과 난황의 질을 측정한다.

난황계수(yolk index) = 난황의 높이 / 난황의 지름

③ 진음법(振音法)

귀 가까이에서 흔들어 진동음이 들리면 신선하지 않다. 신선란은 그 내용이 치밀하여 흔들어도 이동성이 없다.

④ 설감법(舌感法)

신선란은 내용물의 이동이 없어 둔단부에만 기실이 있어 혀끝에 대면 따뜻한 감촉을 느끼는 반면, 기실이 없는 예단부에서는 냉감을 느끼게 된다.

⑤ 비중법(比重法)

오래된 달걀의 경우 비중이 낮으므로 소금물에 달걀을 띄어 보고, 신선란을 관정한다.

⑥ 투시법(透視法)

암실에서 투광 검란기(candler)를 사용해서 달걀 내부를 투시하여 주로 기실의 크기, 혈액, 육점 등의 이물, 난각의 파손, 난각의 수양화 그리고 이에 따른 난황의 이동성 등을 검사한다.

2) 달걀의 성분

달걀은 식품 중 영양소가 풍부하고 가장 균형화되어 있는 영양식품일 뿐만 아니라 팽창, 증착(蒸着), 유화, 결착(結着), 연화(軟化), 보수(保水), 향미와 빛깔을 부여하는

그림 3-4 여러 가지 알들과 오리알

기능적 특성을 가지고 있어 식품가공에 있어 첨가재료로 사용되고 있다.

난각은 탄산칼슘 96.4%, 탄산마그네슘 1.5%, 인산칼슘 0.18% 등으로 주로 칼슘염으로 구성되어 있다. 난각막의 주성분은 단백질과 당질이며 단백질에는 시스틴이 많이 들어 있다. 난각과 접하는 부분에는 당단백질로 되어 있다.

난백 단백질은 난백 고형물의 90% 이상을 차지하며 중요한 단백질만 요약해 보면 다음과 같다.

① 오브알부민

오브알부민(ovalbumin)은 난백의 주요 단백질로 약 54%를 차지한다. 인단백질의 하나이며, 열에 의해 쉽게 응고한다.

② 콘알부민

콘아부민(conalbumin)은 난백 단백질의 12~13%를 차지하며, 당단백질의 하나이다. 열에 대해 불안정하며, 철분, 구리, 아연, 알루미늄 등의 금속이온과 결합되면 열안정성이 커진다.

③ 오보뮤코이드

오보뮤코이드(ovomucoid)는 당단백질로서 난단백질의 약 11%를 차지하며 열에 대한 응고성이 없고 트립신 작용을 저해하는 트립신 억제제이다.

④ 오보글로불린

오보글로불린(ovoglobulin)은 난단백질의 8.0~8.9%를 차지하며, 기포성이 커서 우수한 포립제(泡立劑)로 알려져 있다.

⑤ 라이소자임

라이소자임(lysozyme)은 난단백질의 3.3~3.5%를 차지하며, 특정한 세균에 대해 용균작용(溶菌作用)이 있다.

⑥ 오보뮤신

오보뮤신(ovomucin)은 당단백질로서 난단백질의 1.5~2.9%를 차지하며, 콜로이드상으로 분산도어 있어 난백의 섬유구조의 주체를 이룬다. 난백의 수양화(thinning)는 오보뮤코이드의 겔(gel)상 부분이 졸(sol)상으로 변화하는 데 기여한다. 오보뮤코이드는 라이소자임과 상호작용하여 농후난백을 유지하나 탄산가스 발산으로 pH가 상승함에 따라 라이소자임과 상호작용이 약화되어 불용성인 오보뮤코이드 라이소자임 복합체의 결합을 만들어 수양화가 이루어진다.

⑦ 아비딘

아비딘(avidin)은 난백 단백질에 0.05% 정도로 극소량 들어 있다. 비오틴과 결합하는 성질이 있어 비오틴 흡수를 방해하는 작용을 한다.

⑧ 플라보프로테인

플라보프로테인(flavoprotein)은 약 0.8% 함유되어 있으며, 오보뮤신과 유사한 당단백질이다. 리보플라빈(riboflavin)과 특이적으로 결합된 것은 자외선에 대해서 안정성이 있다.

난백 중의 지방질 함량은 0.1% 이하로 극소량이다. 산란 후 오래될수록 난황 지질이 난황막을 투과하여 난백 중으로 이동하므로 그 함량은 저장기간에 비례하여 증가한다.

난백 중의 탄수화물은 포도당을 비롯하여 과당, 만노스, 펜토스 등의 당으로 오보뮤코이드, 오보뮤신, 오보알부민 등의 단백질과 결합되어 있다.

난백의 무기질 성분으로는 유황, 인외에 나트륨, 염소, 마그네슘 등 많은 종류의 성분이 미량 들어 있다. 유황은 대부분 메티오닌, 시스틴 등 함황 단백질로 되어 있고 인은 오브알부민과 인단백질 또는 인지질의 형태로 되어 있다.

특히 유황은 영양적 가치 이외에 달걀의 조리가공에 있어서 외관과 풍미 등에 영향을 미친다. 난백 중의 황화수소(H_2S)는 삶은 달걀의 난백과 난황 사이에 흑갈색의 원인이 되고, 또한 불쾌취를 내게 한다. 난백 pH가 높아지면 시스테인 등 함황 단백질이 분해되어 황화수소가 발생한다.

난황막은 대부분 무신, 케라틴(keratin), 콜라겐(collagen) 그리고 라이소자임 등의 단백질로 되어 있고, 지방질 3%, 당질 7%가 들어 있다.

난황은 고형분이 약 50%로 높으며, 단백질 16%, 지방질 32%, 무기질 2%, 탄수화물 1%로 구성되어 있다.

난황 단백질은 인단백질이 지방질과 결합된 리포프로테인(lipoprotein)으로 이중 리포비텔린[lipovitellin(43~44%)], 리포비텔리닌[lipovitellinin(30~31%)], 포스비틴[phosvitin(10%)], 리베틴[livetin(14~15%)]으로 조성되어 있다.

난황의 지방질은 난황 고형분의 60% 이상을 차지하며 대부분이 단백질과 결합되어 있다. 이중 약 30%는 인지방질이며 3%는 불검화물이다. 인지방질로는 레시틴과 세팔린으로 각각 58%, 42%가 들어 있다. 불검화물의 약 90%가 콜레스테롤이다. 지방산은 대부분 올레인산과 팔미틴산이지만, 사료에 리놀레산, 리놀렌산 등을 급여하면 이들의 함량이 증가한다.

난황 중의 탄수화물은 주로 포도당으로서 리베틴, 비텔린에 각각 4%, 2% 들어 있다. 이들 당단백질에는 갈락토오스, 펜토스, 글루코사민(glucosamine) 등도 들어 있다.

난황의 무기 성분은 인지질, 인단백질의 함량이 크므로 인의 함량이 크며, 유황은 대부분 메티오닌, 시스테인으로 존재한다. 이외에 칼슘, 염소, 나트륨, 마그네슘, 철 등이 있는데 철은 황화수소와 결합하여 황화철을 형성하여 가열에 의한 변색(흑갈색)의 원인이 된다.

난황 중에는 지용성 비타민인 A, D가 많이 들어 있고, 이들은 사료로부터 공급된다. 리보플라빈, 티아민(thiamin)도 난백보다 많이 들어 있고, 비타민 E도 비교적 풍부하다. 이외에 K, B_{12}, 비오틴, 니아신 등도 들어 있지만 C는 들어 있지 않다.

난황의 색소는 카로티노이드로서 주로 크산토필(xanthophyll)로 그 조성은 루테인(lutein)이 63~76%이다. 이것은 비타민 A의 전구체로 비타민 A의 기능을 한다.

난황에는 아밀라아제, 카탈라아제, 포스파타아제 등이 있는데 활성은 극히 낮으며, 리파아제, 레시티나아제 등도 있고, 펩티다아제와 같은 단백질 분해효소도 있다.

달걀은 우유와 같이 단일 식품으로서 최고의 영양 가치가 있다고 할 수 있다. 즉, 필수아미노산 함량이 높고, 특히 메티오닌, 시스틴 등 함황아미노산 함량이 다른 식품에 비하여 많아 단백질 생물가는 94~97이다.

지방질은 유화성이 강하여 소화흡수가 잘 된다. 철은 가열에 의한 영향을 받지 않고, 흡수가 잘되어 100% 가까이 혈색소의 합성에 이용되며, 따라서 난황은 철의 좋은 급원이 된다.

난황은 날것도 소화율이 높지만 난백은 가열에 의해 소화율이 증진된다. 즉, 생난백은 오보뮤코이드에 의한 앤티트립신(antitrypsin) 작용(trypsin 저해), 아비딘의 엔티비오틴(antibiotin)작용 그리고 세균의 침입 등이 있을 수 있으므로 가열함으로써 저해인자를 불활성시킬 수 있을 뿐만 아니라 균을 살균하는 효과도 있으므로 달걀은 반숙 또는 완숙한 것을 먹는 것이 바람직하다.

신선한 난백의 pH는 7.5~8.0 이지만 저장 중에 탄산가스가 방출되어 pH가 증가하여 난백이 수양화가 된다. 난백은 가열하면 60℃ 전후, 난황은 65℃ 전후에서 겔화되며 어느 것이나 70℃ 이상에서 유동성을 잃고 겔화되지만 고화되는 데는 80℃ 이상 필요하다.

난황과 난백은 열응고성 이외에 산, 알칼리, 염류, 방사선 등에 의해 변성하여 응고한다.

달걀의 물리적 특성 중 가장 중요한 것은 유화성, 포립성이다. 난백, 난황 모두 유화성이 있지만 난황이 훨씬 강하고, 포립성은 난백이 더 강하다. 이와 같은 달걀의 성질을 이용하여 마요네즈나 케이크를 만든다.

요즈음 달걀의 콜레스테롤이 동맥경화 및 고혈압, 이에 따른 심장병과 관련이 있다고 하여 주목받고 있는데 난황 1개분(약 21~23g)에는 250㎎이 들어 있어, 같은 중량의 타식품(소, 돼지고기 23㎎)에 비해 많이 들어 있다. 그러나 인체 내에서 콜레스테롤은 주로 뇌, 신경세포 형성, 성호르몬의 합성, 부신의 각종 스테로이드계 호르몬의 합성, 피부에 있어서 비타민 D의 합성 등에 필요한 중요한 성분이다.

체내에서 필요한 콜레스테롤의 약 20~30%는 식품으로 공급되나 70~80%는 간, 소장 등에서 합성되며, 한편 유리 콜레스테롤은 간과 소장에서 콜레스테롤 산화 대사물로부터 담즙산으로 되어 소장에서 분변을 통해 배설된다. 따라서 체내 콜레스테롤의 70~80%가 체내에서 합성되므로 혈관 내벽에 축적되어 동맥경화의 원인이 되고 있는 콜레스테롤은 식품 중의 함량을 제한하기보다는 체내에서의 이상합성인자인 포화지방산을 제거하는 것이 더 중요하다.

보통 건강한 성인의 경우 하루에 달걀 두세 개의 섭취는 별 문제가 없는 것으로 보고 되고 있다. 그리고 동맥경화 예방제로 쓰이는 인지질인 레시틴 등이 달걀 중에 많이 들어 있어 달걀 지방질은 유해하다고 할 수 없다.

난황 단백질은 소화율이 97% 이상으로 높고 가열에 의하여 영향이 없으며, 지방질의 소화율도 98%로 높다. 달걀은 비타민 C 이외에 모든 비타민이 풍부하게 들어 있다.

달걀의 영양적 가치를 요약해 보면 달걀 한 개의 단백질은 평균 6.5g 들어 있는데 이것은 우유 200g, 치즈 25g, 쇠고기 35g, 식빵 100g에 해당되고, 열량으로는 우유 135g, 치즈 20g, 쇠고기 50g, 식빵 32g에 해당된다.

3) 난제품

달걀은 대부분 식란으로 소비되지만 저장성을 높이고, 수송에 편의를 위해 그리고 가공의 부재료로 사용하기 위해 난제품을 만들어 이용하고 있다.

(1) 건조란

건조전란(dried whole egg solid)은 난백과 난황을 혼합하여 분무 건조한 것으로 제과용 케이크 믹스(cake mix) 등의 원료로 쓰인다.

이밖에 건조난백과 건조난황이 있다. 건조전란과 난황을 가열건조 시 환원당과 단백질에 의한 갈변이 문제되지 않으나, 난백을 그냥 건조하면 저장 중에 환원당과 단백질이 반응하여 갈변되고, 용해도가 저하된다. 따라서 건조 시의 난백은 제당처리를 하여야 한다.

난액의 건조에는 주로 분무건조기를 이용하여 처리하는데 건조난백은 박막건조법을 주로 사용하고 있다.

(2) 마요네즈

마요네즈(myonaise)는 난황의 유화력을 이용한 대표적인 가공품이다. 주원료는 제품 중 60% 식물성 식용류이며, 난황은 10~15%, 이밖에 식초, 향신료, 조미료 등을 첨가하여 유화시킨 일종의 소스류이다. 가정에서도 비교적 간단하게 만들 수 있다.

그 배합의 예는 다음과 같다.

난황 1개(18g), 식초 1큰술(15g), 식용유 1컵(100g)이 주재료의 표준 배합이다. 마요네즈는 원료 배합이 같더라도 혼합, 교반방법, 원료의 혼합순서 등에 따라 품질에 차이가 있다. 교반은 혼합기(mixer)로 하나, 완전히 유화시키려면 균질기(homogenizer)로 균질화하여야 완전한 제품을 얻을 수 있다.

(3) 피단

피단(pidan)은 난각 외부에 조미료, 향신료 등을 가해 알의 내용물에 침투시켜 만든 것으로 원래 중국에서 오리알을 이용하여 만들기 시작한 것이나, 근래에는 달걀을 이용하고 있다.

제조법은 여러 방법이 있으나 대체로 소석회 20, 초목회 30, 탄산소다 5, 소금 4, 물 40의 비율로 한 혼합액 속에 담가서 알칼리 화하여 내용물을 응고시킨 것으로, 다시 난각 표면에 진흙을 발라 밀폐시켜 수개월 숙성시킨다.

숙성에 의해 알칼리와 염분이 균일하게 분포되고 단백질과 지방질 등 응고된 내용물이 분해하여 암모니아와 황화수소(H_2S) 등에 의해 특이한 풍미를 내고, 색은 암자색 또는 암녹색을 나타낸다. 보통 15~20℃의 비교적 낮은 온도에서 장기간 저장하는 것이 온화한 풍미를 내는 양질(良質)의 것이 된다.

4) 오리알, 메추리알

달걀 이외에 식용하는 알류는 오리알과 메추리알을 주로 많이 이용하고 있다.

오리알(duck's egg)은 달걀보다 크며 그 성상 및 성분 조성은 달걀과 유사하나, 지방질이 달걀보다 다소 많으며, 인과 칼슘의 함량은 약간 적게 들어 있다. 아미노산 조성에 있어서 달걀에는 아르기닌과 리신이 많으나 오리에는 히스티딘이 다소 많은 것이 특징이라 할 수 있다.

산란용 오리에는 인디언 러너종(indian runner)과 카키캠벨(khaki campbell)종이 있는데 알의 무게는 70~75g이다.

메추리알(quail's egg)의 난각은 엷은 녹백색과 흑갈색의 반점을 나타내는 것이 특색이라 할 수 있다. 그리고 무게가 평균 11~12g으로 달걀보다 훨씬 작지만 그 성상과 성분 조성은 달걀과 유사하나 단백질과 지방질을 달걀보다 다소 많이 함유하고 있다. 메추리알의 난황은 인화합물 중 레시틴의 화합물이 달걀보다 많다.

4. 벌꿀

꿀(honey)은 벌에 의해 생산된 감미 재료로서 오랜 옛날부터 애용되어 왔다. 벌을 기르는 것을 양봉(養蜂, apiculture)이라 하며, 꿀 생산 이외에 밀랍(蜜蠟, bee wax)을 생산하고, 꽃가루의 수정으로 농업에도 기여한다. 우리나라는 국토 면적의 약 70%가 임야이므로 천연 밀원이 풍부하여 기후 조건이 좋아 양봉에 적합하다.

밀원 식물(honey plant)이란 꽃 꿀과 꽃가루를 분비하여 벌의 식량이 되는 식물을 말한다.

꿀은 약 80% 이상의 당질을 함유하고 있고, 그 대부분이 과당과 포도당으로 형성된 감미제로서 단맛이 강하며, 비타민 B군을 함유하고 있다. 흡습성이 있어 빵에 사용하면 건조를 억제하고 갈변을 일으키므로 특히 가정용 제빵에 쓰인다. 또 과실에 첨가하기도 하고, 물이나 우유 등에 타서 먹거나, 발효시켜 알코올 음료, 과자, 화장품, 약품의 제조 원료로 쓰이고 있다. 특히 살균력이 있고, 구충효과와 항출혈성효능이 있어 의약용으로 이용되기도 한다.

벌의 유충기의 먹이로 왕유(royal jelly)가 있는데 이는 신비로운 성분으로 이것을 먹는 벌이 여왕벌이 된다. 따라서 로열젤리의 성분은 영양적 가치 이외의 특유한 성분이 들어 있는 신비한 성분이라 할 수 있다.

꿀은 저장하는 동안 흡습하고 효모가 작용하면 발효되면 갈변이 일어난다. 따라서 살균하고 밀봉하여 냉장고에 보관하는 것이 바람직하다.

꽃의 종류에 따라 아카시아꿀, 유채꿀, 밤꿀 등이 있고 두 종류 이상의 밀원으로부터 얻은 꿀을 섞은 혼합꿀과 인공재료로 모조한 인조꿀 등이 있다.

04 수산식품 재료

수산식품은 바다, 강, 못 등의 물속에서 나는 동물성, 식물성 식품으로 어류, 조개류, 연체동물, 극피동물, 해조류, 기타 수산식품 등이 있다.

최근에는 고급 어종에 대한 수요가 크게 증가하고 수산식품이 저지방 고단백질의 건강식 식품뿐만 아니라 장수식품으로 인식되면서 수요가 증가하고 있다.

특히 등푸른 생선에 많이 함유되어 있는 EPA(eicosapetaenoic acid)와 DHA(docosahexaenoic acid)가 혈전이나 동맥경화의 예방효과뿐만 아니라 혈압강화, 혈관확장, 혈중 콜레스테롤 저하, 치매 예방 및 두뇌를 좋게 하는 작용 등이 있는 것으로 밝혀져 성인병 예방 차원에서 어류에 대한 관심이 높아지고 있다.

1. 어류

1) 어육의 성상

어류는 머리, 몸통, 꼬리의 세 부분으로 구성되어 있고 몸의 모양은 방추형이며, 어종에 따라 독특한 형태를 나타내고 있다.

가식부는 주로 근육이며, 등뼈의 양쪽에 붙어 있다. 등쪽의 고기는 두꺼우나 배쪽은 얇아서 내장을 둘러싸고 있다. 등쪽과 배쪽 고기의 경계부위에 있는 어두운 적색 부분을 혈합육(dark meat · red meat)이라 한다.

어피(魚皮)의 조직은 가축류에 비하여 연약하다. 고등어를 체축(體軸)에 대하여 직각 방향으로 절단한 면을 보면 표피(epidermis), 진피(dermis), 색소 세포층이 있고, 그 밑에 피하 지방층, 혈압육 세포층, 보통육 세포층이 있다. 표피에는 점액을 분비하는 점액선(mucous gland)이 분포되어 있으며, 진피로부터는 석회질이 침적하여

된 비늘(scale)이 형성되어 있다.

어류는 그 육색에 따라 적색육 어류와 백색육 어류로 나누어진다. 가다랑어, 방어, 고등어, 정어리 등은 적색육 어류에 속하고, 도미, 넙치, 가자미, 조기, 대구 등은 백색육 어류에 속한다. 적색육 어류는 운동성이 강한 회유성 어종에 많고, 백색육 어류는 운동성이 약한 정착성 어류에 많다.

암갈색의 진한 육색 부분을 혈합육이라고 하는 데 이것은 어류의 특유한 근육으로서 백색육과는 성분 면에서나 생리적으로 많은 차이점을 가지고 있다. 즉, 혈합육은 백색육에 비하여 수분, 총질소, 비단백태 질소가 다소 적은 반면 지방질이 많은 것이 특징이다. 또한 혈합육에는 미오글로빈, 시토크롬과 같은 색소 단백질이 많이 들어 있고, 결체 조직과 비타민류 및 각종 효소군이 더 풍부하다.

2) 어육의 변화

어류 및 조개류의 사후변화(postmortem change)는 해당과정(glycolysis) → 사후경직(rigor mortis) → 해경(海警) → 자기소화(autolysis) → 부패(putrefaction)의 과정을 거치면서 변패하게 된다. 이러한 변화는 식육류의 변화와 같으므로 이 부분은 고기의 사후의 변화를 참조하기 바란다. 좀더 요약하여 설명하면, 동물의 사후에는 글리코겐의 현기적 분해에 의해 젖산이 생성되어 pH가 저하되는데, 이러한 과정을 혐기적 분해에 의한 해당작용이라 한다.

어패류가 죽은 후 수 분~수 시간이 지나면 어육의 투명간이 떨어지고 근육이 수축하여 어류가 굳게 되는데 이러한 현상을 사후경직이라 한다. 사후경직의 주요인은 혐기적 분해에 의한 해당작용으로 ATP가 소실되기 때문이다. 즉 ATP가 존재할 때는 액토미오신(actomyosin)의 중합 또는 해리에 따라 근육은 수축, 이완하지만 ATP가 소실되면 액토미오신의 해리는 억제되고, 신장성을 잃어서 수축하게 된다.

경직된 근육은 일정한 시간이 경과하면 부드럽게 되는데 이 현상을 해경(解硬)이라 한다. 이는 수축한 근섬유의 상태변화가 그 원인인 것으로 생각하고 있다. 즉, 조직내 단백질 분해 효소에 의해 근육의 소화가 일어나는데 이를 자기소화라 한다.

자기소화에 관여하는 분해효소는 근육은 물론 간, 신장 등 내장기관에도 널리 분포되어 있다. 이 분해효소는 일반적으로 카텝신(cathepsin)이라 하며 이것은 단일 성분이 아니고 펩신과 유사한 성질을 가진 카텝신 I, 트립신에 가까운 카텝신 II, 아미노 펩티다아제의 일종인 카텝신 III, 카르복시펩티다아제(carboxypeptidase)의 일종인 카텝신 IV, 키모트립신(cymotrypsin)과 우사한 카텝신 V 등이 알려져 있다. 이들 효소에 의한 자기소화는 pH 4.5일 때 왕성하다.

일반적으로 자기소화 작용이나 미생물의 작용에 의하여 신선도가 떨어지는 과정을 선도 저하라 하며, 미생물에 의해 좋지 못한 생성물이 생기면서 악변을 일으키는 과정을 부패라고 한다.

단백질의 분해에 의해 생성된 아미노산은 세균의 아미노산 분해효소에 의해 분해되어 암모니아, 탄산가스를 비롯하여 각 아미노산에 대응하는 아민류, 유기산류가 생성되어 부패취, 자극취, 신맛의 원인이 된다.

어패류의 선도 판정법으로는 관능적 방법, 세균학적 방법, 물리화학적 방법 등이 있으나 5감에 의하면 간편, 신속하여 선도를 판정할 수 있는 관능적 방법이 주로 채택되고 있으며 그 방법은 다음과 같다.

① 어체의 경도

어획 직후의 어류는 탄력이 있어 머리 부분을 쥐고 어체를 그대로 세워 보면 형태가 살아있는 것처럼 보인다. 그러나 시간이 경과할수록 어육이 물러지므로 어체를 수평으로 세워도 축 늘어지는데 이것은 좋지 못하다.

② 어피와 어육

신선한 어류의 피부는 광택이 있으나 시간이 지나면 변색 또는 퇴색된다. 어체 표면의 점액은 처음에는 투명하나 선도가 떨어짐에 따라 진득진득해지고 황갈색으로 변화한다. 신선한 어육은 투명감이 있고, 비늘이 단단히 붙어 있으며 빼를 발라내기 힘들다.

③ 안구

눈이 투명하고 정상 위치에 있는 것은 선도가 양호한 것이다. 안구의 선도가 떨어짐에 따라 혼탁해지고, 내부로 침하되어 탈락한 것은 좋지 못하다.

④ 아가미

신선한 어류의 아가미는 도적색(挑赤色) 또는 선홍색(鮮紅色)을 띄나 선도가 떨어진 것은 퇴색하여 회색 또는 회녹색으로 변한다.

⑤ 냄새

어획 직후의 해수취를 가지고 있어 거의 냄새가 없지만 선도가 떨어지면 불쾌한 비린내가 난다.

3) 어육의 성분

어육의 일반적인 조성은 대략 수분 70~80%, 단백질 15~22%, 지방질 1~10%, 탄수화물 0.1~1%, 회분 1~2%로 되어 있다(표 4-1).

어류의 수분은 적색육 어류보다 백색육 어류에 많고 지방질은 적색육 어류가 백색육 어류보다 많다. 따라서 어육의 지방질 함량과 수분량은 역상관 관계가 있어 지방량이 증가하면 수분이 감소하여 이들 두 성분의 합은 80% 정도가 된다.

어육의 수분은 70~80%로 축육보다 다소 많은 편이다. 어육 단백질은 식육에 비하여 근형질 단백질은 크게 차이는 없지만 근원섬유 단백질이 많고, 기질 단백질은 적다. 즉, 어육 단백질의 약 70%는 근원섬유 단백질이고, 25%는 근형질 단백질이며 기질 단백질은 3%에 불과하다.

근육 단백질은 보통 물에 잘 녹는 근장 또는 근형질 단백질과 염류 용액에 녹는 구조 또는 근원섬유 단백질 및 불용성인 기질 단백질로 나뉜다. 근장 단백질로는 미오겐(myo-gen), 미오알부민(myoalbumin), 글로불린(globulin), 액틴, 미오신(myosin), 트로포미오신(tropomyosin)이 있다. 기질 단백질의 주성분은 콜라겐, 엘라스틴이다.

콜라겐은 결합조직, 진피조직, 혈관 등에 분포하고, 엘라스틴은 주로 탄성섬유를 구

표 4-1 어류의 성분 조성

	수분 (%)	열량 (kcal)	탄수화물		단백질 (g)	지질 (g)	회분 (g)	무기질(mg)					비타민(mg)				
			당질 (g)	섬유 (g)				P	Ca	Fe	Na	K	A	B_1	B_2	niacin	C
고등어	68.1	183	0	0	20.2	10.4	1.3	232	26	1.6	75	310	22	0.18	0.46	8.2	1
청어	70.6	219	0.3	0	19.3	14.5	1.3	225	87	2.3	118	290	64	0.03	0.25	6.3	1
꽁치	70.5	165	0.1	0	19.5	8.7	1.2	234	54	1.8	80	150	20	0.02	0.28	6.4	1
정어리	69.2	171	0.2	0	20.0	9.1	1.5	224	94	1.9	108	451	20	0.03	0.35	8.1	1
멸치	74.8	114	0.2	0	17.7	4.1	3.2	421	509	2.9	240	370	36	0.04	0.20	8.8	1
조기	78.7	93	0	0	18.3	1.7	1.3	175	26	0.9	155	380	8	0.05	0.21	8.9	1
갈치	72.7	149	0.1	0	18.5	7.5	1.2	191	46	1.1	100	260	19	0.13	0.11	4.4	1
대구	80.5	80	0.2	0	17.6	0.5	1.2	197	64	0.6	119	420	22	0.12	0.16	2.4	1
임연수어	70.3	166	0.1	0	19.6	8.8	1.2	231	35	0.9	98	272	22	0.12	0.1	3.7	0
아귀	83.6	68	0.3	0	14.4	0.6	1.1	182	16	1.1	150	282	24	0.03	0.13	4.2	0
명태	80.3	80	0	0	17.5	0.7	1.5	202	109	1.5	132	293	16	0.04	0.13	2.3	0
복어	78.7	89	0.1	0	18.8	1.0	1.3	200	57	1.0	152	340	0	0.06	0.13	4.1	0
가다랭이	70.3	127	0.3	0	25.9	1.8	1.7	282	15	1.8	44	410	11	0.21	0.17	15.3	1
동태	79.0	103	0.1	0	14.6	4.4	1.9	286	233	1.5	97	340	17	0.04	0.13	5.9	0
뱀장어	67.1	223	0.3	0	14.4	17.1	1.1	193	157	1.6	61	236	981	0.06	0.48	4.5	1
잉어	76.9	128	0.3	0	17.5	5.6	1.3	225	50	1.4	39	300	1	0.35	0.12	3.3	1
미꾸라지	78.6	96	0.2	0	16.2	2.8	2.2	437	736	8.0	76	261	177	0.10	0.65	7.9	2
메기	78.4	114	0.1	0	15.1	5.3	1.1	190	26	0.8	41	282	45	0.20	0.07	2.3	1
붕어	78.9	94	0.1	0	18.1	1.8	1.1	193	56	2.4	31	345	6	0.31	0.15	2.6	1

성한다. 결체조직 중 콜라겐과 엘라스틴은 4:1 비율로 들어있다. 어육을 끓인 국물이 투명한 젤리상으로 굳는 것은 콜라겐이 젤라틴으로 변화되었기 때문이다.

아미노산 조성은 어류의 종류에 따라 다르지만 대부분 필수아미노산을 함유하고 있으며, 쌀을 주식으로 하는 사람에게 부족하기 쉬운 리신이 풍부하게 들어 있다. 비단백질로서 크레아틴, 푸린, 콜린 염기, 이노신산 등이 들어 있다.

지방질은 어류의 피하조직, 장간막, 간장, 췌장 등에 비교적 많이 분포되어 있다. 가다랑어, 고등어, 정어리, 등의 적색육 어류는 근육에 다량의 지방질을 함유하고 있는 반면에 대구, 상어, 오징어 등의 백색육 어류는 간장이 커서 이곳에 다량의 지방질을 축적하여 함유하고 있다.

어육은 축적 지방질과 조직 지방질로 나누어지는데 축적 지방질은 피하조직의 장간막 등에 분포되어 있고 주성분은 중성 지방질이다. 조직 지방질은 근육세포, 뇌, 생식선 등에 들어 있는 것으로 주성분인 인지질, 콜레스테롤, 납(wax), 알코올, 탄화수소 등이다.

어유의 주요 구성 지방산은 미리스트산, 팔미틴산, 팔미트올레인산, 스테아린산, 올레인산, 아라키돈산, EPA(eicosapentaenoic acid, $C_{20:5}$), DHA(docosahexaenoic acid, $C_{22:6}$) 등이다. 특히 식물류나 육상 동물에 없는 고도 불포화지방산인 아라키돈산, EPA, DHA, 클루파노돈산(clupanodonic acid), 니시닌산(nisinic acid)과 같은 이중결합이 네 개 또는 그 이상을 가지고 있는 지방산을 함유하고 있는 것이 특징이라 할 수 있다.

근래에 등이 푸른 생선이 성인병 예방에 효과가 있다는 사실이 밝혀지고 있는데, 이는 어유 중의 EPA 지방산이 혈중의 콜레스테롤 저하의 효과에 관여하기 때문이다. 특히 어류를 많이 먹는 에스키모인들이 순환기계(심장병, 고혈압, 동맥경화 등)에 의한 사망이 거의 없는 것으로 보고되고, 이를 확인할 수 있다. 또한 DHA는 뇌세포의 구성성분으로 어린이의 두뇌 발달과 노인의 치매 예방에도 효과적이라 할 수 있다.

납(wax)은 향유고래, 돌고래 등의 뇌유(腦油)에 많이 들어 있고, 구성 알코올은 세틸 알코올, 스테아릴 알코올 등이 들어 있다.

탄수화물은 근육 중에 소량의 유리당인 포도당, 리보오스, 그리고 글리코겐이 존재하는데 어종에 따라 달라서 회유성 어류는 대략 1%, 바다 밑바닥에 사는 운동 범위가 좁은 저서성(低棲性) 어류는 대략 0.6%가 들어 있다. 글리코겐은 해당 작용으로 인해 대부분 젖산으로 변화한다.

무기질은 1.0~2.0% 가량 들어 있는데 주로 인과 황이 많고, 나트륨, 칼륨, 마그네슘, 구리, 요오드 등은 약간 들어 있다. 비타민은 A, B_1, B_2, 니아신, D, E를 함유하고 있는데 어패류의 부위에 따라 다르며, 비타민 A는 어유와 간유에 많다.

어패류를 물로 추출하여 용출하는 물질을 엑기스(extractives, 진액) 성분이라 한다. 이들 성분은 유리 아미노산, 저분자 펩타이드, 뉴클레오티드(nucleotide) 등의 질소 화합물 및 저분자 탄수화물이며, 어패류의 맛과 밀접한 관계가 있다. 대부분의 엑기스 성분 중 유리 아미노산은 단백질을 구성하는 아미노산이지만, 타우린(taurine)과 β-알라닌은 단백질을 구성하지 않는 아미노산이다. 적색육에는 히스티딘 아미노산이 많고, 백색육 어류에는 글리신, 알라닌 등이 많다.

TMAO(trimethylamine oxide : $(CH_3)_3NO$)는 약간 단맛이 있으며 생체 내에서 암모니아의 해독물질로, 또는 요소(urea)와 함께 삼투압 조절물질로 이용되는데, 이 물질은 해수어 특히 상어, 가오리에 많으며, 담수어에는 거의 들어 있지 않다.

TMAO는 환원세균이나 글루타티온(glutathione)에 의해 쉽게 환원되어 TMA(trimethylamine, $(CH_3)_3N$)로 되어 생선 비린내의 주성분이 된다. TMA는 선도가 떨어지면서 그 함량이 증가하기 때문에 선도의 지표로 삼고 있다.

$$\text{TMO} \xrightarrow[\text{글루타티온 또는 환원세균}]{\text{환원}} \text{TMA}$$

어육에서 가장 많이 발견되는 유기산은 젖산이며, 이외에 피부르산(pyruvic acid), 사과산, 구연산, 푸마르산(fumaric acid) 등이다.

정미(呈味) 성분으로 독특한 감칠맛(旨味)을 내는 것은 아미노산으로 글루탐산, 글리신, 알라닌, 프롤린(proline) 등이다. 이 성분에는 강한 단맛이 있어 함량이 많은 새우, 오징어, 조개류 등의 맛에 영향을 미치고 있다. 특히 마른 오징어의 흰 가루분은 단맛을 내는 베타인(betaine)이며, 오징어, 문어, 굴, 전복 등에도 맛을 내는 타우린(tau-rine)이 많다.

뉴클레오티드는 어육의 근육 등에 많이 들어 있는데 이 성분은 맛을 내는 성분이다. 어패류 조직 중에서 아데노신 뉴클레오티드인 ATP(adenosine triphoshpate)의 변화를 보면 ATP → ADP → AMP → IMP → 이노신 → 히포크산틴(hypoxan-thine)의 분해 경로를 취하는데, 근육에는 IMP(inosine monophosphate)가 축적되어 맛을 낸다.

어육의 색소는 육색소인 미오글로빈, 카로티노이드 및 혈색소인 헤모글로빈 등이다. 적색육은 시토크롬이 대부분이고 연어, 송어 등의 육색소는 카로티노이드이다. 갈색이나 흑색으로 보이는 색소는 주로 멜라닌이며, 붉은색인 아스타크산틴(astaxanthin), 황색은 루테인, 타라크산틴(taraxanthin), 제아크산틴(zeaxanthin)이다. 특히 갈치 비늘에 있는 은빛 색소는 구아닌(guanine)이다.

담수어 냄새의 주체는 피페리딘(piperidine)계 화합물이며, 실제로 피페리딘과 아세트알데히드(acetaldehyde)가 섞이면 신선한 냇물 고기의 냄새가 난다. 어체의 점박에 있는 δ-아미노발레르산(aminovaleric acid)에서는 강한 비린내가 난다.

해수어의 선도가 저하되면 TMAO의 환원에 의해서 생기는 TMA, 암모니아, 인돌, 스케이톨, 메틸 메르캅탄, H_2S 등에 의해 특유한 불쾌취가 난다. 이들은 염기성 물질이므로 초산 등을 첨가하여 산성화시키면 냄새를 약하게 할 수 있다. 이밖에 개미산, 아크릴산(acrylic acid), 프로피온산(propionic acid), 부티르산(butyric), 크로톤산(crotonic acid), 발레르산(valeric acid) 등은 어류가 산화 분해되어 생성되는 선도가 저하한 불쾌취의 성분이다.

4) 해수어의 종류

(1) 참다랑어(참치)류

다랑어류는 외양성(外洋性) 회유어로서 적도를 중심으로 한 남북 아열대 해역에 널리 분포되어 있다. 종류로는 참다랑어(bluefin tuna, Thunnus thynnus orientalis), 황다랑어(yellowfin tuna, Neothunnus albacora), 눈다랑어(big eye tuna, Parathunnus sibi), 날다랑어(long-finned tuna, Thunnus alalunga) 등이 있다.

다랑어류의 색은 종류에 따라 다르나 참다랑어는 다소 색소를 띤 농청색 또는 농적색, 눈다랑어와 황다랑어는 분홍색, 날다랑어는 백색에 가까운 담홍색을 띤다.

참다랑어 살은 단단하고 날다랑어 살은 부드럽다. 붉은 살은 주로 미오글로빈에 기인한다.

가장 비싼 것은 참다랑어로 일명 참치로 알려져 있으며, 길이 150~250cm, 체중이 150~400kg에 달한다. 참다랑어는 고급 횟감으로 특히 배가 부분의 지육이 으뜸이며, 초밥 재료로 쓰이고, 눈 부위의 살은 DHA 함량이 많다.

가장 제맛을 내는 시기로는 참다랭이는 겨울, 황다랭이는 여름에서 가을, 눈다랭이는 늦봄이다 참다랭이는 고급횟감으로서 특히 지육은 으뜸으로 꼽히고 초밥에 재료로도 이용된다.

눈다랑어와 황다랑어는 참다랑어의 대용으로 쓰이고, 날다랑어 통조림은 바다 닭고기(sea chicken)라 하여 널리 애용하고 있다.

그림 4-1 참치와 참치살

(2) 대구(Cadus morrhua macrocephalus)

대구(gray cod)는 우리나라 동해와 서해 그리고 오호츠크해 등에 분포되어 있는 한해성 어종으로 가장 많이 잡히는 생선으로 수심 150m 내외에서 살고 있다. 명태와 비슷하나 몸체가 대형으로 75cm 정도에 이른다.

산란기는 겨울철이며, 연안으로 회유한다. 우리나라 대구는 등쪽은 회갈색이고, 배쪽은 희며, 등지느러미와 옆구리에는 갈색 반점이 흐트러져 있다.

대구는 겨울철에 맛이 가장 좋고 간장에는 지방질과 비타민 A, D가 많이 들어 있어 간유를 원료로 한 의약품으로 이용하고 있다. 건제품, 염장품, 대구알젓 그리고 어육 연제품의 원료로 쓰이기도 한다.

(3) 명태(Theragra chalcogramma)

명태(alaska pollack)는 함경도, 강원도, 경북 등의 동해안 연해, 베링해, 북해도 해역에 많이 분포되어 있으며, 대구와 비슷하지만 몸체가 가늘고 길며 옆구리에 두 줄의 흑갈색 띠가 있다.

산란기는 강원도 11월부터, 함경북도 2~3월경으로 이때 어획한 것은 알이 차있어 상품 가치가 매우 높다. 명태의 알은 명란젓으로 애용되고 있으며, 명태는 그 맛이 담백하여 말린 것은 북어, 냉동한 것은 동태라 하며, 우리나라에서 많이 소비되고 있는 어류이다. 특히 명태를 동결 건조한 것을 황태라 하여 맛과 식감이 우수하여 널리 애용되고 있다.

그림 4-2 명태알과 명태, 명태 말린 것

(4) 가다랑어류

가다랑어(bonito, skip zack)는 몸통이 전형적인 방추형으로 등쪽은 암청 자색, 복부는 은백색이며 옆구리는 4~10줄의 흑색띠가 있고, 주둥이는 뾰족하며 꼬리자루는 가늘고 강하다. 몸체 길이는 1m, 체중은 25*kg* 정도이며 우리나라 남해와 제주도 연해 및 일본 홋카이도에 걸쳐 서식한다.

가다랑어와 비슷한 종류로는 점다랑어(마다래 : yaito), 몽치다래(marumejika), 물치다래(frigate markrel) 등이 있다. 이 가운데 가다랑어가 가장 맛이 좋으며, 어육의 수분 함량이 식육과 거의 비슷한 70% 내외로 적고 단백질이 많으며 지방질이 적어서 어포의 좋은 원료가 된다. 일본에서는 조미료로 사용하기 위해 만든 '가쓰오부시'가 널리 애용되고 있다.

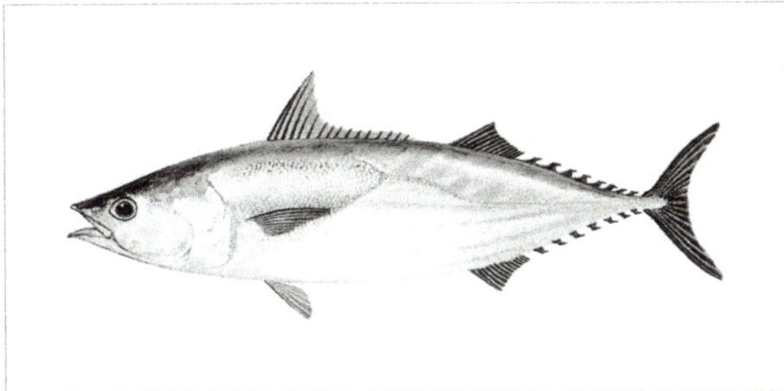

그림 4-3 가다랑어

(5) 새치류

새치류는 열대 해역을 중심으로 한 따뜻한 바다에 분포되어 있으며, 그 종류로는 청새치(striped marlin: Makaira itsukurii), 녹새치(blue marlin: Makaira mazara), 황새치(sword fish: Xiphias gladius), 돛새치(sail fish, Histiophorus orientalis) 등이 있다. 분류학상 참치에 속하는 것도 있으나, 대부분은 붉은 살 어류라기보다는 중간색으로 담홍색이다.

일반적으로 새치류는 주둥이가 뾰족하고, 몸체는 대형으로 3.5~4m에 달하는 것도 있지만 돛새치는 소형이다. 등은 흑청색, 배는 은백색인 것이 많다. 청새치, 돛새치는 몸 옆구리에 청색 무늬가 있다. 새치류는 회, 구이, 어육 햄소시지의 원료 등으로 쓰이며, 횟감으로는 황새치가 가장 좋다.

(6) 가자미류

몸통이 대체로 납작하고 눈은 오른쪽에 몰려 있고, 눈이 없는 쪽은 백색, 눈이 있는 쪽은 갈색 계통의 색을 띤다. 체장이 30~40㎝로, 우리나라 전 연해에 분포되어 있다.

그림 4-4 가자미

가자미류(flounders)에는 돌가자미, 호수가자미, 각시가자미, 감성가자미, 점가자미, 참가자미, 기름가자미, 눈가자미, 문치가자미, 줄가자미, 갈가자미 등이 있다.

가자미류는 맛이 좋은 것도 있지만 육질은 그다지 좋지 않다. 참가자미는 회, 구이, 찜 등으로 쓰이며, 돌가자미는 맛이 좋아 횟감으로 많이 쓰인다.

(7) 고등어류

고등어(meckerel)류에는 참고등어(chub markerel, Pneumatophorus Japonicus)와 깨고등어(Pneumatophorus Japonicus Tapeinocephalus)가 있으며. 몸은 방추형으로 등쪽이 녹색, 배쪽이 은백색이며 전체 길이는 40㎝ 정도로 우리나라 동서남해 전 해역 그리고 대만, 중국, 만주 연해에 분포되어 있다.

고등어는 혈압육이 18% 정도로 많이 들어 있어, 보통육보다 미오글로빈과 지방이 많이 들어 있어 특유한 냄새를 가지고 있다. 맛이 좋은 시기는 가을에서 겨울철로 지방 함량이 15% 정도일 때이다. 조림, 구이, 기타 통조림 등으로 쓰이며 대부분 쉽게 부패되므로 대부분 염장하여 이용하고 있다.

그림 4-5 고등어

(8) 꽁치(Clollabis saira)

꽁치(pacific saury)는 대표적인 붉은 살 어육으로 진한 적색이며 혈압육의 비율이 높다. 붉은 살 고기는 흰살 고기보다 훨씬 산성(pH 5.5~6)이고, 연제품의 탄력이 되는 섬유상 단백질인 액토미오신이 사후에 신속히 탄력을 잃기 때문에 탄력이 있는 제품을 만들 수 없어 어육 연제품의 재료로 이용되지 못한다.

몸이 가늘고 길며, 등쪽이 검은 청색, 배쪽이 흰색, 길이 30㎝인 냉수성 어류로서 우리나라 동서남부 연해에 널리 분포되어 있다.

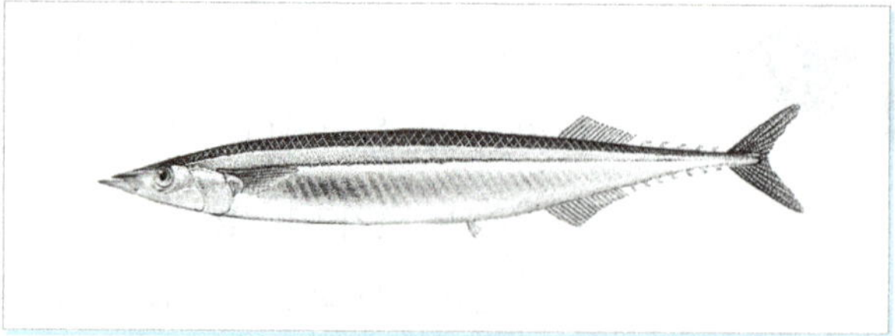

그림 4-6 꽁치

가장 맛 좋은 시기는 10월경으로 이 때는 지방함량이 많다(20%). 산란이 끝나는 12월 경의 것은 지방함량이 적으며(5%)

맛이 좋지 않다.

조림과 구이로 주로 이용되고, 통조림, 사료용 어분(魚粉) 그리고 참치잡이 먹이로 쓰인다.

(9) 멸치(Engraulis japonica)

멸치(anchovy)는 우리나라 전 연안과 일본, 중국 연안에 분포되어 있으며, 우리나라의 중요한 수산자원의 하나이다. 몸통은 길고 원통형이며, 등쪽은 암청색, 배는 은백색이며, 건조품 중 전장 77㎜ 이상을 대멸, 76~46㎜를 소멸, 30~16㎜를 자멸, 15㎜ 이하를 세멸치라 한다. 지방 함량(2~20%)은 계절에 따라 달라서 1~3월에 가장 적고, 10~11월에 가장 많다.

멸치는 칼슘과 인이 비교적 풍부하여 멸치젓과 건멸치로 많이 애용되고 있는데 전남 여수와 추자도산이 유명하다.

(10) 넙치

그림 4-7 넙치

넙치(bastard halibuts)는 우리나라 전 연안과 사할린, 일본 및 중국 연안에 분포되어 있고, 몸통은 긴 타원형으로 눈은 왼쪽에 있다. 눈에는 갈색 바탕에 유백색 반점이 산재해 있고 눈이 없는 쪽(반대쪽)은 백색이며, 길이는 30~60㎝정도이다. 넙치는 광어로 알려져 있으며, 겨울에 특히 즐겨 먹는 횟감으로 많이 애용하고 있다.

(11) 농어

농어(common sea bass)는 근해어로서 우리나라, 중국, 일본 각 연안에 널리 분포하고 있으며, 몸이 가늘고 길며 등쪽이 회청록색, 복부는 은백색이고 길이가 90㎝ 정도이다. 겨울철에 민물과 바닷물이 섞이는 하류에 와서 산란한다. 맛이 가장 좋은 시기는 여름철이며 맛이 담백한 흰살 물고기로 횟감, 구이, 튀김 등에 쓰인다.

(12) 도루묵

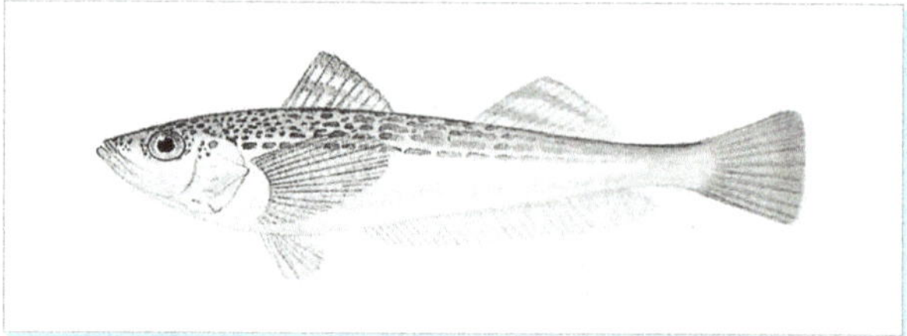

그림 4-8 도루묵

도루묵(sand fish)은 우리나라 동해 연안에 많이 분포되어 있으며 몸의 길이는 15~25㎝로 등쪽은 황갈색, 옆과 배쪽은 은백색이다. 늦가을에서 이른 겨울철에 맛이 좋고, 살을 하얗고 단단하며 맛이 담백하여 구이, 조림, 찌개 등으로 이용된다. 어란은 다른 종류보다 크고 씹을 때 탄력이 있는 것이 특이하다.

(13) 돔류

돔(sea bream)류는 종류가 많지만 중요한 것은 참돔(common sea bream), 감성돔(black sea bream), 붉돔(crismon sea bream), 황돔(yellow sea bream) 등이 있다.

참돔은 우리나라 전 연해, 일본, 동남 중국해, 하와이 부근의 연해에 많이 분포되어 있다. 참돔은 적색에 녹색 광택이 나며 등쪽은 청록색의 반점이 있고, 길이는 90㎝ 정도로 그 채색과 체형 등의 외관이 좋을 뿐만 아니라 맛도 좋아 생선 구이 등으로 애용되고 있다.

그림 4-9 방어

(14) 방어

방어(yellow tail)는 온대어로서 우리나라 동해와 남해에 널리 분포되어 있다. 3월 초순부터 한여름까지 북상해 회유하며, 늦여름부터 이듬해 봄에 이르는 사이에 남하 회유한다. 방어는 긴 방추형으로 등쪽은 청록색, 배쪽은 은백색, 몸길이는 1m이다.

방어는 맛이 좋은 고급 어종으로 가장 맛이 좋은 시기는 겨울철이며 횟감으로 많이 쓰이고, 염장육이나 건어물로도 이용된다.

(15) 복어

우리나라에서 발견되는 **복어**(swell fish)는 약 18종이 알려져 있으며 그 중 검복은 우리나라 중남부 전 연안(부산, 포항), 자지복은 우리나라 전 연안(청진, 부산, 제주, 인천, 진남포)에 분포하며 매리복은 동서남 연안(청진, 부산), 까칠복은 동해 연안과 두만강 하구에서 남부 연해, 까치복은 서남 연안(부산, 진남포), 밀복은 동남 연해에 분포되어 있다. 몸통 길이는 자지복이 70cm, 검복이 47cm, 까칠복이 40cm, 밀복이 36cm, 매리복이 34cm 전후로 30~70cm이다. 자지복의 몸은 회갈색, 복부는 백색이며, 김복은 길모양은 자지복과 비슷하고, 등쪽이 흑갈색, 복부가 백색이다.

복어류에서 주의 해야하는 것은 독성 물질인 tetrodo toxin으로 가열조리 하여도 분해되지 않으므로 그 취급에 유의해야 한다. 알, 즉 난소, 고환, 간장, 표피 등에 들어 있으며 그 중 알 부위에 가장 많다. 본래 근육에는 독이 없으나 알 부위와 간장에서 독소가 불완전하게 제거되어 근육에 들어갈 경우 오염이 될 수 있다. 특히 계절에 따라 독성의 차이가 있는데 산란기 수개월 동안은 주의하여야 한다. 중독 증상은 운동신경 마비, 호흡곤란 등이며, 호흡마비로 사망하는 경우가 있다. 따라서 사전에 독성분을 제거하는 것이 중요하다. 먼저 외피를 소금으로 문질러서 씻은 후 배를 갈라서 상하지 않게 내장을 꺼낸 다음 뼈의 관절이나 살 양끝에 칼질을 하여 혈액을 완전히 빼낸 다음 잘 씻어서 사용한다.

복어는 단백질이 보통 어육과 같이 18% 내외로 비슷하나 지방이 0.4% 내외로 적어 맛이 담백하여 복지리, 복매운탕 또는 횟감으로 쓰인다.

(16) 상어류

상어류(sharks)는 긴 방추형으로 몸길이는 보통 2~3m이고 등쪽은 회색 내지 암청색이며 복부는 백색이다. 우리나라 남해와 북양에서 남양에 걸쳐 널리 분포한다.

상어류는 별상어, 백상어, 악상어, 가래상어, 돌묵상어, 수염상어, 꼬리기름상어 등 그 종류가 많다. 별상어와 악상어는 비교적 맛이 좋아 요리에 주로 이용되고 있다. 그러나 상어류는 다른 어육과는 달리 근육 내에 약 2% 정도의 요소(urea)를 함유하고 있어 이것이 세균에 의해 분해되면 암모니아가 생성되어 악취가 난다.

상어는 주로 어육 연제품에 쓰이거나 간유는 의약품의 원료로 쓰이기도 하는데 간유 중에는 탄화수소류인 스쿠알렌(squalene)이 들어 있다. 이 물질은 심해어(深海漁)에 있어서 유효한 에너지원으로 알려져 있다.

그림 4-10 상어와 상어지느러미 요리

(17) 숭어(Mugil ccephalus)

숭어(gray millet)는 숭어과에 속하며 우리나라 전 연해와 하구에 분포되어 있으며, 태평양, 대서양 등의 온대와 열대 해역에 걸쳐 널리 분포되어 있다. 크기에 따라 10cm 내외의 것은 동어, 30cm 내외의 것을 모쟁이, 45cm 내외의 것을 숭어, 70cm 내외의 것을 대다리, 80cm 내외의 것을 뚝다리 등으로 부른다. 등쪽은 회청색, 복부는 은백색, 길이는 70cm 정도이다.

4월경에는 바다의 얕은 곳에서, 7~8월경에는 강에서 주로 지내는데 넓은 모래밭에

몸을 담그고 산다. 진흙 속의 유기물이나 각종 조류를 먹이로 먹고 산다.

여름에 맛이 좋고 특유의 향이 있다. 숭어는 구이, 조림 등에 주로 이용되고 특히 숭어 알젓은 술안주로 쓰인다.

(18) 연어 및 송어

연어(salmon, chun : Oncorhynchus keta)는 한해성 어종으로 민물에서 산란하고 바다에서 성장한다. 9월에서 이듬해 1월 산란기에 하천으로 올라와서 하천 바닥의 모래에 구멍을 뚫고 산란한다.

연어는 송어와 비슷하나 체폭이 좁고, 등쪽은 남회색, 배쪽은 은백색이고, 몸체의 길이는 70cm 정도이다. 우리나라에서는 주로 동해안 연안에 살고 있다.

어육은 홍색을 띠는데, 이 색은 다른 어육의 색과 달리 카로티노이드계의 색소인 아스타크산틴으로 가열조리 시에도 변화하지 않고 그 색이 그대로 유지된다.

연어는 훈제구이, 훈제육, 튀김, 횟감으로 쓰이고 있다.

송어류는 곱사송어(pink salmon : Oncorhynchus gorbuscha)와 홍송어(red salmon, Oncorhynchus nerka) 등이 있는데 일반적으로 연어에 비하여 눈알과 비늘이 조금 작은 편이고 성분 조성과 용도는 연어와 비슷하다.

(19) 임연수어

임연수어(atka mackerel)는 이면수라고도 불리며, 한해성 어종으로 몸빛은 황색 또는 회청색 바탕에 다섯줄의 흑색 세로띠가 있고, 몸체 길이는 45cm 정도이다.

우리나라 동해 연안과 북부해역에 널리 분포되어 있다. 주로 구이, 조림, 튀김 등이나 횟감, 어육 연제품으로 쓰이기도 한다.

(19) 전갱이류

전갱이(jack mackerel)는 일명 아지라고 불리며 온대성 어족으로 몸길이는 40cm, 등쪽은 암청색, 배는 은백색이다. 그 종류로는 줄전갱이, 민전갱이, 가라지, 청전갱이, 실전갱이 등이 있다.

우리나라 전 연안에 많이 분포되어 있고, 신선한 것은 맛이 좋으나 선도가 떨어지면 맛이 급속히 떨어지는데 이는 효소에 의해 급속히 분해되기 때문이다.

어육의 맛은 아미노산류, 이노신산, 글루탐산, 프롤린, 글리신, 알라닌 등 때문이다. 구이, 조림 등에 이용되고, 통조림의 원료로 쓰이기도 한다.

(20) 정어리(Sardinops melanosticta)

정어리(sardine, pilchard)는 청어과에 속하는데, 멸치의 형태와 비슷하다. 몸길이가 20~ 25㎝이다. 등은 암청색, 배는 은백색으로 몸 양편에 일곱 개의 검은 반점이 있다.

우리나라 동해 연안에 많이 분포되어 있으며 지방 함량이 계절에 따라 큰 차이가 있다. 즉 가을부터 겨울까지는 15~17%에 달하는데 반하여 봄과 여름에는 2~4%로 떨어져, 가을부터 겨울에 이르는 시기에 어획한 것이 지방이 풍부하여 맛이 좋다. 채유(採油)하여 기름의 원료로 많이 이용하고 있다.

(21) 조기류

조기(corvenia)류는 참조기(황조기, yellow corvenia), 흑조기, 보구치(white corvenia) 등이 있다. 그 대표적인 것이 참조기로 색은 회색을 띤 황금색, 입 부위는 홍색, 몸체 길이는 30㎝ 정도이다. 우리나라 서남해 연안과 황해도 연평도에 이르는 해역에 분포되어 있으며, 생선, 굴비, 젓갈 등으로 이용되고 있다. 특히 우리나라 고유의 염건품인 굴비로 많이 애용되고 있는데, 염장방법은 비늘, 아가미, 내장 등을 제거하지 않고 어획한 그대로, 조기 무게의 17~25% 정도의 소금을 뿌려 염장한 조기를 건조하여 수분 함량 10% 정도인 굴비로 만든다. 전남 영광군 법성포산 굴비가 제일 굵고 맛이 좋아 가장 유명한 굴비로 알려져 있다.

보구치는 몸의 형태가 참조기와 비슷하지만 색이 백색이며 꼬리지느러미가 참빗 모양을 하고 있다. 흑조기는 우리나라 다도해 이남에서 중국해에 걸쳐 분포되어 있는데, 돔이나 민어와 비슷하며, 몸체 길이는 참조기와 보구치보다 다소 큰 38㎝ 정도이다.

(22) 가오리류

가오리(skate ray)류는 우리나라 서남해, 중국 연해, 인도양에 걸쳐 분포되어 있으며 홍어, 노랑가오리, 쥐가오리 등이 있다. 몸길이는 60~100㎝에 이르며 몸체는 5각형, 색은 흑갈색으로 배쪽은 담황색이며 가장자리는 짙은 황색을 띤다. 특히 삭힌 홍어회는 톡 쏘는 자극취와 맛으로 애용되고 있으며, 삶아서 먹기도 한다.

(23) 쥐치

쥐치(file fish)는 남해안과 동남아시아 해역에 널리 분포되어 있고 몸체 길이는 8~18㎝이다. 몸체의 형태는 둥글며 옆으로 납작하고 청색 내지는 자색을 띠고 있다. 가장 맛있을 때는 2~5월이다. 주로 압착하여 건조시켜 쥐포로 쓰이거나 어분으로 만들어 사료로 이용하기도 한다.

(24) 청어(Clupea pallasi)

청어(herring)는 경상북도 이북의 동해안, 북해도, 북양, 북아메리카의 태평양 연안에 널리 분포되어 있는 한해성 어종이며 몸의 형태는 정어리와 비슷하나 몸체 높이가 좀 크고 등지느러미가 곧바로 위쪽에 붙어 있어 쉽게 구별할 수 있다. 담흑색의 푸른빛을 띠고 배쪽은 은백색으로 몸체 길이가 35㎝ 정도이다.

청어는 산란하기 전의 봄 청어가 가장 맛이 좋다. 주로 생선으로 이용하며, 염장품, 건제품, 훈제품 등으로 가공하기도 하고 특히 청어알은 맛이 좋아 애용되고 있다.

(25) 갈치(Trichiurus haumela)

우리나라 서남 해안 그리고 인도양, 홍해, 대서양 등에 널리 분포되어 있는 난해성 어종이며 갈치과에 속한다. 먼 바다로 회유하는 원해성으로 8~9월경에 산란하기 위해 근해 얕은 곳으로 이동하여 온다.

몸통 길이가 길어서 1.5m 전후이고, 꼬리 쪽은 띠모양으로 길며, 끝이 긴 끈 모양과 같다. 비늘은 없고 몸빛은 은백색이다. 가장 맛있는 시기는 여름철이며 체표면에 덮고 있는 은분(銀粉)은 유기 염기인 구아닌으로 선도가 좋은 것은 벗겨져 있지 않으나 오래된 것은 벗겨진 부분이 많다. 주로 조림, 구이, 튀김 등으로 이용되며 어육 연제품의 원료로 쓰이기도 한다.

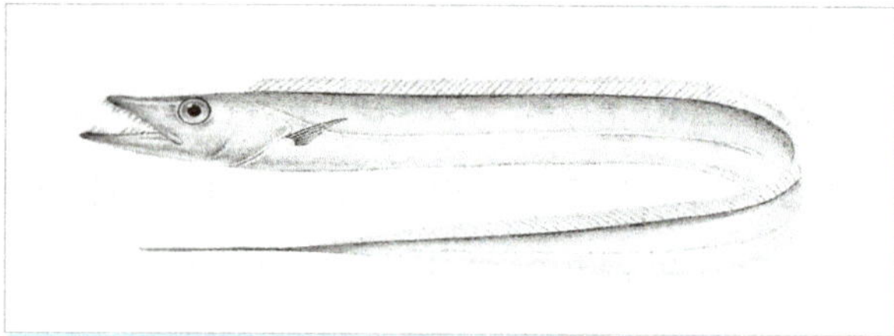

그림 4-11 갈치

5) 담수어의 종류

담수어(淡水魚)는 민물에 사는 물고기를 총칭한 것으로 잉어, 붕어, 메기, 쏘가리, 뱀장어, 미꾸라지 등이 있다. 회로 먹을 경우 간디스토마에 감염될 수 있으므로 각별히 유의해야 하므로 생식보다는 탕이나 찜요리로 이용한다.

(1) 잉어(cyprinus carpio)

잉어(carp)는 중앙아시아가 원산지로 호수, 하천, 늪 등에서 서식하며, 우리나라 전역에 분포되어 있는 대표적인 담수어이다. 몸체 길이는 50~60cm이나, 100cm 이상인 것도 있다. 암회색이고, 주둥이 주변에 네 개의 큰 수염이 있다. 어육은 주로 횟감이나 탕류 등으로 이용된다.

(2) 붕어(carassius carussius)

붕어(crucian carp)는 잉어과의 물고기로 개울, 못 그리고 물이 고인 곳에는 어느 곳에나 널리 분포되어 있으며, 중국이 원산지로 알려져 있다. 몸체 길이가 10~15cm로 폭이 넓고 머리는 뾰족하며, 주둥이는 둥글고 수염이 없다. 등은 푸른 갈색, 배쪽은 누르스름한 은백색이다.

붕어의 종류는 다양하며 큰 것일수록 뼈의 강도가 강하므로 식용하기에 불편할 때가 있다. 회, 조림, 구이, 탕류 등으로 이용된다.

(3) 메기(Parasilurus asotus)

메기(scate fish)는 하천, 호수, 늪 등지에 널리 분포되어 있고 몸체 길이는 50cm 정도이나 큰 것은 1m에 이르는 것도 있다. 머리는 넓적하고 입은 몹시 크며 네 개의 긴 수염이 있다. 몸에는 비늘이 없고 미끈미끈한 점액이 있다. 맛이 매우 담백하며, 겨울에서 봄에 이르는 시기에 맛이 좋다. 주로 매운탕으로 애용하고 있다.

(4) 뱀장어

뱀장어(eel)는 참장어과에 속하며, 강의 상류로부터 하구에 걸쳐 널리 분포되어 있으며, 큰 것은 가을철이 되면 바다로 나간다. 몸체의 길이는 60cm 정도이며, 뒤쪽이 측편하여 뱀과 비슷하다. 피하에는 잔비늘이 있으나 배지느러미는 없으며, 눈은 작다. 등은 암갈색이고, 밑면은 은백색이다. 지방질이 16% 내외로 어류 중 가장 많으며 특히 비타민 A가 풍부하며, 영양도 많고 맛도 좋아 장어구이로 애용하고 있다.

(5) 미꾸라지(Misguruns anguillicaudatus)

미꾸라지(추어(鰍魚), loach)는 논, 개천 등의 흙바닥 속에 살며, 번식력이 왕성하다. 우리나라 서남부에 흐르는 하천수계와 그 유역을 비롯하여 거의 전국적으로 분포되어 있다. 몸체 길이가 15cm 정도로 가늘며 길고 피부에서 점액을 분비하기 때문에 미끄럽다. 등은 암녹색에 검은 점이 산재해 있으며, 입 주위에 십여 개의 긴 수염이 있다. 진흙탕 속에 살기 때문에 흙냄새가 나므로 맑은 물에 오랫동안 담가 두고 냄새를 제거한 후 조리하는 것이 좋다.

겨울에는 진흙 깊숙이 파고 들어가서 동면하므로 말라서 맛이 없지만 봄부터는 살이 오르고 여름에 알을 배게 되므로 이때가 가장 맛이 좋다. 주로 추어탕으로 쓰이고 있다.

(6) 쏘가리(Salanx microdon)

쏘가리(mandarin fish)는 우리나라 한강, 압록강, 서해와 남부 연해로 흐르는 강의 중류와 상류에 분포되어 있다. 농어과에 속하며, 몸체 길이가 40~50cm이며, 머리는 길고, 입은 크며 머리와 등에 보라, 회색의 무늬가 고운 금린상(錦鱗狀) 형태의 준수한 모양을 하고 있어 관상어로 기르기도 한다. 주로 매운탕으로 애용하고 있다.

2. 갑각류

갑각류(crustacea)는 절족동물로 주로 새우류와 게류로 분류할 수 있다. 몸, 가슴, 배 세 부분으로 구별되며 때로는 머리, 가슴이 합친 두흉부와 몸통 한 부분으로 된 것도 있다. 갑각류는 단단한 갑각으로 싸여 있는데 이 성분은 아미노당으로 구성된 구조 형성 다당류인 키틴(chitin)으로서 영양 성분은 아니다. 따라서 가식부는 중량에 비해서 약 50%에 불과하다.

게의 근육에는 엑기스분이 많이 들어 있어 맛을 내며, 비타민 B_1, B_2도 적절히 들어 있고, 글리코겐도 상당량 들어 있다.

갑각류의 껍질의 색은 카로티노이드계 색소인 아스타크산틴이 단백질과 헐겁게 결합하여 청록색을 띠고 있으나 가열하면 아스타크산틴은 단백질과 분리되는 동시에 산화되어 적색의 아스타신(astacin)으로 변한다. 따라서 새우나 게 등을 가열조리하면 본래의 청록색이 변화되어 붉게 되는 것은 산화에 의해 아스타신으로 변화하기 때문이다.

갑각류의 성분 조성은 표 4-2와 같다.

표 4-2 갑각류의 일반성분

	수분 (%)	탄수화물		단백질 (g)	지질 (g)	회분 (g)	무기질(mg)			비타민(mg)			
		당질 (g)	섬유 (g)				P	Ca	Fe	A	B_1	B_2	niacin
대하	80.4	0	0	17.8	0.6	0.6	63	234	1.5	50	0.02	0.03	2.1
보리새우	83.5	1.0	0	12.9	0.8	1.8	150	120	2.0	40	0.01	0.11	2.2
게	72.5	2.9	0	22.0	0.5	2.3	230	60	3.0	-	0.01	0.02	-

1) 새우류

새우류(shrimp)는 담수와 해수에 널리 분포되어 있고, 몸체는 두흉부와 복부로 구분되며 마디마디마다 각각 다리가 달려 있다.

새우껍질은 키틴질로 덮여 있고 앞부분에는 하나의 눈과 두 개의 촉각이 있으며 그 종류는 다음과 같다.

① 보리새우(Peaeus japonica)

보리새우(tiger prawn)는 보리새우과에 속하는데 우리나라의 서, 남해안에서 많이 나며 중형 새우로 몸길이가 20㎝ 정도로 몸 표면에 검은색의 가로줄 무늬가 있다. 조직이 연하고 맛이 좋으며 찜, 튀김 등으로 이용한다.

② 대하(Penaus orientalis)

대하(large shrimp)는 보리 새우과에 속하며 황해, 발해만, 동중국해(동지나해)에 널리 분포되어 있고 꼬리에 검은 무늬가 있으며 몸체 길이가 25~30㎝에 달하는 큰 새우이다. 2월부터 늦봄에 가장 맛이 좋으며 주로 찜과 튀김용으로 이용하고 있다.

③ 중하(Metapenaeus joyneri)

중하(medium shrimp)는 보리 새우과에 속하며 난해성 연안 수심이 낮은 진흙 모랫바닥에 산다. 보리새우와 비슷하나 껍질이 얇고 몸길이가 12~15㎝인 대표적인 소형 새우이다. 중국 요리 재료나 튀김으로 쓰인다.

④ 점새우(Sergestes lucens)

점새우(spotted shrimp)는 점새우과에 속하며 황해에 분포되어 있는 아주 작은 새우이다. 몸길이는 5㎝ 이하로 껍질은 얇고, 반투명하여 새우젓을 담그는 데 주로 이용한다.

⑤ 곤쟁이(Neomysis japonica)

곤쟁이(mysis)는 미시스과에 속하며 우리나라 연안의 담수와 해수가 만나는 곳에 산다. 주로 젓갈을 담는다.

⑥ 크릴

크릴(krill)은 외관이나 맛이 새우와 같으나 아가미가 외부에 노출되어 있는 것이 다른 점이다. 수심 250m 되는 곳에 부유 생활을 하며 부유생물을 먹이로 하고 있다. 남극해에 널리 분포되어 있고 크기는 4~5㎝ 정도로 작다. 단백질은 15% 내외, 지방질은 3% 내외, 당질은 2% 내외, 회분은 3% 내외 들어 있다. 키틴질이 2% 정도이며 가용성 질소가 40% 정도로 어류에 비해 많이 들어 있다. 아미노산 조성도 새우와 비슷하여 우수한 품질을 가지나 강한 효소 활성으로 쉽게 변질되므로 즉시 냉동하거나 조리 가공이 요구된다. 일본에서는 튀김이나 어육 연제품의 재료로 쓰이고 있다.

2) 게류

게류(crabs)는 담수와 해수에 살며 그 종류도 다양하다. 몸체는 머리, 가슴, 배와 다리 등으로 구분되며 배는 수컷은 좁고 암컷은 넓다. 몸통에는 다섯 개의 다리가 있고 첫 번째 다리를 집게다리라 한다. 게류는 독특한 감칠맛을 지니고 있는데, 이들 성분은 아미노산인 글리신, 알라닌, 베타인 등이 함유되어 있기 때문이며, 이밖에 이노신산이 소량 들어 있다.

색소 성분은 헤모시아닌(hemocyanin)이다. 게살을 가열조리 시 흑변하는 것은 게살 중의 함황 아미노산인 시스틴이 분해되어 H2S를 발생시키는 것이고, 청색으로 변화되는 것은 헤모시아닌 중의 구리 이온 때문이다.

① 왕게(Paralithodes camtschticus)

왕게(king crab)는 영일만 이북의 동해안과 북해도 해역의 깊은 바다 속에서 산다. 몸통의 폭이 25㎝ 정도이고, 발을 벌리면 전체 길이가 135㎝에 이른다. 위쪽 면의 색은 암갈색, 배쪽은 담청색이며, 가열하면 홍색으로 변화한다. 맛이 좋아 여러 가지 요리 재료로 쓰이며 주로 통조림용으로 가공된다.

② 꽃게(Portunus trituberculatus)

꽃게(blue crab)는 동해안과 울릉도, 황해 전 해안에 분포되어 있다. 특히 내륙의 하구 모래땅 낮은 바다에 분포되어 있고 집단으로 이동하며 서식한다. 우리나라에서 1년 내내 가장 많이 식용하고 있는 게이다. 겉껍질의 길이가 7㎝, 폭이 15㎝의 능형이며 겨울밤에 주로 많이 잡힌다. 각종 양념을 넣은 절임류나 탕류로 이용하고 있다.

③ 털게(Erimacrus isenbeckii)

털게(horse hair crab)는 동해안, 북해도, 베링해, 알래스카 연안에 널리 분포되어 있고 겉껍질 길이가 10㎝, 폭이 9㎝의 둥근 사각형의 형태를 하고 있다. 다른 게들보다 작으며, 다리가 짧고 표면에는 황갈색의 짧은 털이 나있다. 껍질의 색은 다갈색이며, 통조림으로 가공된다.

④ 닭게(Ranina ranina)

닭게(red crab)는 겉껍질의 길이와 폭이 15㎝ 정도로 왕게보다 다소 작고, 껍질의 색은 흑갈색 또는 황회색으로 가열조리하면 홍색으로 변한다. 다리가 길고 살이 많아 삶아 먹거나 통조림으로 가공된다.

3. 연체동물

연체동물(mollusca)은 종류가 많고, 자유롭게 생활하며 서식 범위가 넓다. 중요한 식품으로는 조개류, 문어류, 오징어류 등이다. 몸에 마디가 없고, 부드러우며 좌우대칭이나 좌우 양측의 성장이 달라서 비대칭인 것도 있다.

1) 조개류

조개류(貝類 , shellfishes)는 종류가 많지만 식품으로 이용하는 것은 십여 종이다. 일반적으로 얕은 바다에서 자라지만 외양성(外洋性) 조개류의 경우 암초지대에 자란다. 봄부터 가을에 걸쳐서 알을 낳고 바다에서 알을 수정한 후 일정 시기에 달하면 껍질이 형성되어 수중에 가라앉는다. 조개류의 껍질은 표면 표층에서 분비되어 형성된 콘키올린(conchiolin)이라는 유기물에 의한 각질층(角質層, periostracum)과 석회질이 형성되어 있어 폐기물이 70~85%로 가식부가 적다.

조개류는 어류에 비하여 단백질 함량이 적은 편이나 소화 이용률이 좋다. 조개류의 국물 맛이 시원한 것은 근육에 많이 함유되어 있는 호박산 때문이다. 조개류의 일반적인 성분 조성은 표 4-3와 같다.

① 바지락(Tapes philippinarum)

바지락(baby clam)은 우리나라 전 해안에 분포되어 있으며, 특히 서해 일대에 서식한다. 해변이나 하구의 모래나 진흙 속에 매몰되어 산다. 형태는 달걀형으로 길이 4cm, 높이 3cm이며 맛이 좋은 시기는 2~4월경이다. 단백질이 어육의 반 이상을 차지하며 그 질도 우수하다. 시원한 국물 맛을 내는 호박산과 글루탐산을 함유하고 있어 탕류로 많이 이용하고 있다.

표 4-3 조개류의 일반성분 조성

	수분 (%)	탄수화물		단백질 (g)	지질 (g)	회분 (g)	무기질(mg)			비타민(mg)			
		당질 (g)	섬유 (g)				P	Ca	Fe	A	B_1	B_2	niacin
바지락	84.2	4.0	0	9.1	0.8	1.9	76	217	13.4	87	0.08	0.10	1.5
백합	86.4	2.7	0	7.1	0.7	3.1	100	201	9.0	20	0.02	0.07	2.0
피조개	76.5	6.1	0	15.1	0.6	1.7	108	148	7.3	200	0.20	0.12	2.5
홍합	77.4	4.8	0	12.7	0.7	1.4	199	21	7.0	-	0.23	0.39	2.7
굴	79.6	5.1	0	10.1	3.6	1.7	140	40	8.0	160	0.30	0.20	1.2
전복	78.8	4.2	0	12.9	0.5	0.6	177	55	2.0	-	0.27	0.04	1.3
소라	84.0	4.1	0	20.0	0.5	1.4	120	46	9.0	120	0.06	0.06	3.0

② 백합(Meretrix lusoria)

백합(hard clam)은 서해안에서 많이 서식하며 각의 형태는 거의 삼각형이며, 큰 것은 껍질의 길이가 8cm, 높이 6cm, 폭 4cm에 이른다. 껍질의 모양은 깃털 모양이고 서해안에서 양식하기도 한다. 시원한 국물 맛은 호박산 때문이며 산란기보다는 가을과 겨울에 맛이 좋다.

③ 피조개(Anadara broughtonii)

피조개(arkshell)는 껍질 외각에 방사성 골이 있는 것이 특징이며 수심 10~20m의 모래톱에서 서식하며, 길이는 10cm 내외이고 높이는 5~8cm이다. 피조개는 살과 아가미에 적자색을 띠고 있는데 이는 혈액 중의 헤모글로빈 때문이다. 단백질과 비타민 A가 풍부하게 들어 있고 살을 맛이 좋아 탕류, 초무침 등이나 말린 건제품으로 이용한다.

그림 4-12 백합과 피조개

④ 꼬막

꼬막은 전남 남해안 일대 진흙 바다에서 서식하며, 보통 껍질째 삶아서 조미하여 식용한다. 말린 건제품으로 이용하기도 한다.

⑤ 홍합

홍합(sea mussel)은 수심 20m의 암초에 붙어 무리지어 서식하며, 크기는 6~8㎝ 정도이다. 껍질은 광택이 있는 칠흑색이며 각정은 앞쪽 끝에 있다. 살을 황색 또는 홍색으로 시원하고 달콤한 맛을 지니고 있어 국물을 내는 데 주로 쓰이며, 통조림이나 건제품으로 이용한다.

⑥ 굴

굴(oyster)은 서해안과 남해안에서 많이 서식하며, 주로 염분이 적은 암초에 붙어산다. 굴은 다른 조개류에 비해 지방질과 글리코겐을 많이 함유하고 있다. 그러나 산란기(8월경)에는 그 함량이 매우 낮고, 2월경인 겨울철에는 그 함량이 최고에 달해 이 시기에 먹는 것이 좋다. 글리코겐은 맛을 내는 데 기여한다.

일반적으로 어육의 선도가 떨어지면 부패하여 pH가 상승하여 알칼리로 변화하는데, 굴은 알칼리로 변화하지 않는다. 이는 다량의 글리코겐이 들어 있어 부패 시 분해 되어 유기산이 생성되기 때문이다. 굴은 비교적 무기질과 비타민이 풍부하여 특히 리신을 많이 함유하고 있다. 또한 소화도 잘 되므로 노인이나 유아용 음식의 재료로 이용하면 좋다. 생식 이외에 튀김, 젓, 통조림 등으로 이용된다.

⑦ 전복

전복(abolone)은 전복과로 길이 10㎝ 이상의 크기로 각피를 가진 타원형으로 주로 물이 맑고 수심이 60m 이내의 섬이나 암초 등에 해조류가 있는 곳에 서식한다. 미역 등과 같은 해조류를 먹기 때문에 이들과 함께 분포되어 있으며 7~8월경에 가장 맛이 좋으며, 주로 해녀에 의해 채집한다. 껍질은 황갈색에 백 · 흑 · 적색의 반점 무늬가 있다.

우리나라에서 어획하는 양은 연간 450M/T에 이르고 양식 수확하는 양도 80M/T이

그림 4-13 홍합, 굴, 전복

나 된다. 1960년대에 국립수산과학원의 수산 종묘 배양장에서 종묘생산을 시작하여 1974년부터는 생산한 종묘를 양식어민에게 분양하여 양식하고 있다. 양식은 바다양식을 하고 있으며 우리나라에는 까막전복(Nordotis discus) · 말전복(N. gigantca) · 오분자기(Sulculus diversicolor aquatilis) 등이 있다.

양질의 단백질로서 맛을 내는 성분인 로이신, 글루탐산, 아르기닌 등을 함유하고 있어 맛이 좋아 그냥 양념에 찍어 먹거나, 초무침, 탕류, 구이 등으로 이용한다. 특히 전복죽으로 애용하며, 건제품, 통조림 등으로 가공하기도 한다.

⑧ 소라(Batillus cornutus)

소라(top shell)는 소라과의 연체 동물로 수심 2~10m의 해조류가 있는 암초에 서식하며, 우리나라 남부 연안이나 일본 남부 연안에 분포되어 있으며 해조류를 먹고 산다. 소라 껍질(패각)의 크기는 대략 10㎝ 정도이며 표면에 녹갈색을 띠고 두껍고 단단하다.

겨울에서 봄철에 이르는 시기에 맛이 좋다. 단백질의 함량이 비교적 많으며, 어육과는 달리 주로 결합 조직의 형태로 구성되어 있다. 글리신이 많고 트립토판은 적으며 성분 조성은 전복과 유사하다. 초무침이나 구이, 통조림 등으로 이용한다.

2) 두족류

두족류(cephalopoba) 중에 중요한 식품은 문어류와 오징어류이다. 두족류는 어패류와 성분 조성이 거의 같으며 영양가도 비교적 높다. 그리고 주된 성분인 베타인은 염기성 물질로 단맛을 내며 오징어, 문어 등의 맛 성분의 주체가 되고, 엑기스 성분 중 5~11%를 차지하고 있다. 이들 두족류는 농축되어 있는 세피아(sepia)라고 하는 검은색 묵즙(墨汁)을 함유하고 있다. 두족류의 성분 조성은 표 4-4와 같다.

표 4-4 두족류의 일반성분 조성

	수분 (%)	탄수화물		단백질 (g)	지질 (g)	회분 (g)	무기질(mg)			비타민(mg)			
		당질 (g)	섬유 (g)				P	Ca	Fe	A	B_1	B_2	niacin
문어	84.9	0	0	14.1	0.7	0.7	29	25	0.5	0	0.27	0.30	4.1
낙지	83.7	0	0	12.0	0.4	1.1	308	23	0.3	0	0.09	3013	7.8
꼴뚜기	82.7	0.6	0	14.3	1.4	1.0	154	8	1.9	0	0.31	0.09	10.5
오징어	80.6	0	-	16.9	0.7	0.9	211	29	0.9	0	0.03	0.10	6.1
갑오징어	84.2	0	0	12.0	0.8	3.0	80	34	0.4	0	0.02	0.04	4.2

(1) 문어(Enteroctopus dofleini)

문어(poulp)는 우리나라 전 해안과 인도양, 태평양 등에 분포되어 있다. 문어는 대형으로 몸통 길이가 20~60㎝ 정도로 여덟 개의 긴 다리가 있고(八稍魚), 몸길이가 보통은 60㎝ 정도이나 2~3m에 이르는 것도 있다. 붉은 갈색의 몸 색깔을 가지고 있으며 연간 어획량이 14,000T/Y에 이른다. 12월~1월이 제철로 산란기는 4~6월이다

지질과 당질의 양은 적고 단백질이 풍부하며 육질이 단단하여 소화가 잘 되지 않는다. 혈압을 강하시키고 조절하는 타우린과 성인병을 예방하는 EPA와 두뇌를 좋게 하는 DHA가 풍부하며 말린 문어 껍질에서 볼 수 흰 가루는 타우린이다.

대부분 데쳐서 먹거나 초밥, 초무침, 말린 문어포 등으로 먹는데 그 외에도 말리거나 훈제품 등으로 가공한다.

문어의 주 소비국은 일본으로, 세계의 총 어획고의 3분의 2에 해당하는 14만 톤을 소비하고 있고 그 다음이 우리나라를 비롯한 동남아 국가들이다. 회, 튀김, 조림, 볶음 등 다양한 방법으로 요리 된다.

(2) 낙지(Octopus variabilis)

낙지(poulp squid)는 낙지과에 속하며 우리나라, 일본 중국 등의 심해에 분포하는데 얕은 바다의 돌 틈이나 진흙 속에도 산다. 몸통 길이가 10~12㎝, 몸길이가 70㎝ 내외이다. 몸빛은 회색이나 주위의 빛에 따라 변색되며, 피부는 거칠고, 혹 모양의 돌기가 있다. 바위 사이에 숨어 있다가 밤에 나와 새우, 조개, 물고기 등을 포식한다.

지방이 거의 없고 타우린과 인, 철, 칼슘 등 각종 무기실과 아미노산이 풍부하여 소혈 강장 작용을 하고, 기를 돋운다.

산락기는 5~6월이며 물이 많아 문어보다는 맛이 덜하며 겨울철에 맛이 좋고, 데쳐 먹거나, 초무침으로 먹는다.

(3) 꼴뚜기(Loligo beka)

꼴뚜기(sea arrow)는 화살오징어과로 얕은 바다 밑 암초나 모랫바닥에 살며, 오징어와 유사하게 생긴 연체동물의 일종이다. 오징어보다 크기는 작으며, 참오징어(Loliolus beka)와 같은 큰 오징어의 새끼를 꼴뚜기라고 부르는 경우도 있다. 우리나라 전 연안과 동남아시아를 비롯하여 유럽 등지에 분포한다.

몸길이가 20㎝ 정도이며, 다리가 10개이며, 회색을 띤 적갈색이다. 4~5월경에 남해에서 많이 잡을 수 있고 난소가 성숙하면 몸 표면에 자작은 혹처럼 돋아나는데 이때 가장 맛이 좋다.

주로 꼴뚜기젓을 담궈 먹지만 데쳐서 먹거나 찌개 요리에 사용한다.

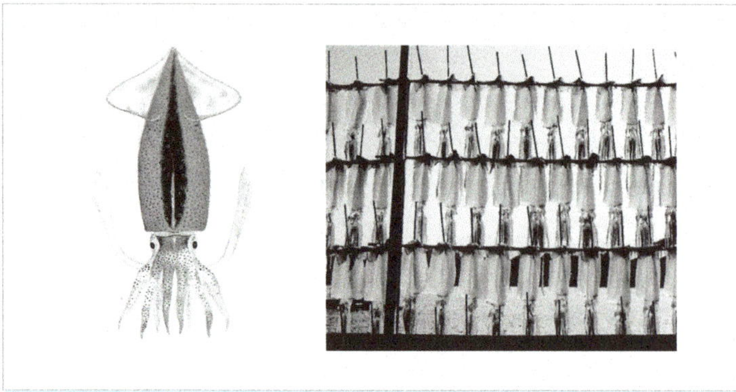

그림 4-14 오징어와 오징어 말린 것

(4) 오징어

오징어류(squid)는 몸통이 원통형이고 그 길이가 20~30cm 정도이며, 다섯 쌍(10개)의 발이 입 둘레에 있다. 네 쌍의 발은 몸길이보다 짧고, 혹 모양의 흡반이 있으며, 한 쌍은 길고 끝에만 흡반이 있는데 먹이를 잡기에 적합하다.

울릉도 해역 등 동해안 근해에 분포하고 겨울부터 봄에 걸쳐 회유한다. 종류는 갑오징어, 무늬오징어, 반디오징어, 화살오징어, 흰오징어 등이 있다. 다른 어류에 비하여 가식부가 80%로 비교적 많다.

살의 표면에는 여러 층의 다른 조직으로 되어 있어 오징어를 가열하면 종으로 즉 세로로 말아지는 것은 섬유가 열 수축되기 때문이다. 표피에는 흑갈색의 색소 세포가 존재하는데, 이것이 수축하거나 팽창하여 표피 색을 나타낸다. 다리의 조직은 몸통보다 근섬유가 복잡하게 얽혀 있다.

육질이 부드럽고 단백질이 전체 성분의 17% 정도로 고단백 식품으로서 타우린(taurine)과 히스티딘(histidine)등의 아미노산이 오징어 100g당 327~854mg이 함유되어 일반 어류에 비하여 2~3배가 많고 육류에 비해서는 25~60배나 많다. 또 마른 오징어에는 97~333배나 많은데 이는 오징어를 말리는 과정에서 생기는 흰 가루가 바로 타우린이다.

지방 함량은 1.0%로 매우 적으면서 DHA와 EPA, 핵산 등을 포함하고 있다. 콜레스테롤의 함량이 다소 많은 편이나 달걀노른자에 비하여 17% 정도로 그다지 높다고 할 수 없다.

무기질로는 셀레늄이 살코기에 28㎍, 간에 133㎍이 들어 있으며 칼슘은 쇠고기에 비해 8배 이상 많지만 인산의 함량이 많아 산성 식품이며, 위산과다증이나, 소화불량, 위궤양 등 소화기 질환이 있는 사람은 피하는 것이 좋다.

엑기스 성분이 많아서 세균에 의해 쉽게 분해 되어 휘발성 염기 성분을 생성시켜 악취를 발생시킬 뿐만 아니라 표피의 색소 세포가 용해되어 적갈색으로 변화된다. 몸통은 내장을 버린 후 건조하여 말린 오징어로 시판되며, 내장은 지방질 함량이 높아 간유로 이용되기도 한다. 이밖에 젓갈, 훈제품 등으로 만들어 먹기도 한다.

갑오징어(cuttle fish)는 몸통 길이가 15~20㎝ 정도이며, 뒤쪽에 가시가 있고, 등쪽에는 석회질이 두껍고 단단한 배 모양의 갑(甲)이 있다. 오징어에 비하여 단백질 함량이 적은 반면, 회분 함량이 많으며 다른 성분 조성은 오징어와 같다. 맛은 오징어보다 못하고 데쳐 먹거나 찌개 요리에 사용한다.

4. 기타 수산식품

1) 고래류

고래류(whales)는 동물 중 최대형으로 길이 10m에 이르는 방추형으로 바다에 사는 포유동물이다. 머리는 크고, 눈은 작으며, 가끔 수면에 떠올라 폐로 호흡한다.

몸통 길이는 1m에서 30m에 이르는 것도 있으나 보통 4m 이상을 고래라고 칭한다. 고래는 그 종류가 수십 종에 이르며, 흰긴수염고래(blue whale), 긴수염고래, 이빨고래(sperm whale) 등이 대표적이다.

고래고기는 영양 면에서 쇠고기와 비슷하나 종류와 부위에 따라 다르다. 등쪽 고기는 적육(赤肉)이라 하여 고래고기의 대부분을 차지하는데 특이한 냄새가 나지만 영양가가 높아 선육(鮮肉) 또는 냉동육, 염장육으로 돼지고기와 쇠고기처럼 이용한다. 항문에서 꼬리까지를 미육이라 하며 맛이 좋아 횟감, 전골 등에 이용한다.

고래의 기름을 정제하여 식용 기름이나 경화유를 만들어 마가린의 제조 원료로 이용하고 있다.

꼬리의 지방육은 지방질과 콜라겐이 주성분을 이루는데 열탕에서 젤라틴화하여 젤라틴을 만들기도 하고, 이밖에 고기 등은 어육 소시지나 햄 등의 가공에 이용하기도 한다.

2) 극피동물

극피(棘皮)동물은 바다 밑에 살며, 식품으로 이용할 수 있는 것은 해삼, 성게 등이다. 그 성분 조성은 표 4-5과 같다. 이들의 식성은 육식성과 조식성이다.

표 4-5 극피동물의 성분 조성

	수분 (%)	탄수화물		단백질 (g)	지질 (g)	회분 (g)	무기질(mg)			비타민(mg)			
		당질 (g)	섬유 (g)				P	Ca	Fe	A	B_1	B_2	niacin
해삼	90.5	0	0	3.2	0.2	3.5	24	134	2.2	0	0.18	0.02	0.5
성게알	71.5	2.0	0	15.8	8.5	2.2	198	18	4.0	500	0.30	0.40	2.5
멍게	83.2	5.4	0	6.9	2.2	2.3	89	30	6.2	-	0.04	0.24	1.8

① 해삼

해삼(海蔘, sea cucumber)은 20m 깊은 바다 속에서 살고, 길이가 10~30*cm* 정도, 폭이 5~8*cm*로 몸통 표면에 돌기가 있고 오이와 비슷하여 바다 오이(sea cucumber)라 불린다. 색에 따라 푸른색을 띤 청삼, 밤색과 갈색의 무늬가 있는 적삼 등이 있다.

해삼은 주로 생체로 썰어서 초장에 찍어 먹으며, 건조하여 중화요리의 해삼탕의 재료로 쓰인다.

② 성게

성게(sea urchin)는 얕은 바다의 암초 사이에 서식하며, 몸체형은 반구상(半球狀)이 대부분이고 편평한 것, 심장형 등이 있다. 껍질의 직경은 6*cm* 정도이고, 가시가 잘 발달되어 있으며 색은 자색이다.

성게는 주로 알을 이용하여, 젓을 담그기도 한다. 알은 생체로 초장이나 간장에 찍어 먹기도 하며 구어 먹기도 한다. 성게젓은 단백질뿐만 아니라 비타민 A와 니아신이 매우 풍부하며 풍미도 좋다.

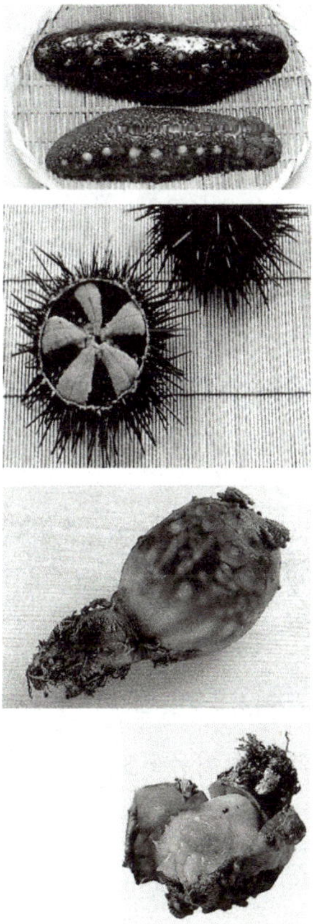

그림 4-15 해삼, 성게, 멍게

③ 멍게

멍게(sea squrt)는 바다 밑 암초에 붙어 서식하며 주먹만 한 크기에 젖꼭지 같은 돌기가 많고, 몸 끝에 해초 뿌리 따위가 달려 있다. 등적색의 광택이 있는 껍질을 벗기면 등황색의 살이 있다. 멍게는 다른 어류에 비하여 단백질 함량이 적은 반면, 당질을 많이 함유하고 있다. 가장 맛이 좋은 시기는 4~6월경이며 살은 생으로 초장에 찍어 먹고, 염장품으로 가공하기도 한다.

3) 해조류

해조류(sea weeds, algae)는 수중에 엽록소를 가지고 독립적으로 영양생활을 하는 수상식물을 총칭하는데 진정한 뿌리, 줄기, 잎 등의 구분은 없다.

해조류는 그 색에 따라 크게 남조류(blue algae), 녹조류(green algae), 갈조류(brown algae), 홍조류(red algae) 등으로 분류한다. 식품으로 이용하는 해조류인 김, 한천(寒天) 등은 홍조류, 미역, 다시마, 톳 등은 갈조류, 파래는 녹조류에 속한다.

각 조류의 색소는 다음과 같다. 남조류는 클로로필 a, 피코에리트린(phycoerythrin), 피코시아닌(phycocyanin), 녹조류는 클로로필 a와 b, 갈조류는 클로로필 a와 c, 푸코크산틴(fucoxanthin), 홍조류는 클로로필 a, 피코에리트린, 피코시아닌을 함유하고 있다.

이들 해조류들은 요오드가 풍부하여 갑상선 부종을 예방할 뿐만 아니라 그 치료에 이용되며, 모발을 아름답게 해준다. 소화 이용률이 낮아 저열량 식품, 즉 다이어트 식품으로 이용되며, 또한 장내에서 정장작용을 하여 변비치료에 효과가 있다.

식품에 이용되고 있는 해조류의 성분 조성은 표 4-6과 같다.

(1) 김(Porphyra tenera)

김(purple laver)은 홍조류에 속하며, 우리나라 서남해 연안과 알래스카만에서 캘리포니아에 이르는 동북구 해역에 분포되어 있으며, 전남 완도와 경남 남해안 일대에서 양식을 하고 있다.

표 4-6 해조류의 성분 조성

	수분 (%)	탄수화물		단백질 (g)	지질 (g)	회분 (g)	무기질(mg)			비타민(mg)				
		당질 (g)	섬유 (g)				P	Ca	Fe	A	B_1	B_2	niacin	C
김	9.5	52.6	1.1	29.9	0.3	6.5	353	202	15.9	14300	2.20	0.96	1.5	12
미역	12.9	34.5	4.0	20.3	1.3	27.0	390	720	12.0	7700	0.05	0.37	1.2	10
다시마	13.5	43.6	7.5	6.8	0.5	27.9	219	762	73.4	-	0.32	1.8	110	17
파래	17.4	36.5	2.3	19.7	1.4	18.1	512	403	129.4	34018	0.11	0.30	12.2	32
톳	16.8	29.8	13.0	5.6	0.8	34.0	84	360	82.9	450	0.01	0.20	4.0	0
한천	20.2	74.5	0	2.3	0.1	2.9	5	355	10.0	0	0	0	0	0

김은 엽상체로서 1층 또는 2층의 세포로 된 엷은 막으로 구성되어 있으며 길이는 14~25*cm*이고 폭은 5~12*cm*이다. 색은 홍자색, 흑자색으로 홍색의 피코에리트린, 청색의 피코시아닌 그리고 녹색의 클로로필 a로 구성되어 있으나 가열하면 피코에리트린은 홍색에서 녹색으로 변화한다. 따라서 김을 구우면 녹색을 띠는 것은 이러한 변화 때문이다.

김은 당분 50% 내외, 단백질이 30% 내외 들어 있고 무기질과 비타민도 골고루 풍부하게 분포되어 있어 영양가도 높고 맛도 좋아서 동양에서 즐겨 애용하는 식품이다. 특히 비타민 A가 풍부하고 C도 적절히 들어 있다. 마른 김은 김구이 및 김밥의 재료로 쓰이고 물김은 그대로 요리에 이용한다.

(2) 미역(Undaria pinnatifida)

미역(sea weed)은 갈조류에 속하며 한국, 일본의 연안과 북미와 멕시코에 이르는 해안에 분포되어 있다. 미역은 엽상 부분 중간에 줄기가 있고 성숙하면 양쪽 가장자리에 주름이 잡히며, 전체의 윤곽은 원형이다. 미역의 내부 구조는 표층, 피층, 속 등으로 구분되며, 피층에는 점액선(mucilage gland)이 있어 표면이 매끄럽다.

외형적으로는 뿌리 · 줄기 · 잎의 구분이 뚜렷한 엽상체(葉狀體) 식물이다. 우리나라 전 연안에 분포하나, 한 · 난류의 영향을 강하게 받는 지역에는 분포하지 않는다. 저조선 부근 바위에 서식하나 남부지방은 더 깊은 곳에, 북부지방에서는 더 얕은 곳에 서식하는 경향이 있다. 겨울에서 봄에 걸쳐서 주로 채취되며 이 시기에 가장 맛이 좋다. 봄에서 여름에 걸쳐 번식한다.

전복 · 소라의 주요 먹이이며 주로 우리나라, 일본, 중국 등지에서만 식용으로 이용된다. 식이섬유와 칼륨, 칼슘, 요오드 등이 풍부하여 신진대사를 활발하게 하고 산후조리, 변비 · 비만 예방, 철분 · 칼슘 보충에 탁월하여 일찍부터 애용되어 왔다. 고려시대부터 이미 중국에 수출했다는 기록이 있다. 《고려도경》에서는 "미역은 귀천이 없이 널리 즐겨 먹고 있다. 그 맛이 짜고 비린내가 나지만 오랫동안 먹으면 그저 먹을만 하다"고 나와 있으며《고려사》에는 "고려 11대 문종 12년(1058)에 곽전(바닷가의 미역 따는 곳)을 하사하였다."는 기록과 "고려 26대 충선왕 재위 중(1301)에 미역을 원나라 황태후에게 바쳤다."는 기록도 있다. 민간에서는 산후선약(産後仙藥)이라 하여 산모가 출산한 후에 바로 미역국을 먹이는데 이를 '첫국밥'이라하며 이때 사용하는 미역은 '해산미역'이라 하여 넓고 긴 것을 고르며 값을 깎지 않고 사오는 풍습이 있다. 동의보감에선 "해채는 성질이 차고 맛이 짜며 독이 없다. 효능은 열이 나면서 답답한 것을 없애고 기(氣)가 뭉친 것을 치료하며 오줌을 잘 나가게 한다"는 기록이 있다. 최근에는 양식기술의 발달로 가공품으로 많이 이용 · 수출되고 있으며, 국이나 냉국 혹은 무침 · 볶음 · 쌈 등 다양한 방법으로 식용한다. 다이어트 식품으로도 각광받고 있다.

미역은 단백질 20% 내외, 당질 35% 내외, 회분 25% 내외로 비교적 회분의 함량이 다른 식품보다 높고, 요오드의 함량도 많다.

미역의 탄수화물은 만니톨, 알긴산 등이고, 이를 구성하고 있는 갈락탄은 대부분 소화흡수도 되지 않고 열량도 없어 저칼로리 식품, 즉 다이어트 식품으로 애용하고 있다.

미역은 건조시켜 주로 건미역으로 시판되며 생미역으로 무침이나 국의 재료로 사용하기도 한다.

한방에서는 미역을 해채, 감곽, 자채, 해대 등으로 부른다.

(3) 다시마(Laminaria)

다시마(sea tangle)는 북미 연안과 우리나라는 동해안에 분포하고 있으며, 남해안에서 인공 양식을 하고 있다. 다시마의 엽상체의 가근(假根)은 바다 암벽에 붙어 서식한다. 다시마의 잎은 밋밋하거나, 부푼 주름이 진 형태를 하고 있다. 한대 · 아한대의 연안에 분포하는 한해성(寒海性) 식물로서 한국에는 동해안 북부, 원산 이북의 함경남도 · 함경북도 일대에서 자라는 것으로 알려져 있다. 이밖에 일본 홋카이도와 도호쿠(東北) 지방 이북 연안, 캄차카반도, 사할린섬 등의 태평양 연안에도 분포한다.

다시마속 식물은 태평양 연안에 20여 종이 자라고 있으며 10m 이상의 큰 종류도 있는데, 주요 종으로는 참다시마(L.japonica) · 오호츠크다시마(L.ochotensis) · 애기다시마(L.religiosa) 등이 있다. 옛날부터 한국을 비롯하여 일본 · 중국에서 식용해왔다.

중국에서는 높은 수온에서도 잘 자라는 품종을 개발하여 양식하고 있다. 한국에서는 양식이 동해안부터 제주도를 제외한 전 연안에서 이루어진다. 주로 양식하는 종류는 일본 홋카이도 원산의 참다시마인데, 원산지에서는 12~3월에 어린잎(幼葉)이 나와서 7월까지 성장한다. 이 종은 아직 엽체가 얇고 가벼워서 상품가치가 없으며 초가을에서 겨울까지 자란 다음, 포자를 내보내고 나면 엽체 끝부분이 점점 녹아버려 심하면 밑동만 남는다.

다시마의 주성분은 당질로서 섬유질과 알긴산으로 되어있다. 이것은 소화되지 않으므로 열량이 낮다. 당류로는 만니톨을 함유하고 있는데, 다시마의 흰가루 성분은 만니톨과 염분성분이다.

다시마에는 글루탐산 소다 성분을 함유하고 있어서 맛을 내는 국물에 널리 쓰이고 있다. 튀김용, 건제품 등으로 이용되며, 최근에는 다시마차를 제조하여 이용하고 있다. 이밖에 갈조류로 톳이 있는데, 잎과 작은 가지를 가진 톳은 가지의 밑 부분에 쌀알 크기의 생식기를 가지고 있다. 일부 해안지방에서 톳을 무침으로 하여 먹기도 한다.

다시마에는 카로틴류 · 크산토필류 · 엽록소 등의 여러 가지 색소 외에 탄소동화작용으로 만들어지는 마니트 · 라미나린 등의 탄수화물과 세포벽의 성분인 알긴산이 많이 들어 있고, 요오드 · 비타민 B_2 · 글루탐산 등의 아미노산이 들어 있다.

성분은 종류에 따라서 다르지만, 대체로 수분 16%, 단백질 7%, 지방 1.5%, 탄수화물

49%, 무기염류 26.5% 정도이며, 탄수화물의 20%는 섬유소이고 나머지는 알긴산과 라미나린 등 다당류이다. 특히 요오드 · 칼륨 · 칼슘 등 무기염류가 많이 들어 있으므로, 다시마를 조금씩 자주 먹는 것은 무기염류의 공급을 위해서 좋다. 다시마에 들어 있는 라미닌이라는 아미노산은 혈압을 낮추는 효과가 있다.

(4) 파래(Enteromorpha)

파래(green laver)는 녹조류에 속하며, 엽상체의 속이 빈 막질 구조로 되어 있으며, 관상의 엽상체는 단층 세포로 되어 있다. 바닷가의 조간대(潮間帶) 상부, 특히 민물이 흘러들어오는 곳에서 잘 자라며, 조용한 조수웅덩이 따위에서 큰 군락을 이루는 경우가 많다. 종류에 따라서 생육시기가 다르지만 보통 늦가을부터 초여름까지 번무하며, 양식용 김발에도 잘 착생하여 시중에서 팔리는 파래김의 주종을 이룬다. 파래는 향기가 많고 맛이 독특하여 한국과 일본 등지에서 즐겨 먹는 해산식물의 한 종류로서 단백질 20~30%, 무기염류 10~15%, 비타민 500~1,000IU를 포함하고 있는데 특히 알칼리성 원소가 많은 주요 무기질 식품이다. 다만, 단백질에는 메티오닌 · 리신 등이 들어 있지 않아 영양가는 낮다. 당질 35% 내외, 단백질 20% 내외를 함유하고 있으며, 특히 비타민 A와 C가 풍부하게 들어 있다.

파래는 전남지방을 비롯한 남부지방에서 주로 초무침을 하거나 파래김을 만들어 먹는다.

(5) 미더덕

미더덕과의 해초로 우리나라 전 연안에 서식하고 있으며 가늘고 긴 몸에 자루가 잇고 그 끝이 바위에 붙어 있다. 전체 길이는 510㎝ 정도이며 황갈색을 띠고 외피는 섬유질과 같은 물질로 되어 있으며 딱딱하다.

4~7월이 제철이며 몸이 작고 통통하며 터지지 않은 것으로 색이 진한 것을 선택하는 것이 좋다. 주로 찜이나 매운탕의 재료로 주로 사용한다.

(5) 한천

한천(우뭇가사리, agar)은 홍조류에 속하는 우뭇가사리를 주원료로 하여 끓여서 식혀 만든 끈끈한 물질을 말한다. 이 우뭇가사리는 점성이 있고 굳어지는 성질 등의 기능적 특성을 지니고 있어 식품첨가물, 미생물 배양액 등으로 이용한다. 소화되지 않고 변통을 좋게 하기 때문에 변비 치료로 쓰이기도 한다.

우뭇가사리는 다년생으로 연골질이며, 그 형태는 원주상으로 크기가 10~15㎝이다. 세포 내의 물질로서 한천이 존재하는데 우뭇가사리를 끓여서 나오는 즙을 분리하고, 응고, 동결, 융해 등의 조작을 반복하여 탈수 정제하는 동결 건조법에 의해 한천을 만든다.

한천의 주성분은 중성 다당류인 아가로오스이고 그 외에 산성 다당류인 아가로펙틴 및 기타 다당류로 섞여 있다.

우무는 여름에 얼음을 띄운 콩국에 말아 먹는 청량음식으로 또는 우무채 · 우무장아찌 등의 반찬에 쓰이며, 단팥묵(양갱) 등의 과자원료, 의약품 원료나 미생물 배양의 한천 배양기로 쓰이는 등 이용범위가 넓다.

05 기타 식품재료 및 물질

1. 식용유지

유지(油脂)는 동식물체 조직에 축적되어 있는 구성성분으로 탄수화물, 단백질과 함께 3대 영양소 중의 하나이며, 높은 열량을 내는 에너지원으로 필수지방산과 지용성 비타민의 공급원이 되기도 한다.

식용유지는 글리세롤과 지방산이 에스테르 결합을 한 트리글리세리드인 중성지방질로서 식용이 가능하다. 상온에서 액체 상태를 유(油, oil), 고체 상태를 지(脂, fat)라 하는데, 이는 구성지방산의 종류에 따라 성상이 달라진다. 액체유는 주로 불포화지방산으로 구성되어 있어 상온에서 액상을 유지한다.

또 식물성 유지는 건성유, 반건성유, 불건성유로 구분한다(표 5-1). 건성유는 공기 중에 산소를 흡수하여 산화하기 쉽고 점성이 커져 단단하게 되어 얇은 피막을 만들기 때문에 페인트나 니스의 원료로 쓰인다. 반건성유는 산화가 느리고 오랫동안 공기 중에 노출되면 부러운 막이 생기는 특징을 나타낸다. 불건성유는 공기 중에 두어도 막이

표 5-1 유지의 분류

구 분	식물성				동물성	
	액체(유)			고체(지)	액체(유)	고체(지)
	들기름 아마인유 호두기름 잣기름	대두유 면실유 미강유 옥수수유 참기름 유채유	땅콩기름 올리브유 동백기름	야자유 카카오버터 팜유	어유 간유 고래기름	버터 우지 돈지 양지
특 성	건성유	반건성유	불건성유			

생기지 않으며 주로 식용으로 이용되는 것 외에 피마인유는 설사약으로 사용된다.

식용유지의 지방산 조성은 표 5-3과 같다. 식용유지는 동물의 체조직에서 용출(溶出)하거나, 식물의 종자에서 추출(抽出) 또는 착유(窄油)하여 원료유로부터 유리지방산을 제거하는 탈산(脫酸, deaciding)공정, 이물질과 색소를 제거하는 탈색(脫色, decoloring)공정, 냄새를 제거하는 탈취(脫臭, deodoring)공정을 거치며, 경화유를 필요로 할 경우 경화(硬化, hydrogenation) 공정 등의 정제공정을 거쳐 식용유지를 만든다.

식용유지는 식용유(튀김용, 샐러드용)와 같이 원료에서 채취한 그대로를 정제하여 사용하는 것과 마가린이나 쇼트닝과 같이 가공해서 사용하는 것이 있다.

1) 식물성 유지

식물성 유지류를 흔히 식용유라 하며, 음식에 넣어 조미용 기름으로 쓰이기도 하지만 주로 튀김용 및 샐러드용으로 이용되고 있으며, 일반적으로 식물을 이용하여 상온에서 액체 상태의 기름으로 추출하거나 착유하여 얻어지는 기름을 말한다.

샐러드용 기름은 음식에 직접 넣어 먹는 식탁용 조미 기름(table oil)이나 마요네즈 등의 원료로 이용되는데 튀김용보다 정제가 더 잘된 기름을 사용한다. 샐러드용 기름은 면실유, 올리브유, 옥수수기름 등이 사용되는데 저온이 되었을 때 흐르거나 굳어져서는 안 된다. 즉, 마요네즈를 냉장고에 보관할 때 저온에서 기름이 굳어지면 유화상태가 파괴되어 기름과 식초가 분리된다. 이를 방지하기 위하여 샐러드유의 정제 시 고체지방과 왁스분을 석출시키는 동유처리(winterization) 공정을 거쳐야 한다. 동유처리는 원료유를 냉각실에서 단계적으로 온도를 저하시켜 고체지방과 왁스분을 제거하는 공정을 말한다.

① 참기름

참기름(sesame oil)은 참깨의 씨를 압착법에 의해 착유한 기름으로 고소한 냄새와 맛을 내므로 우리나라에서 조미용으로 가장 많이 애용하고 있는 식용유이다. 그 원료

표 5-2 유지의 일반 성분

	수분 (%)	열량 (kcal)	탄수화물		단백질 (g)	지질 (g)	회분 (g)	무기질(mg)			비타민(mg)				
			당질 (g)	섬유 (g)				P	Ca	Fe	A	B_1	B_2	niacin	C
면실유	0	921	0	0	0	100	0	0	0	0	0	0	0	0	0
참기름	0	920	0	0	0	99.9	0	0	0	0	0	0	0	0	0
올리브유	0	921	0	0	0	100	0	1	0	0.4	0	0	0	0	0
대두유	0.1	920	0	0	0	99.9	0	0	0	0	0	0	0	0	0
옥수수유	0.4	917	0	0	0	99.6	0	0	33	0.2	1	0	0.01	0	0
땅콩기름	0	920	0	0	0	99.9	0	0	0	0	0	0	0	0	0
어유	0	941	0	0	0	100	0	0	0	0	552	0	0	0	0
쇠기름	0	940	0	0	0.2	99.8	0	1	0	0.1	778	0	0	0	0
돼지기름	0	941	0	0	0	100	0	0	0	0	0	0	0	0	0
양기름	0	940	0	0	0.1	99.9	0	2	0	0.1	62	0	0	0.1	0

표 5-3 식용유지의 지방산 조성(%)

	식물성				동물성		
Fatty acid	대두유	옥수수유	채종유	면실유	쇠기름	돼지기름	버터
lignoceric acid		0.4	1	0.3			
myristic acid	0.1		0.5	0.5	3	1	11
palmitic acid	8	8	2	21	29	28	25
stearic acid	4	3	0.9	2	20	13	9
oleic acid	28	46	18	29	42	46	33
linoleic acid	54	42	22	45	2	6	4
arachidonic acid	0.6	0.6	0.5	0.2	0.8		
linolenic acid	5			2	0.5	0.8	
erucic acid			51				
butyric acid							3
caproic acid							1

가 되는 참깨는 인도, 중국, 멕시코 등지가 주산지이며, 참깨 종피의 색은 흰색, 황색, 갈색 등이고 기름 함량은 45~55%이다.

참기름의 지방산 조성은 올레인산 45%, 리놀레산 40%, 팔미틴산 9%로 반건성유이며, 기름의 산화를 방지하는 토코페롤과 세사몰(sesamol) 등과 같은 항산화제를 함유하고 있다. 또한 특유한 방향을 가지고 있어 정제하면 그 풍미가 휘발하므로 정제하지 않고 착유한 기름을 그대로 식탁용 조미기름으로 사용하고 있다. 참깨의 박은 단백질의 함량이 풍부하여 가축 사료나 비료로 이용된다.

② 들기름

들기름은 들깨의 씨를 착유한 기름으로 독특한 방향을 가지고 있어 참기름 대용으로 많이 쓰이고, 깻묵은 사료 및 비료로 쓰인다. 종피의 색은 백색과 흑색이 있는데 흑색종을 많이 재배하고 있다.

들깨는 우리나라 전 지역에서 많이 재배하고 있으며, 그 잎의 형태는 심장형이고, 잎자루가 길며 보통 녹색이지만 보라색도 있다. 쌈, 간장이나 된장에 절인 장아찌, 들깻잎나물 등으로 식용한다.

들깻잎에는 특이한 방향 성분인 l-페릴라 알데히드(perilla aldehyde), l-페릴라케톤(perilla ketone), l-리모넨(limonen) 등의 정유(精油, essential oil) 성분을 함유하고 있다.

들깨의 종실에는 기름이 40~45% 들어 있고 지방산 조성은 리놀렌산 50%, 리놀레산 33%, 올레인산 11%로 건성유이다.

③ 콩기름

콩기름(soybean oil)은 콩을 n-헥산(hexan) 등과 같은 유기용매로 추출하여 채유(採油)한다. 우리나라는 거의 대부분 원료 콩을 미국 등지에서 수입하여 채유하고 있다. 콩의 지방질 함량은 16~25%로서 보통 20% 내외 함유하고 있다.

콩기름의 지방산 조성은 리놀레산 54%, 올레인산 28%, 팔미틴산 8%, 리놀렌산 5%, 스테아린산(stearic acid) 4%로 담황색을 띤 반건성유이다. 대두유의 정제과정에서 생성되는 대두 인지질이 약 1.5% 들어 있는데 주로 레시틴으로 식품 등의 유화제로 이용되며, 체내에서 지방질 및 콜레스테롤을 녹여 에너지로 전환시키는 역할을 하므로 심장병, 동맥경화 및 지방간의 예방과 치료에 효능이 있어 의약품으로도 이용되고 있다.

대두유는 튀김용, 식탁용 조미 기름, 샐러드유, 마요네즈 등으로 쓰이고, 경화하여 마가린, 쇼트닝 등의 원료유로 이용된다. 대두박(粕)은 장류의 원료나 사료로 이용한다.

④ 옥수수기름

옥수수기름(corn oil)은 옥수수의 배아에 33~40%의 기름이 들어 있어 이를 유기용매로 추출하여 채유한다. 인지질이 1~3%로 비교적 많이 들어 있으며 불검화물도 1% 정도 함유하고 있다. 토코페롤이 0.1% 정도 들어 있고 미량의 왁스도 들어 있다.

지방산 조성은 올레인산 46%, 리놀레산 42%로 이들 지방산이 80% 이상 함유하고 있고 팔미틴산 8%, 스테아린산 3%로 구성되어 있어 반건성유이다, 용도는 콩기름과 같다.

⑤ 쌀겨기름

쌀겨기름(rice bran oil)은 현미를 도정할 때 생기는 부산물인 쌀겨(4~6%)에 들어 있는 약 15~20%의 지방질을 채유한 것이다. 쌀겨를 용매 추출하여 채유하는데 왁스분이 비교적 많아 별도의 탈납 과정을 거쳐 정제한다. 쌀겨는 세포가 파괴되어 있어 쌀겨 중에 있는 지방질 분해효소 리파아제가 작용하여 지방질을 분해해서 유리지방산이 증가하는 경향이 있다. 따라서 리파아제의 활성을 저하시키는 것이 바람직하다. 한 방법으로 쌀겨를 가열 건조하여 리파아제를 불활성시킴과 동시에 수분을 2~3%로 유지하면 지방질의 분해를 막을 수 있다.

우리나라에서 유지 자원이 되는 쌀겨는 매우 풍부하므로 합리적인 처리방식으로 채유하면 좋은 유지 자원으로 활용할 수 있을 것이다. 쌀겨에서 채유한 기름은 풍미가 좋고, 토코페롤도 들어 있어 양질의 기름이라 할 수 있다.

지방산 조성은 올레인산, 리놀레산이 80% 이상 들어 있으며, 포화지방산은 팔미틴산이고, 황색을 띤 반건성유이다. 주로 튀김 및 조미 기름이나 마가린, 쇼트닝, 제과 등에 이용된다.

⑥ 채종유

채종유(rape seed oil)는 일명 유채유라 하기도 하며, 겨자과에 속하는 1년 또는 2년생 초본인 유채의 종실을 압착하고, 추출하여 채유한다. 종실은 녹색이지만 성숙하면 흑색 또는 적갈색으로 되며, 황색도 있다.

종실은 지방질 함량이 35~50% 정도이고 에루신산(erucic acid)이 50% 들어 있는 것이 특색이며, 리놀레산 22%, 올레인산 18%, 팔미틴산 2%로 황색을 띤 반건성유이다.

유체 종실에는 함황 배당체인 글루코시놀레이트(glucosinolate)가 들어 있는데 이것은 미로시나아제(myrosinase)에 의해서 알릴 이소시안니트(allyl isothiocyanate)와 갑상선 비대증의 원인이 되는 옥사졸리딘 티온(oxazolidine thiones)으로 분해된다.

원래 함황 배당체는 무해하지만 그 분해물은 유해하다. 따라서 현재 인체에 유해한 에루신산과 함황 배당체의 함량이 적은 품종을 각 나라에서 개발하여 보급되고 있다.

채종유는 튀김용, 샐러드유, 조미용이나 경화하여 마가린의 원료로 이용한다.

⑦ 낙화생유

낙화생유(落花生油, peanut oil)는 일명 땅콩기름이라고도 하며, 땅콩을 압착하고 추출하여 채유한다. 땅콩에는 지방질 함량이 45~50%, 단백질이 약 30% 내외 함유하고 있어 영양가가 비교적 높다. 지방산 조성은 올레인산 약 60%, 리놀레산 22%, 이밖에 약간의 팔미틴산으로 구성되어 있다.

땅콩기름은 특유한 막과 향을 가지고 있어 식용유나 샐러드유, 튀김용 등으로 이용되며, 마가린의 원료로 쓰이기도 한다. 이밖에 고급 비누, 윤활유 등의 제조 원료로 쓰이기도 한다.

⑧ 면실유

면실유(棉實油, cotten seed oil)는 면화를 채취하고 남은 종실을 가열하고 압착한 후 추출하여 채유한다. 기름 중에는 유독 물질인 고시폴(gossypol)을 함유하고 있어 정제 시 유의하여 제거하여야 한다.

면실유의 지방산 조성은 리놀레산 45%, 올레인산 29%, 팔미틴산 21%, 스테아린산

2%로 구성되어 있다.

면실유는 탈랍 공정을 거쳐 샐러드유로 이용되며, 이밖에 식용유 그리고 마가린, 쇼트닝, 마요네즈의 원료로 쓰이기도 한다.

⑨ 해바라기 기름

해바라기 기름(sunflower oil)은 해바라기 씨를 압착하고 용매 추출하여 채유한다. 종실의 지방질은 30~40%가 들어 있으며, 지방산 조성은 주로 70% 이상이 리시놀레산(ricinoleic acid)으로 구성되어 있어 산화되기 쉬우며 건성유이다.

해바라기 씨는 볶아서 간식용으로 애용되며, 기름은 주로 샐러드유로 사용하거나 경화시켜 마가린, 쇼트닝의 원료로 쓰이기도 한다.

⑩ 올리브유

올리브유(olive oil)는 아열대 상록수로서 지중해 연안에 널리 분포되어 있다. 건조된 올리브 과실의 과육에는 지방질이 40~70% 들어 있는데 이를 압착법에 의해 착유하여 기름을 얻는다.

올리브유는 담황색 또는 녹황색을 띤 불건성유로 약간의 특징 있는 향미가 있고 뒷맛도 약간 자극성이 있다.

지방산은 주로 올레인산으로 그 함량이 70~80%에 달하며 이밖에 리놀레산이 소량 들어 있고 포화지방산으로는 팔미틴산이 비교적 많다.

올리브유는 튀김이나 샐러드유로 이용되며, 이밖에 의약용이나 화장품용으로 이용되기도 한다.

(2) 식물지

식물지(植物脂)는 식물의 열매에 들어 있는 지방질로서 상온에서 고체 상태의 기름인 고체지(固體脂)를 말하며 그 구성 지방산은 대부분 포화지방산으로 구성되어 있다.

① 야자유

열대지방에 분포되어 있는 상록 교목인 야자수는 과실을 그대로 먹거나 현지에서 파이, 쿠키 등에 이용하기도 한다.

건조된 과육을 코프라(copra)라 하며, 지방질이 약 65%들어 있다. **야자유(椰子油, coconut oil)**는 코프라, 야자핵(核)을 압착법에 의해 착유한 것으로 그 지방산 조성은 라우린산(lauric acid) 45%, 미리스트산(myristic acid) 18%, 팔미틴산 9.5%, 올레인산 8.2%, 카프릴산(caprylic acid) 7.8%, 카프르산(capric acid) 7.6%, 스테아린산 5%로 다른 식물 유지에 비해 저급 포화지방산을 많이 함유하고 있는 것이 특징이다. 또한 야자유의 독특한 방향 성분은 락톤(lactone)류 때문이다.

야자유의 특징은 고화(固化) 온도 범위가 좁다. 가소성의 범위가 좁아 상온에서 고체 상태로 유지되나 입 안에서 쉽게 녹아 제과용으로 많이 이용되고 있다. 또한 대부분 포화지방산으로 구성되어 있어 산화에 대해 안정하다.

야자유는 제과용, 조제 분유, 마가린, 쇼트닝의 원료 유지나 고급 화장비누 등의 원료로 쓰이기도 한다.

② 팜유

팜(palm)은 야자과에 속하는 수목으로 야자와 함께 유지를 생산하는 중요한 수목이다. **팜유(palm oil)**는 두 종류의 기름을 함유하고 있는데 팜핵유(palm kernel oil)에 지방질이 45~53%, 팜 과육에 50% 정도 지방질이 들어 있다.

팜핵유는 야자유의 조성과 특성이 유사하여 야자유 대신 사용하기도 한다. 팜유와 팜핵유는 압착법에 의해 착유하며, 팜핵유는 지방산 조성은 라우르산이 50% 이상 함유하고, 미리스트산, 올레인산이 각각 10% 이상 들어 있다. 따라서 융점이 약 26℃로 야자유보다 높다.

팜유의 지방산 조성은 팔미틴산과 올레인산이 약 80% 차지하며 일반적으로 지방산 조성과 가소성은 우지와 비슷하다. 팜유는 카로틴 함량이 0.02~0.2%로 진한 오렌지색을 띤다. 팜유는 산화 안정성과 담백한 풍미 그리고 가격이 저렴하여 라면 튀김용으로 많이 쓰이고, 이외에 마가린, 쇼트닝, 제과용 유지로 쓰이고 있다.

③ 카카오지

상록 교목인 코코아 나무의 열매를 쪼갠 씨, 즉 카카오 콩(豆)을 발효시키면 섬유가 제거된다. 발효에 의해 초콜릿의 방향이 형성된다. 발효된 것을 건조해서 압착한 것을 카카오 버터(cacao butter)라고 하며, 탈지박(粕)을 분쇄한 것을 코코아라고 한다.

카카오 콩을 볶아서 가루로 만든 것을 카카오 페이스트(cacao paste)라 하며 여기에 설탕, 계피, 우유, 바닐라, 카카오 버터 등을 넣어 만든 것을 초콜릿이라 한다.

카카오 콩에는 테오브로민(theobromine), 카페인(caffeine) 등이 들어 있어 독특한 쓴맛을 내며 흥분작용을 한다. 카카오 버터의 구성지방산은 올레인산 40%, 스테아린산 30%, 팔미틴산 25%가 들어 있다. 이들 지방산이 상호 결합되어 있어 가소성의 범위가 매우 좁아 27℃ 이하에서는 쉽게 부스러지며, 이 온도보다 높은 경우 곧 연화된다. 연화점 아래에서는 단단한 형태로 유지되는 성질을 이용하여 제과류에 피복(coating)하는 식품재료로 쓰이고 있다.

2) 동물성 유지

(1) 해산동물유지

해산동물유지(海産動物油脂)는 고래를 비롯하여 바다 물고기류의 지방질을 말한다. 바다 물고기류의 지방질을 흔히 어유라 하며 대체로 고도 불포화지방산으로 구성되어 있어 액체유 상태로 존재한다. 다만 고래기름은 육상동물 지방질과 같이 포화지방산 및 불포화지방산으로 구성되어 있어 상온에서 고체 상태로 존재한다.

① 어유

어유(fish oil)는 어류를 열탕에 넣고 가열하여 떠오르는 기름을 정치하거나 원심분리하여 얻는다. 주로 명태, 대구, 오징어, 꽁치, 정어리, 고등어 등에서 채유하는데, 이들 어류의 내장에서 채유한 기름을 간유라 하며, 특히 비타민 A가 풍부하여 간유구를 만드는 원료로 쓰인다. 또한 상어 간유에는 불포화 탄화수소인 스쿠알렌이 많이 들어 있다. 스쿠알렌(squalence)은 스테로이드 화합물의 전구물질로 알려져 있으며, 심해에서 상어가 활동하는 데 필요로 하는 고열량을 내는 에너지 물질이다.

어유에는 고도 불포화지방산인 DHA, EPA 등을 함유하고 이들 물질은 뇌세포 구성 성분일 뿐만 아니라 순환기계 질환(심장병, 고혈압, 동맥경화 등) 치료에 효능이 있는 것으로 알려져 있어 성장기 어린이나 노인이 생선류를 섭취하는 것이 바람직하다. 이에 반하여 어유에는 고도 불포화지방산인 클루파노도산(clupanodonic acid), 쉬빅산(shibic acid), 티닉산(thynic acid) 등이 있는데 취급 부주위로 공기 중에 산화 분해하여 알데히드, 케톤 등이 생성되면 유독 물질이 생성되어 악취의 원인이 되기도 한다. 따라서 어유를 정제하여 그대로 사용할 수 없으므로 수소를 첨가하여 경화유를 만들어 정제한 후 마가린이나 쇼트닝을 만드는 원료로 사용하고 있다.

② 고래기름

고래기름은 지육(脂肉), 내장, 뼈 등에서 융출하여 채유한다. 고래기름의 성상은 수염고래류와 이빨고래류가 다르다. 수염고래류의 기름은 대부분 중성 지방질이나 이빨고래류의 기름은 30% 정도 고급 알코올로 분리하여 공업용 원료로 쓰이고 있다. 수염고래류의 기름은 수소를 첨가하여 경화유를 만들어 마가린, 쇼트닝 등의 원료로 사용한다.

(2) 동물성 유지류

① 우지

우지(beef tallow), 융출법(融出法)에 의해 소의 지방조직으로부터 추출하여 얻은 지방질이다. 백색, 담황색, 황색, 회색의 고체지로서 신선한 것은 냄새가 없다. 황색은 주로 카로티노이드계 색소에 기인하며, 이는 사료에 의해 형성된다.

우지의 지방산 조성은 올레인산 42%, 팔미틴산 30%, 스테아린산 20%, 미리스틴산 3%, 리놀레산 2%로 상온에서 융점이 40~43℃범위이다.

우지는 콩팥과 심장, 위 주위에서 채유한 지방을 프레미어 주스[premier jus(oleo stock라고도 함)]라 하며 최고급 요리에 사용되는데 이는 불포화지방산이 많아 융점이 낮기 때문이다. 올레오유(oleo oil)는 올레오 스톡(oleo stock)을 29~32℃로 유지하여 압착 분리한 지방으로 우지 올레인(olein)이라 하며, 점도가 커서 마가린 제조에 이용된다. 한편 양지(洋脂, mutton tallow)는 우지와 지방산 조성이 거의 같으며, 주로 공업용으로 이용되고 있다.

우지는 정제하여 마가린, 쇼트닝 등의 원료로 쓰이며, 공업용으로는 비누 및 양초 제조에 쓰인다.

② 돈지

돈지(lard)는 돼지의 지방 조직을 용출법에 의해 채유한 고체 지방으로 우지보다 불포화지방산이 많아 융점이 28~40℃로 낮고 연질이다. 지방산 조성은 올레인산 46%, 팔미틴산 8%, 스테아린산 13%, 미리스틴산 1%이다.

라드 즉 돼지기름은 색과 풍미가 좋아 고급 중화요리에 많이 쓰이고 있으며, 크리밍성이 다소 약하여 제과용으로 사용할 경우 쇼트닝이나 마가린과 혼합하여 사용한다.

다음과 같이 라드는 추출한 부위에 따라 분류할 수 있다.

중성 라드(neutral lard)는 콩팥 지방질을 45~50℃에서 융출시킨 것으로 희고, 풍미가 좋아 품질이 가장 좋은 것으로 마가린, 쇼트닝, 제과용 등의 원료로 사용한다.

리프 라드(leaf lard)는 중성 라드를 제조한 후 다시 고온으로 융출하여 제조한 것으로 식용으로 사용한다. 라드를 저온으로 결정시켜 포로 싸서 압착하면 액상의 라드유(lard oil)와 고체상의 스테아린(lard stearin)으로 분리되는데, 라드유는 담황색으로 올리브유와 같은 상태이며 튀김용 및 조리용으로 쓰인다. 라드 스테아린은 제과용, 마가린, 조리용으로 쓰이며, 이외에 공업용의 원료로 이용되기도 한다.

3) 가공유지 제품

(1) 마가린

마가린은 천연 버터와 비슷하게 만든 인조 버터로 제과용 조리용 등으로 이용되고 있는데 여러 종류의 유지를 혼합하여 버터와 융점이 가깝게 배합해서 유화제, 색소, 소금, 향료 등과 함께 이겨서 굳게 한 것이다. 유지의 함량은 80% 이상이며, 물 및 기타 부원료는 20% 이하로 식품 규격상에 규정되어 있다.

마가린은 실내에서 고체이고 식용할 때 입 속에서 녹아야 되기 때문에 원료 유지의 융점은 25~35℃로 배합하여야 한다. 원료 유지는 주로 식물유를 경화시켜 만든 순식물성 마가린이 있고, 어유, 고래기름, 우지, 돈지, 팜유, 기타 식물 경화유 등을 사용한 일반 마가린 등이 있다. 이들 원료 유지는 유통과정 중에 녹는 온도 범위가 다르므로 계절에 따라 융점을 달리하여 배합하고 있다.

원료 배합의 예로는 원료 유지 80% 이상, 물 또는 발효유 16%, 소금 2~3%, 유화제, 방부제, 산화방지제, 향료, 착색제 등으로 배합하는데, 착색제는 β-카로틴을 첨가하여 비타민 A를 강화하였다.

제조 공정은 원료 유지와 부원료의 배합, 유화, 급냉, 이기기, 성형 포장 순서로 제품을 만드는데 근래에는 유화, 급냉, 이기기 공정을 연속적으로 행하는 보테이터(votator)나 콤비네이터(combinator)기계를 사용해서 제품화하고 있다.

(2) 쇼트닝

쇼트닝(shortening)은 라드의 대용품으로 미국에서 발명한 것인데 마가린과 다른 점은 물을 첨가하지 않고 유지로만 만들며, 제품의 기능성을 높이기 위해 유화제를 첨가하기도 한다.

원료 유지는 야자유, 라드, 우지 그리고 대두유, 면실유 등의 식물유, 어유, 고래기름 등의 경화유 등을 혼합하여 10~15% 질소 가스를 넣어 이겨서 만든 것이다.

쇼트닝의 제조 공정은 원료 배합, 급냉, 이기기의 순으로 마가린의 제조 공정과 대체로 같고 제과, 제빵용으로 널리 사용되고 있다. 쇼트닝의 기능상 특징으로는 쇼트닝성, 크리밍성, 유화성, 아이싱(icing)성, 흡수성, 플라잉(flying)성, 컨시스턴시(consistency) 등이 있는데 이들을 워킹 퀄리티(working quality)라 하며, 그 중요한 성질을 소개하면 다음과 같다.

① 쇼트닝성

쇼트닝을 밀가루와 섞어 반죽할 때 밀가루 사이의 접촉을 차단하고 글루텐(gluten)

과 전분이 굳어지는 것을 방지하여 잘 부서지는 성질을 말한다. 즉 먹을 때 촉감을 좋게 하는 성질로 비스킷, 쿠키, 크래커, 파이 등을 만들 때 꼭 필요한 성질이다.

② 크리밍성

밀가루와 설탕을 섞을 때 공기가 골고루 잘 혼합되어 빵의 조직과 결이 좋아지는 성질로서 주로 경화유를 혼합할 때 효과적이다.

③ 컨시스턴시

넓은 온도 범위에서 잘 녹지 않고 끈기를 갖는 성질을 말한다.

2. 조미료

(1) 소금

소금(salt)은 짠맛을 내는 조미료로 식품의 조리와 방부력을 지닌 보존료로서 중요할 뿐만 아니라 동물의 생명을 유지하는데 필요한 무기질의 공급원이 된다. 즉, 세포 외액에 들어 있고 세포의 기능을 원활하게 유지하는 역할을 한다.

음식 맛 가운데 짠맛이 없으면 맛을 낼 수 없으므로 짠맛은 음식물의 맛을 내는데 없어서는 안 되는 중요한 맛이다.

짠맛은 무기 및 유기의 알칼리염이 해리하여 생긴 이온 맛이다. 짠맛은 주로 음이온에 의존하며 양이온은 짠맛을 강하게 하거나 부가적인 맛을 준다.

가장 순수한 짠맛을 가지고 있는 것은 소금(NaCl)이다. NaCl은 Cl^-이 짠맛을 가지는 데 반하여, Na^+은 쓴맛을 적게 가져 순수한 짠맛을 내므로 소금을 널리 사용하고 있는 것이다. 소금은 NaCl 이외에 소량의 KCl, $MgCl_2$, $CaCl_2$, $MgSO_4$ 등의 불순물을 함유하므로 짠맛 이외에 약간의 쓴맛도 있다.

바닷가에 염전을 만들어 바닷물을 끌어 들여 태양열을 이용하여 수분을 증발시킨 천일염은 결정체가 크나 분순물이 많이 들어 색깔이 좋지 않으므로 이를 물에 용해한 후 여과하여 가열 농축한 백색의 재제염이 생산되고 있다. 따라서 염전을 사용하지 않고 바닷물을 직접 증발, 농축시키는 방법이 주로 쓰이고 있으며, 기타 이온 교환막을 이용하여 소금을 분리, 농축하는 방법 등이 있다.

소금은 신맛을 줄여 주고, 단맛을 높여 준다. 이에 반해 설탕은 소름의 짠맛을 감소시켜 준다. 소금이 단맛을 증가시켜 주기 때문에 음료나 다른 제품에 사용하면 설탕의 사용을 줄일 수 있다.

소금의 용해도는 0℃에서 35.6%이고, 100℃에서 39.1%이다. 즉 온도에 따른 용해도의 차가 적다.

소금 수용액의 농도를 높이면 삼투압이 높아져서 미생물에 대한 방부력이 증가한다. 이러한 성질을 이용하여 어류의 염장, 야채의 절임 등 식품 저장에 이용된다. 이밖에 제빵이나 제면에 소금을 첨가하면 짠맛을 부여할 뿐만 아니라 글루텐 점탄성이 증대되어 제품의 물성을 향상시킨다.

(2) 설탕(sugar)

설탕은 단맛을 내는 감미료로서 소금과 함께 가장 기본이 되는 조미료라 할 수 있다. 인간이 사용한 최초의 감미료는 벌꿀이었고 이후 사탕수수와 사탕무를 대량 재배함에 따라 감미료로서의 설탕이 대중화되기 시작하였다. 단맛을 내는 물질로는 설탕 외에 포도당, 물엿 등이 있으며 사카린, 시클람산나트륨(sodium cyclamate), 둘신(dulcin), 등과 같은 인공 감미료도 있는데 이러한 것들은 설탕에 비해 단맛이 너무 강하여 경제적이지만 대부분 독성을 가지고 있어서 사용을 제한하고 있다.

설탕의 다양한 기능으로 첫째는 단맛을 내며 에너지원으로 이용되며, 둘째로는 갈변을 방지하고 전분의 노화를 방지하며, 셋째로는 단백질의 펩티드 결합을 짧게 끊어 육류를 부드럽게 할 뿐만 아니라 넷째로 발효를 유발하고 펙틴을 젤리화 하며, 방부작용과 착색, 착향 작용 등이 있다. 설탕은 성분의 대부분이 서당(sucrose)으로 체내 흡수되기 쉬우므로 주로 에너지원으로 이용되는 것 외에도 가공 요리나 가공식품에도 많이 이용된다.

(3) 식초

식초(vinegar)는 초산(acetic acid)을 주성분으로 하는 산성 조미료로서 초산 이외에 당류, 유기산류, 아미노산류, 기타 향기 성분이 들어 있다. 식초를 제조할 때 전분을 원료로 할 경우 당화 주정발효 그리고 산발효의 과정을 거쳐야 한다.

식초의 제조법에는 몇 가지 방법이 있으나 속초법(速醋法)을 설명하면 다음과 같다. 알코올에 초산균인 Acetobacter aceti, A. schuetzenbachii, A. oxydans, A. curvum 등을 접종하고, 호기성균이므로 대패밥 등을 발효조에 넣어 표면적을 크게 하여 배양액을 서서히 통과시키면 산화되어 식초가 된다.

식초는 사용하는 원료에 따라 술초, 포도 식초, 사과 식초, 쌀 또는 현미 식초, 맥아 식초 등이 있는데, 각각 특유한 향을 가지며 초절임, 초무침, 회 등에 이용하고 생선 등의 비린내를 제거하거나, 드레싱(dressing)을 만드는 데 쓰이기도 한다.

드레싱은 식초에 샐러드유를 혼합하여 향신료와 조미료를 배합한 것으로, 샐러드 드레싱은 식물성 기름, 식초, 달걀, 전분, 향신료 및 유화제 등을 혼합한 것이다.

(4) 지미료

조미료 중 맛난 맛을 내는 것을 지미료라 하며 이를 일반적으로 조미료라고 부른다. 지미료에는 대표적인 것이 글루탐산 소다(momosodium glutamate)와 핵산 조미료라 할 수 있다. 맛난 맛은 구수한 맛, 감칠 맛 등으로도 표현하며 서양에선 맛 증진제(falvor enhancer)라는 말을 사용하고 있다.

① 글루탐산 소다

다시마의 열수(熱水) 추출물에서 분리된 맛난 맛 성분으로 조미료로 널리 애용하고 있다. MSG는 밀, 옥수수 등의 단백질인 글루텐을 산으로 가수분해하여 제조하였으나 요즈음에는 글루탐산 발효균에 의한 발효법에 의해 공업적으로 생산하고 있다.

발효법에 의한 MSG의 생산은 전분 당화액이나 당밀을 탄소원으로 하고 무기질소원, 무기염류 및 기타 유기 영양원이 함유된 배양액에 Micrococcus glutamicus, Brevibatericum속 등의 글루탐산 생산균주를 접종하여 생산하며, 생산된 MSG는 교환수지를 통과시켜 분리한 후 중화, 탈색, 농축, 결정화시켜 건조한다.

② 핵산 조미료

일본에서 어류 가공품인 가쓰오부시의 맛난 맛 성분이 이노신산의 히스티딘염기라는 것이 밝혀졌고 그 후 맛난 맛을 내는 것이 핵산 성분인 리보뉴클레오티드(ribonucleotide)구조에서 리보스의 5번 탄소 위치에 결합한 인산이 강력한 맛을 지닌 것으로 알려졌다.

핵산 조미료(核酸調味料)에서 맛난 맛을 내는 이노신산(5'-IMP : inosine 5'-monophosphate)은 육류, 어류의 맛난 맛이며, 구아닐산(5'-GMP : guanosine 5'-monophosphate)은 버섯류의 맛난 맛을 가지고 있으며, 이들의 디소디움(disodium)염은 핵산 조미료로 현재 널리 시판되고 있다. 이외에 크산토신[xanthosine

(5'-XMP:xanthosine 5'-monophosphate)]도 있다. 이들 핵산 조미료의 맛의 세기는 5'-GMP 〉 5'-IMP 〉 5'-XMP 순이다.

미생물 균체에 들어 있는 RNA(ribonucleic acid)를 산 또는 알칼리로 가수분해하면 여러 가지 뉴클레어티드가 생성되고, 이들의 맛난 맛을 내는 데는 그 화합물의 구조 내부에 푸린 염기를 가지고, 그의 6번 위치에 OH기가 있으며, 리보스 5'위치에 인산기를 가지고 있어야 한다.

핵산 조미료와 MSG는 서로 상승작용을 가지며 1.2%의 소금용액에서 MSG는 같은 양의 5'-GMP가 함께 존재할 때는 MSG 단독으로 사용하는 경우보다 수 십배 더 강한 맛을 내는 강화작용을 갖는다.

3. 기호음료

기호음료는 비알코올성인 차, 커피, 코코아, 콜라 등과 알코올성인 주류 등으로 구분할 수 있다.

(1) 차

차(茶)는 상록 관목인 나무의 어린 싹으로 제조한 기호음료를 총칭한 것으로 열대종과 온대종이 있다. 원산지는 중국 운남지방, 인도의 아삼 지방이고, 인도, 세일론, 인도네시아산 등의 열대종은 탄닌 함량이 많고, 향미와 떫은맛이 강한 품종으로 홍차 제조에 적합하다.

녹차는 산화효소를 함유하고 있어 채엽 직후 가열처리하여 효소를 파괴하여야 한다. 따라서 그 가열처리 방법에 따라 찐차(steamed tea)와 볶음차(parched tea)로 분류되고 채엽 시기에 따라 5월 중순의 차를 1번차, 7월 중순의 차를 2번차, 8월 중순의 차를 3번차라 한다. 고품질의 차는 1번차이다.

차의 종류는 가공방법에 따라 녹차(綠茶, green tea), 우롱차(oolong tea), 홍차(紅茶, black tea) 세 종류가 있다.

홍차는 찻잎을 따서 18~24시간 재워서 수분 함량이 거의 2분의 1로 줄어들면 압착롤러에 넣어 즙액과 효소를 짜낸 다음 발효시키는데 이때 특유한 향미와 색소가 생성된다. 발효 숙성이 완료되면 더 이상 발효되지 않도록 열건조 시킨다.

우롱차는 약간 재우고 반발효 시킨 다음 건조, 압착, 가열처리를 한 것으로 홍차와 녹차의 중간제품이라 할 수 있다.

녹차는 채엽 직후 더 이상 발효가 일어나지 않도록 증기로 찌거나 또는 볶아서 압착롤러를 사용하여 즙액을 짜내어 건조시킨 것이다. 특히 녹차는 발효를 하지 않은 비발효차이므로 발효 중에 일어나는 불안정한 화합물의 파괴가 없어 발효차인 홍차나 부분발효차인 우롱차에 비해 활성이 크다.

녹차에 들어 있는 탄닌은 카테킨(catechin)류로서 항산화 활성을 지닌 폴리페놀

(polyphenol) 화합물이다. 즉, 탄닌은 단백질과 결합하는 특성을 지닌 폴리페놀 화합물을 총칭한 것으로 식물의 줄기, 잎, 뿌리 그리고 찻잎에 널리 분포되어 있다.

녹차에 주로 들어 있는 카테킨류는 에피갈로카테킨 갈레이트((-)epigallocatechin gallate[EGCG]), 에피카테킨 갈레이트((-)epiocatechin gallate[ECG]), 에피갈로카테킨((-)epigallocatechin[EGC]) 그리고 에피카테킨((-)epicatechin [EC]) 등이 있다.

녹차에는 카테킨 이외에 각종 비타민류(A, B, C, E, K, P 등), 알칼로이드류(카페인, 테오필린, 데오브로민), 색소류(클로로필, 크산토필, 데아플라빈), 펙틴 글루탐산을 포함한 아미노산류, 무기질, 효소류(polyphenoloxidase, superoxide dismutase, peroxidase, catalase, invertase), 유기산 그리고 탄수화물 등을 함유하고 있다. 특히 비타민 C가 480~590mg% 들어 있어 비타민 C의 좋은 급원이 되고 있다.

녹차의 감칠맛과 단맛에 기여하는 아미노산류는 많지만 특히 글루탐산과 에틸아민(ethylamine)으로 형성되는 데아민(theamine)이 대표적인데 이 물질은 일광 조사량을 감소시킴으로써 찻잎에 많은 양이 축적된다. 약리 효과는 카페인의 작용을 억제시킨다는 보고가 있다.

녹차의 향기 성분은 테르펜 알코올(terpene alcohol)류, 알데히드류, 케톤류, 에스테르류이다. 녹차에는 지방질의 산화를 억제하는 항산화제, 즉 페놀성 항산화제(phenolic antioxidant)인 카테킨과 항산화 효소인 슈퍼옥시드 디스뮤타아제(superoxide dismutase) 그리고 항산화 효과를 상승시키는 비타민 A, C, E 등을 함유하고 있어 체내에서 지방질의 과산화물에 의한 노화, 발암 및 순환기계 질환을 예방할 수 있다. 이는 항산화제가 과산화 반응 과정에서 생성되는 발암성 물질인 과산화물의 생성 그 자체를 억제하거나, 노화나 발암 과정에 개입하는 유리기(free radical)를 제거하기 때문이다.

차를 끓이는 데 유의할 사항은 물과 도구 그리고 찻물의 온도이다. 물은 연수(soft water)이어야 하며, 도구는 금속성이 아닌 유리나 도자기류를 사용한다. 끓는 물은 탄닌이 많아 우러나서 쓰며, 방향성 물질이 휘발될 수 있으므로 80℃의 물이 적합하다. 즉 80℃의 물에 찻잎을 넣고 약 3분간 우러내는 것이 가장 이상적이다.

(2) 커피

커피는 열대성 상록 교목의 열매를 볶아서 간 가루에 뜨거운 물을 부어 마시는 음료이다. 커피나무는 이디오피아 원산인 아라비안 커피(Arabian coffee), 아프리카 서해안 지방이 원산인 리베리칸 커피(Liberican coffee), 콩고가 원산인 로부스타 커피(Robusta coffee)의 세 종이지만 아라비안 커피(Arabian coffee)가 대부분을 차지한다. 그 일종인 모카 커피(Mocha coffee)는 소립종(小粒種)으로 방향이 좋다.

커피콩의 겉층은 육질의 외피 밑에 단맛이 나는 점액질의 펄프(pulp)층이 있고 과육의 내층에는 마르고 매끈한 퍼취먼트(perchment)라는 단단한 껍질이 있으며, 그 밑에 실버스킨(silver skin)이라는 엷은 막이 있어 종자를 싸고 있다. 커피콩은 이 종자를 말하며 커피콩의 내피와 외피를 벗긴 것을 그린커피(green coffee)콩이라 하며, 이 상태로 출하한다. 그린커피는 그대로 사용할 수 없어 볶아서 이용한다.

일반석으로 그린커피콩은 크기, 색, 밀노 등에 따라 등급이 나르며, 온화한 맛의 커피가 강한 맛의 커피보다 비싸다. 그린커피콩은 건조한 후 200~250℃에서 수십 분간 볶은 다음 즉시 냉각한다. 볶는 동안 수분이 10~12% 제거되면 향기가 나고, 당이 캐러멜화되며, 단백질도 분해된다. 대부분의 서양인들은 볶은 커피콩을 그대로 이용하는데 이를 원두커피라 하고, 물에 의한 추출을 쉽게 하기 위해 분쇄한 것을 레귤러커피라고 한다.

커피콩은 지방질, 단백질, 섬유소가 주성분이고 당분은 포도당과 설탕이며 무기질의 약 50% 정도가 칼륨이다. 카페인은 아라비안에 1.1%, 로부스타에 2%, 인스턴트 커피에 약 3~5% 들어 있다. 쓴맛은 카페인 때문이며, 떫은맛은 탄닌(약 4% 함유)에 의한다. 카페인은 흥분작용과 이뇨작용이 있다.

커피의 방향 성분은 카페인이 변한 것으로 커피향을 지닌 카페올과 유기산인 초산, 에스테르류, 아세톤류, 알데히드류, 케톤류, 페놀류, 푸르푸랄(furfural) 유도체, 말톨(maltol) 등이다.

커피는 크게 나누어 브라질에서 생산되는 브라질(Brazil)과 그 밖의 나라에서 생산되는 마일드(Mild)로 구별된다. 브라질은 전세계의 반 이상을 차지하는데 브라질의 산토스에서 50%를 생산하고 있다. 마일드로 유명한 것은 콜럼비아산으로 그중에서 메들린(Medelin)이 맛과 향이 뛰어나다. 아라비아산의 모카(Mocha)는 독특한 풍미와 산미(酸味)가 강한 고급품이고, 이 밖에 멕시코산의 코우테벡(Coatebec), 자마이카의 블루 마운틴(blue mountain), 탄자니아산의 킬리만자로(Kilimanjaro) 등도 고급품이다.

① 인스턴트 커피

인스턴트 커피는 가용성 커피라고도 하며, 볶은 커피콩을 분쇄하여 뜨거운 물로 여러 번 추출하여 분무 건조한 것으로 사용이 간편하다. 방향 성분이 다소 손실되므로 최근에는 냉동 건조법으로 이의 손실을 줄이고 있다.

② 데카페인 커피

데카페인 커피는 커피콩에서 카페인을 제거한 후 볶아서 분쇄하여 추출, 건조한 것이다. 비엔나 키피는 잔에 휘피드 크림(whipped cream)과 설탕을 넣고 뜨거운 커피를 부은 것으로 클림이 위로 뜨면서 찬 크림과 뜨거운 커피가 어울려 맛의 조화를 느낄 수 있다.

커피를 끓이거나 우려낼 때에 가장 중요한 것은 물의 온도이다. 85℃에서 커피의 용해성 물질이 용해되므로 85℃ 이상에서 90℃가 적합하다. 90℃ 이상에서는 쓴맛을 지닌 물질이 용해될 뿐만 아니라 탄산가스나 방향성 물질이 휘발된다.

(3) 코코아

코코아는 열대산 벽오동과에 속하는 카카오나무 열매에서 채취한 카카오콩을 볶아서 지방질을 제거한 분말이다.

카카오의 꼬투리에는 20~40개의 콩이 들어 있고 열매를 따서 하루나 이틀 방치한 후 쪼개어 과육을 제거하고 발효시킨다. 발효 중에 향기 성분이 생성되어 쓴맛과 떫은 성분이 분해되고 잘 부스러지게 된다. 볶은 것을 분쇄하여 카카오 페이스트(cacao paste)를 만드는데 카카오 페이스트에는 50% 이상의 카카오 버터가 들어 있어 이 페이스트를 압착기에서 카카오 버터 일부를 채취하고 난 찌꺼기를 건조하여 분말로 한 것이 코코아이다. 코코아에는 보통 12~25%의 카카오 버터를 함유하고 있으며, 지방질이 많은 것이 고급품이다. 주로 밀크 코코아로 마시는데, 이는 설탕과 분유를 배합한 것으로 뜨거운 물만 부으면 마실 수 있다.

코코아에는 카페인과 유사한 기능을 가지고 있는 알칼로이드의 일종인 데오브로민이 들어 있는데 그 기능은 카페인보다 훨씬 약하다.

(4) 콜라, 사이다

① 콜라

콜라(cola)는 열대산 상록 교목인 콜라나무의 종자와 콜라의 잎을 주원료로 사용하여 만드는 청량음료이다. 과실은 긴 타원형이며, 4~10개의 종자를 가지고 있는데 이를 콜라 너트(colar nut)라고 한다. 정유한 콜라 잎의 성분에는 2~2.5% 알칼로이드가 들어 있는데 그 절반이 코카인(cocaine)이며, 이외에 시나밀 코카인(cinamyl cocaine), α-β-트루실린(truxilline), 살리실레이트(salicylate), 아세톤, 메탄올, 유기산 성분이 들어 있다.

코카인은 마약 성분이며, 필요에 따라 의약용으로도 쓰이며, 잎이나 종자 추출물에서 코카인을 제거하여 콜라형 탄산음료를 만드는데 이 추출액에 계피, 레몬, 오렌지, 바닐라 등의 향신료와 콜라의 정유 성분을 넣은 베이스(base)에 탄산을 넣고 캐러멜 등으로 착색한 것이 콜라 음료이다.

② 사이다

사이다(cider)의 본래 의미는 애플 와인(apple wine)을 뜻하지만 우리나라에서 시판되고 있는 사이다는 과일향(fruit essence)를 넣은 감미(甘味) 탄산음료를 말한다. 즉, 일정량의 물에 설탕을 용해시켜 향료를 첨가하고 제품의 특성에 따라 산미료(酸味料) 또는 무기염류를 첨가하여 혼합한 후 탄산가스를 흡수시킨 알코올이 안 들어간 음료를 말한다. 이러한 음료를 탄산음료 또는 청량음료라고 부른다.

현재 우리나라에서 주종을 이루는 탄산음료는 콜라, 사이다, 천연 과즙을 넣은 탄산음료, 비천연오렌지음료 등이 있다.

(5) 주류

주류인 알코올음료는 알코올분이 1% 이상의 음료를 말한다. 그 제조 방법에 따라 양조주, 증류주, 혼성주 등으로 분류한다.

양조주는 양조한 것을 직접 또는 여과하여 마시는 술로, 단발효주와 복발효주로 나눈다. 단발효주는 원료 속의 주성분인 당분이 효모의 작용에 의해서 만들어진 술로서 포도주, 사과주 등의 과실주이다. 복발효주는 원료 속의 주성분인 녹말질이 당으로 분해되지 않은 상태이므로 당화(糖化)를 필요로 하는 것으로 단행 복발효주와 병행 복발효주로 나누어진다. 단행 복발효주는 당화와 발효의 공정이 뚜렷하게 구별되는 술로서 맥주가 있으며, 병행 복발효주는 당화와 발효의 공정이 뚜렷하게 구별되지 않고, 두 가지 작용이 병행해서 이루어지는 술로 청주, 약주, 탁주 등이 있다.

증류주는 양조주와 그 술 찌꺼기를 증류한 술이다. 처음부터 증류하기 위한 목적으로 만든 술덧을 증류한 술로 고형분이 적고, 주정도가 높은 소주, 위스키, 브랜디 등이 있다.

혼성주는 양조주 또는 증류주를 조미료, 향료, 색소 등을 넣어 다시 제조한 술로 재제주라 하며 합성 청주, 합성 과실주, 칵테일류 등이 있다.

술(alcohol)이 생산되는 과정은 포도당의 주정발효에 의한 통성 혐기성 분해로 다음과 같이 알코올과 탄산가스가 생성된다.

$$C_6H_{12}O_6 \xrightarrow[\text{알콜(주정)발효}]{} 2C_2H_5OH + 2CO_2 \uparrow$$

술의 원료가 녹말일 경우에는 먼저 당화시켜 포도당을 생성시켜야 하는 당화 과정을 거쳐야 한다.

① 양조주

- 탁주(濁酒) 및 약주(藥酒) : 탁주와 약주는 우리나라 재래술이며, 전분류(쌀, 보리, 밀, 감자 등)를 당화, 주정발효 시킨 것으로 주모(酒母 : 누룩을 섞어 버무린 지네밥)를 사용하여 만든다. 주모(술밑)는 찐쌀에 종국(種麴)을 접종시켜 국자(麴子)를 만들어 물을 넣어 담근 뒤 강한 효모를 번식시킨 것이다. 탁주는 주모와 술덧을 담가 발효시킨 후 체로 받친 것으로 알코올 함량이 6~8% 가량 된다. 약주는 탁주의 발효액을 포에 넣어 압착 여과한 것으로 탁주보다 맑고 알코올 농도는 12%내외로 다소 높다.

- 청주(淸酒) : 청주는 일본의 대표적인 술로서 우리나라에서도 비교적 많이 생산되며, 탁주 제조와 유사하다. 탁주와 다른 점은 순곡으로만 제조하고 주발효 후에 압착 여과하여 후발효를 25~35일간 시켜 침전물을 제거하여 가열, 살균시킨 것이다. 합성 청주는 청주에 알코올을 첨가한 반합성 청주가 있고, 15% 알코올을 함유한 주정(酒精)에 젖산, 호박산, 포도당, 설탕 등을 혼합하여 숙성시키고 여과하여 만든 합성 청주가 있다.

- 맥주(麥酒, beer) : 맥주의 원료는 보리와 호프(hop)이다. 호프의 쓴맛 성분은 후물론(humulone)과 루풀론(lupulone)으로 기포성과 지포성 즉, 맥주의 특유한 쓴맛을 낼 뿐만 아니라 거품을 내어 안정시키는 역할을 하는 중요한 성분이다.
  보리를 물에 약 8시간 담가 발아시키고, 볶아서 건조한 맥아(malt, 엿기름)를 분쇄하고, 열을 가하여 60℃로 보온하면 맥아 중의 아밀라아제의 작용에 의해 당화(mashing)된다. 당화가 끝나면 여과하여 맥아즙를 만들고 호프를 가하여 발효시킨다. 주발효 후 0~2℃에서 2~3개월간 후 발효를 시키는데 이때 탄산가스가 생성되어 맥주 안에 포화된다. 숙성한 맥주를 냉실(冷室)에서 여과한 것을 생맥주(green beer)라 한다. 생맥주는 보존성이 없으므로 병이나 캔에 넣어 살균하여 시판된다.

- 포도주(wine) : 과실주의 대표적인 술로서 과즙을 과피에 붙어 있는 야생효모나 배양효모로 알코올 발효시킨 것이다. 주발효는 효모의 종류, 발효온도 등으로 일정하지 않지만 온도가 20~25℃에서 7~10일간, 15℃에서는 3~4주일 후면 발효가 끝난다. 주발효 후 찌꺼기를 압착 분리시키면 산소가 공급되어 효모의 활성이 증가하고 1~2%의 발효성 당이 남아 있어 후발효를 하게 된다. 후발효된 주정을 여과한 것이 포도주이다.

  적포도주는 적포도의 껍질을 제거하지 않고 발효한 것으로 껍질의 색소가 용출되어 붉은색을 띤다. 백포도주는 포도의 껍질과 찌꺼기를 분리하여 발효시킨 엷은 누런색을 띤 포도주이다.

- 샴페인(champagne) : 샴페인은 발효 중에 설탕을 첨가하여 낮은 온도에서 발효시켜 탄산가스를 발효액에 녹아들게 한 것이다. 한편 발효 후에 고압의 탄산가스를 포도주에 포화시키기도 하는데 병뚜껑을 따면 탄산가스가 분출하는 소리는 이 때문이다.

② 증류주

증류주(spirit)는 알코올과 물의 혼합물인 발효액을 증류시켜 알코올 도수가 높은 술을 말한다. 증류할 때 생성되는 알데히드, 에스테르, 고급 알코올류 등 향기 성분도 함께 증류되어 독특한 향미를 부여한다.

- 소주(燒酒) : 소주는 옛날에 순재래식 누룩을 재료로 하여 일종의 증류기인 토기나 구리로 만든 고리(古理)를 사용하여 제조하였으나 오늘날에는 증류기를 이용하여 생산하고 있다. 주는 곡류의 전분을 원료로 하여 알코올 발효시킨 후 증류한 증류식 소주와 고구마, 옥수수, 보리, 타피오카(tapioca) 등의 전분을 원료로 하여 발효시킨 후 연속식 증류에 의해 제조된 주정(95%)을 물로 희석한 희석식 소주가 있다. 우리나라에서는 알코올 농도 20~25% 희석식 소주가 시판되고 있다. 희석식 소주는 무색이며, 소비자의 기호에 맞도록 조미료나, 인공 감미료인 아스파르탐(aspartam) 등을 주세법의 허용 범위 내에 첨가하고 있다.

- 고량주(高粱酒) : 고량(수수)이나 옥수수를 원료로 하여 발효시킨 것으로 알코올 농도가 40~45%이다. 고량주는 수수를 분쇄하여 찐 다음 누룩을 혼합하여 반고체 상태로 만들어 밀폐한 발효조에 넣어 당화 발효시킨 후에 증류한 술이다.

- 위스키(whiskey) : 스코틀랜드와 캐나다에서는 whisky라고 표기하기도 한다. 원료에 의한 분류로, 맥아를 원료로 한 말트(malt) 위스키와 보리, 호밀, 밀, 옥수수 등에 맥아를 첨가하여 당화해서 제조한 그레인(grain) 위스키가 있다. 브랜디 위스키는 말트와 그레인을 혼합한 위스키(스코틀랜드식), 위스키의 원주에 알코올을 혼합한 미국식 등이 있다.
스카치 말트 위스키의 제조 방법은 맥아를 건조상(乾燥床, kiln floor)에 넣어 토탄(土炭, peat)과 코크스(cokes)를 혼합하여 태운 불 위에서 건조 훈연하여 수분이 4~5% 정도의 특유한 향미를 지닌 훈연 맥아(smoked malt)를 만든다. 훈연 맥아즙을 발효시켜 증류하여 떡갈나무(oak)통에 밀폐하여 저장하는데 이때 색깔이나 방향 등이 생겨 숭화되어 부드러운 원주(原酒)가 생긴다. 저장기간이 길수록 좋은 제품이며 흔히 저장 연수를 표기하여 시판되고 있다.
이상과 같이 제조한 말트 위스키, 그레인 위스키를 첨가, 혼합(blending)하여 6개월간 숙성시킨 후 병에 넣어 제품화하거나 원주를 수입하여 알코올과 같이 혼합하여 제조하는 경우가 있다. 알코올의 농도는 45%(90proof)이다.

- 브랜디(brandy) : 과실을 원료로 하여 발효시켜 증류한 후 목통에서 3년간 저장한 것이 브랜디 원주이다. 여러 종류의 과실을 사용할 수 있으나 대부분 포도주를 사용하고 있다. 브랜디의 종류는 매우 많으나 대표적인 것은 프랑스 코냑(Cognac) 지방에서 생산되는 코냑이 유명하다.
브랜디의 품질은 원액의 숙성기간에 따라 구분하는데 주로 약자로 표시한다. 저장 원주가 3~10년은 쓰리스타[three star(三星)], 10~20년은 VSO(vert superior old), 20~30년은 VSPO(very superior old pale), 30~40년은 VVSOP(very very superior old pale), 50~70년은 XO(extra old)또는 나폴레옹(Napoleon), 70년 이상은 엑스트라(Extra)로 표시한다. 엑스트라,

XO, 나폴레옹 등의 등급은 가장 우수한 품질로 평가된다. 알코올 함량은 40~43%이다.

이밖에 럼(Rum), 보드카(Vodka), 진(Gin) 등이 있다. 럼은 열대산 증류주로서 사탕수수즙, 당밀 등을 원료로 하여 발효시켜 증류한 것으로 알코올 함량이 40~60%이다.

보드카는 러시아 술로서 호밀을 맥아로 당화시킨 후 발효한 것이며, 알코올 함량이 40~60%이다.

진은 맥아를 원료로 한 발효주에 향료를 가해서 증류한 것이며, 알코올 함량이 40% 내외의 술이다.

(5) 소스

소스(sauce)는 외국에서 액체 조미료를 총칭한 것으로 그 종류가 다양하다. 원료에 대한 배합은 일정한 기준이 없고, 제조하는 사람에 따라 각기 특색 있는 배합을 하고 있다.

널리 애용되고 있는 소스를 간략하게 소개하면 다음과 같다.

① 우스터 소스

우스터 소스(Worcester sauce)는 소스의 기본으로, 만드는 방법에 따라 발효법과 일반법이 있다. 발효법은 채소류를 삶아서 거기에 소금과 산을 적당히 넣어 2~3개월 발효시킨 후 압착 여과해서 기본적인 소스를 만들고 각종 향신료와 조미료를 첨가하여 만든 것이다. 일반법은 거의 대부분 이 방법을 채택하고 있는데, 양파, 당근, 토마토, 마늘 등이 주재료이고, 굴, 사과, 매실 등을 부재료로 하여 이들 채소 침출액에 아미노산 원액, 설탕, 소금, 식초를 가미하고, 향신료와 방향 및 매운 맛을 부여한 후 캐러멜(caramel)로 착색한 것이다.

② 토마토 소스

토마토 소스(tomato sauce)는 토마토만을 사용하며, 토마토 과육에 향신료, 설탕, 소금 등을 첨가하여 제조한다. 이탈리아 요리에서 가장 바탕이 되는 소스이다.

③ 브라운 소스

브라운 소스(Brown sauce)는 육류 및 뼈를 원료로 약간의 갈색이 나도록 태우듯이 구운 후 양파, 향신료, 카레, 밀가루를 혼합하여 기름에 볶은 후 여기에 육수를 넣어 끓인 것이다.

④ 버터 소스

버터 소스(butter sauce)는 버터를 용해한 후 밀가루, 소금을 넣고 이것을 볶은 후 우유를 첨가하여 타지 않도록 끓인 것으로 밀가루를 볶는 정도에 따라 화이트나 브라운 등의 색상을 낸다.

⑤ 메기 소스

메기 소스(Maggi sauce)는 스위스 Maggi사의 제품으로 유럽에서 식탁용 소스로 애용되는 액체 조미료로 동물성 단백질을 분해하여 농축한 것이다. 근래에는 식물성 단백질을 분해하여 글루탐산을 첨가한 것도 있다.

4. 향신료

향신료는 음식에 풍미를 주어 식욕을 촉진시켜 주는 재료로 스파이스(spice)라 하는데 어원은 라틴어로 약품이라는 뜻이다.

향신료는 스파이스와 허브(herb)로 나눌 수 있는데 스파이스는 식물의 가지, 열매, 껍질, 뿌리 등에서 얻는 방향성 재료를 말하며 통째로 혹은 가루로 사용하고 허브는 식물의 잎만을 신선한 형태로 혹은 말려서 사용할 때 부르는 이름이다. 방향성 물질에 의해 특이한 맛과 향을 가지며, 가루보다는 통째로 보관하는 것이 더 오래 향을 유지하며 사용할 수 있다.

향신료의 작용은 다음과 같다.

① 좋은 향과 색으로 식욕을 촉진한다.
② 육류나 생선의 좋지 못한 냄새를 완화 시킨다.
③ 매운맛과 향기는 타액과 소화액의 분비를 촉진한다.
④ 부패균의 증식이나 병원균의 발생을 억제하는 방부제로 작용한다.
⑤ 곰팡이 효모의 발생을 억제한다.
⑥ 유지류나 체내 지질의 산호를 방지한다.
⑦ 소화효소 등의 작용을 활성화하고, 건위, 정장제로서 작용한다.

(1) 후추(pepper)

후추는 후추과에 속하는 것으로 그 열매를 건조시켜 이용하고 있다. 인도가 원산지이자 주산지인데 B.C 400년경 페르시아 상인에 의해 유럽으로 전해 졌으며 12C 초에는 같은 무게의 은과 같은 값으로 거래될 만큼 중요한 향신료였다. 또 실크로드를 통해 중국을 거쳐 우리나라에 전파되었으며 가장 널리 보급되어진 향신료로 상큼한 향과 짜릿한 매운맛이 난다.

열매는 지름이 5~6*cm* 정도이며 둥글고 자루가 없으며 덜 익었을 때는 검은 색이나 완전히 익으면 붉게 된다. 따라서 익기 직전의 열매를 건조시킨 것이 검은 후추(black pepper)로 향기와 매운맛이 강하여 육류요리와 잘 어울리며, 반면 흰후추(white pepper)는 완숙한 열매의 껍질을 벗겨서 건조시킨 것으로 향과 맛이 순하여 흰살 생산, 닭고기 요리나 크림 소스 등에 사용한다. 가루로 된 것보다 사용전에 알맹이를 갈아서 쓰는 것이 향과 맛이 좋다. 후추의 성분은 피페린(piperine)이 5~9%, 차비신(Chavicine)이 6%, 정유성분이 1~2.5%가 함유되어 있다.

(2) 겨자(mustard)

겨자는 겨자과에 속하고 원산지는 중앙아시아인데 중국에서는 B.C 1200년경에 이미 널리 재배되었으며 고대 그리스나 로마시대 때는 약초로 이용되기도 했던 중요한 작물이다. 우리나라에서는 중국을 통해 들어왔으며 고추가 들어오기 전까지 생강, 마늘과 함께 중요한 향신료로 애용되어 왔다.

채소로 사용되는 것은 잎은 깃 모양으로 갈라져 있고 톱니가 있으며 생으로 먹거나 가열하여 사용한다. 어린잎은 괴혈병의 약으로 쓰이며 기억력을 높여주고 권태감을 없애주며 피로회복에 효과가 있다. 갈색의 씨는 원기둥 모양의 꼬투리 안에 들어 있는데 가루로 만들어 향신료로 쓰거나 따뜻한 물에 개어 샐러드의 조미료로 쓴다. 씨를 달인 물은 해독 작용이 있어 버섯중독이나 짐승에 물린 독을 해독하는데 쓰이기도 했다.

씨는 시니그린(sinigrin)과 가수분해 효소인 미로신(myrosin), 지방유가 37% 함유되어 있다.

(3) 산초(kinomei)

산초는 운향과에 속하는 것으로 우리나라, 일본, 중국 등에 분포하는데 작은 잎은 넓고 피침 형이며 가장 자리는 톱니 모양이다. 꽃은 8~9월에 백색으로 피고 열매는 녹갈색으로 익으면 3개로 갈라져 검은 씨가 나온다. 어린 싹, 꽃, 열매가 향신료로서 이용되는데 특히 잎은 말려서 장어요리, 미꾸라지요리, 조림요리 등에 사용하고 요리에 장식용으로도 쓴다. 열매는 익기 전에 따서 식용으로 하고 완전히 익은 씨로는 기름을 짜기도 한다.

(4) 계피(cinnamon)

향신료 중 가장 오래된 역사를 가지며 후추, 정향과 함께 세계 3대 스파이스 중의 하나이다. 스리랑카, 인도네시아 등이 주산지로 계수나무 뿌리, 줄기, 가지 등의 껍질을 벗겨 건조시킨 것으로 두께가 얇고 향기가 좋은 것이 품질이 좋다.

독특한 청량감과 방향, 단맛 등을 가지고 있어 조리용으로 동서양 요리 모두에 이용되며 외에도 주스 칵테일, 홍차, 케찹, 커피 등에 이용된다.

(5) 정향(clove)

정향은 모르카 제도가 원산지이며 중국, 로마, 유럽 등지에 전파되었다. 꽃이 피기 전의 봉오리를 따서 말린 것으로 스파이스 중 꽃봉오리를 이용하는 유일한 품종이며 진한 갈색의 못 같은 모양을 하고 있어 영어의 클로브(clove), 프랑스어의 클루(clou)는 모두 못이라는 말에서 나왔다. 꽃이 피기 전의 봉오리를 1*cm* 정도 길이로 따야 하기 때문에 많은 노력이 필요하고 따라서 그 산출량이 적어 꽃대와 열매도 이용 한다.

향이 아주 강해 육류의 누린내를 없애는데 효과적이며 백리향이라는 별칭을 갖고 있다. 정향의 향은 휘발성이 아니기 때문에 조리할 때 처음부터 넣는데 정향유, 정향가루, 잎과 줄기 등은 봉오리보다 품질이 떨어진다.

햄이나 고기에 찔러서 요리하고 가루는 스튜나 구운 과자에 이용한다. 그 외 스프, 소스 청어 절임, 샐러드 드레싱, 고기 절임 등에 이용한다.

(6) 고추냉이

고추냉이는 겨자과에 속하며 굵은 원기둥 모양의 땅속 줄기를 갖는다. 5~6월에 백색의 꽃이 피고 열매 크기가 17*mm* 정도이다. 풀 전체에 특유의 향기와 매운맛을 지니고 있으며 매운맛 성분은 알릴 이소티오시아네이트(allyl isothiocyanate)이며 가루로 만들면 효소의 작용으로 매운 맛이 생긴다. 봄에 고추냉이를 채취하여 김치를 담가 먹기도 하고 땅속줄기의 잔뿌리를 말려 생약으로 쓰기도 한다. 생선회, 초밥 등에 쓰인다.

(7) 월계수 잎(bay leaf)

월계수는 지중해 연안이 원산지로 이탈리아에서 많이 생산되고 우리나라에서는 경남과 전남지방에서 재배되고 있는데 4~5월에 황색 꽃이 피고 열매는 10월에 흑자색으로 익는다. 로마인들은 월계수가 초자연적인 힘을 가지고 있는 것으로 믿었으며 올림픽에서 승리한 사람에게 월계수 잎이 달린 가지로 만든 관을 주어 명예의 표시로 삼기도 했다. 월계수의 긴 타원형의 잎은 상큼한 향기와 약간을 내며 짙은 녹색을 띠지만 말리는 과정에서 연한 녹색으로 변한다. 말리는 과정에서 많은 먼지가 잎의 표면에 묻을 수 있어 사용 전에 흐르는 물에 씻어주는 것이 좋다.

월계수 잎에는 주성분인 시네올(cineol)이 다량 함유되어 있고 그 밖에도 다양한 성분을 함유하고 있어 방향성 건위제나 도포제로 쓰인다. 어린 정향잎은 정유율이 높고 향기가 좋으며 생잎은 약간의 쓴맛을 내지만 말린 잎은 방향이 증가하고 단맛이 나며 가루는 쓴맛이 강하다.

식욕을 촉진시킬 뿐만 아니라 서양요리에 필수적으로 쓰이는 향신료로 차, 카레, 스튜, 마리네, 피클 소시지 등에 이용되며 몇 가지 스파이스와 묶어서 이용한 부케가르니에는 꼭 들어간다. 천연 방충제 역할도 있어 쌀독에 말린 월계수잎을 넣어 두면 벌레가 생기지 않는다.

(8) 바질(basil)

허브의 대표라 불리우는 향신료로 열대아시아와 유럽이 원산지이다. 엷은 신맛과 강한 향기가 있어 잎을 뜯기만 해도 향기가 처지는데 인도에서는 바질의 일종인 호리바질(holy basil)의 향이 공기를 맑게 하고 생기를 불러 넣는다 하여 힌두교에서 신에게 바치는 성스러운 향초로 여긴다.

잎은 가장자리가 톱니 모양으로 마주 나고 길이는 5~10㎝ 정도이며 여름에 꽃이 피고 긴 타원형의 열매를 맺는다. 종자는 매우 작고 흑색이며 꽃이 피지 직전에 베어서 건조 시킨 것을 가늘게 자르거나 가루를 내어 사용한다.

잎에서 추출한 정유는 향수나 비누 · 음료의 향을 내는데 이용되며 머리를 맑게 하고 두통을 없애는 효과가 있어서 차로 마시면 신경과민과 두통뿐만 아니라 구내염에도 효과가 있다.

특히 토마토와 잘 어울려 이탈리아 요리의 스파게티, 피자, 토마토소스, 샐러드 등에 반드시 쓰고 있다.

5. 인스턴트 식품

인스턴트식품(instant food)은 국민 경제생활의 향상과 식품가공 기술의 발달로 소비자들이 간편하고 편리한 식품의 형태를 요구하는 추세에 걸맞는 식품이라 할 수 있다. 인스턴트식품은 간단한 조리과정을 거쳐 즉시 먹을 수 있는 식품으로 수송이 용이하고 저장성도 좋아 편리식품(convenient food)이라고도 한다. 그러므로 편리한 측면에서 볼 때 병조림, 통조림, 냉동식품, 건조식품 등과 같이 간편성과 편리성에 고정된 식품만을 의미하는 것이 아니라 다음과 같은 특성을 가지고 복원성이 우수하여 쉽게 조리하여 먹을 수 있는 것을 인스턴트식품이라 할 수 있다.

- 조리를 전혀 필요로 하지 않는 식품을 뜻하는 것이 아니라 조리하는 노력을 줄이기 위해 만든 가공식품이다.
- 시간과 장소에 구애받지 않고 간단한 조리만으로 먹을 수 있다.
- 잘 발달된 식품가공 공정의 전 처리를 거쳐 쉽게 먹을 수 있는 상태로 제조한 것이다.
- 저장성이 높고, 수송과 휴대가 편리하여 수 시간 내에 이용될 수 있다.

따라서 인스턴트식품은 수용성이거나 수용성 성분을 추출한 것을 복원성을 좋게 하기 위해 탈수, 건조한 것으로서 곡류나 감자류의 전분 등을 α-전분화 하거나, 조리가공해서 식사 직전까지 조리가 완료된 것과 여러 가지 건조 원료를 만들어 이것을 조합 가공한 식품이어야 한다. 물, 우유 또는 뜨거운 물을 부어 곧 먹을 수 있는 것은 인스턴트 커피, 인스턴트 차, 인스턴트 우유, 인스턴트 주스, 콘플레이크(corn flake), 인스턴트 매시 포테이토(instant mash potato), 즉석밥, 컵라면 등이 있다.

그대로 가열하든가 뜨거운 물을 넣어 끓여 먹을 수 있는 것은 인스턴트라면, 인스턴트 카레, 인스턴트 수프, 레토르트 파우치(retort pouch) 식품 등이다.

1) 인스턴트 식품의 종류

(1) 즉석밥

즉석밥(α-쌀)은 쌀을 묽은 초산에 담근 후 밥을 짓고 80~120℃에서 열풍 건조를 시켜 수분 함량을 5% 정도로 만든 것과, 볶음밥일 경우 밥을 지은 후 수분 함량을 20~30%로 건조시킨 다음 기름에 튀겨 탈수 건조(수분 5%)시킨 것 등 그 제조방법이 두 종류이다.

어느 것이나 쌀 전분을 α-형 상태에서 건조하고 건조 후에도 α-형 상태에서 β-형(노화)으로 되돌아가지 않게 한 것으로 뜨거운 물만 부으면 복원되어 뜨거운 밥과 비슷하게 된다.

(2) 라면

국수를 기름에 튀겨 전분이 호화와 건조가 동시에 이루어져 물을 가해 수분 안에 끓여 바로 먹을 수 있도록 만든 것으로 1963년에 우리나라에 도입되어 인스턴트식품의 서막을 올리게 되었다.

라면의 제조공정은 원료를 배합하여 제면(국수를 웨이브 상태로 만듦)하고 95~98℃의 증기로 쪄서 계량 및 절단해서 형틀에 넣고 140~150℃에서 약 2분간 튀긴 후 냉각하고 수프를 넣고 포장한다.

라면은 기름에 튀김으로 해서 그 제품 중의 지방질이 공기와 빛에 의해 쉽게 산패될 수 있으므로 포장지에 유의하여야 한다. 즉 태양열 광선을 차단할 수 있는 포장 재료를 사용해야 한다.

근래에는 용기면(cup라면)을 많이 보급하고 있는데 α-화된 라면에 수프를 첨가한 후 뜨거운 물을 넣고 수분 후에 먹을 수 있도록 만든 간편한 제품이다.

(3) 인스턴트 수프

인스턴트 수프는 분말상태, 페이스트 상태 등이 있으나 현재 시판되는 수프는 분말수프로 포타주(potage)형, 콩소메(consomme)형이 있다. 콩소메형은 맑게 끓인 고기 수프의 형태를 말하며, 포타주형은 짙은 수프(thick soup)를 말하는데 주로 이 형태가 많이 시판되고 있다.

그 제조방법은 밀가루와 옥수수 전분에 농축된 쇠고기 고형분(ex분)과 채소 수프를 섞고 가열 농축하고 여기에 건조 채소 분말, 조미료, 향신료, 설탕, 분유, 지방, 캐러멜 등을 넣고 건조 분말화시킨 것이다.

(4) 인스턴트 된장국

된장은 발효 숙성 중 생성되는 방향, 색깔 등 많은 성분이 들어 있어 보통 건조법으로 생된장을 건조시킬 경우 그 풍미가 그대로 유지되기 어려우므로 그 건조방법에 유의할 필요가 있다. 따라서 진공상태에서 건조시키면 이러한 문제를 해결할 수 있다.

현재 시판되고 있는 인스턴트 된장국은 생된장을 진공 건조하여 여기에 각종 조미료, 동결 건조시킨 시금치, 버섯, 양파 등의 채소류의 분말, 두부, 튀김류 등을 혼합하여 만든 것으로 뜨거운 물만 부으면 즉시 먹을 수 있다.

(5) 인스턴트 카레

카레(curry)는 예로부터 애용되어 온 향신료로서 가열시켜 α-화된 밀가루, 버터나 라드 등의 지방질을 혼합하여 고형 또는 과립상(顆粒狀)으로 만들어 쉽게 조리할 수 있도록 만든 것이다.

제조방법은 100~140℃ 정도에서 가열한 α-화된 밀가루에 지방질을 넣어 잘 혼합한 것에 소금, 설탕, 조미료 및 유기산 등을 넣어 혼합하고, 양파, 토마토, 당근, 치즈, 분유 등의 건조분말을 첨가하여 혼합해서 분말화시킨 것이다.

(6) 인스턴트 우유

보통 분유의 입자는 50μ의 미세입자이므로 용해될 때 서로 엉키기가 쉽다. 그리므로 인스턴트 우유는 입자가 잘 풀리게 하기 위해 분유입자를 다공질(多孔質)의 입자 형태로 바꾸어 놓은 것으로 이러한 처리를 하는 장치를 인스턴타이저(instantizer)라 한다. 즉, 분유를 포화 수증기실에서 적당한 습도를 유지하면서 젖당의 점착성(粘着性)과 우유 단백질의 보조적 점착성을 이용해서 다공질의 입자, 즉 200~1,000μ의 집단입자를 만들어 물을 가하면 쉽게 풀어질 수 있도록 제조한 것이다.

(7) 인스턴트 차

차의 추출액을 진공 농축하여 진공건조 또는 동결건조시킨 것이다. 추출, 농축, 건조 중 차의 향기가 상실되기 쉬우므로 가능한 한 저온 진공건조시켜야 한다.

(8) 인스턴트 주스

인스턴트 주스는 분말 주스로 설탕, 포도당을 주원료로 하여 구연산, 주석산, 사과산 등의 유기산과 그 염류, 분말 향료, 유화제, CMC(carboxylmethyl cellulose) 및 인공색소 등을 혼합한 합성분말의 형태인 청량음료라 할 수 있다. 대부분 제품이 천연과즙을 함유하고 있지 않으며, 미국에서는 천연 과즙을 진공 건조한 천연과즙 분말이 생산되고 있다.

(9) 콘플레이크

콘플레이크(cornflakes)는 백색 옥수수를 분쇄하고 증기로 찐 다음 롤러로 압편한 것이다. 원료 옥수수를 1~2%의 더운 알칼리 용액에 침지시킨 후 마쇄 롤러를 통과시켜 분쇄 및 탈피를 한다. 탈피된 옥수수는 물속에 침지시킨 후 생증기로 찐다. 여기에 설탕, 소금 등으로 조미하고 냉각하여 가열 건조시켜 수분을 20%로 균일하게 건조시킨다. 이를 압편 롤러를 통과시켜 압편하고 회전형 오븐에 넣어 직화(直化)에서 회전시켜 배소(焙燒)한 다음 건조시켜 제품화하는데, 다른 곡류의 플레이크류도 위와 같은 방법으로 한다.

조식에 콘플레이크를 우유에 넣어 먹는 간편하고 편리한 식품이라 할 수 있다.

2) 레토르트 파우치 식품

레토르트 파우치 식품은 1950년 미국에서 개발되었으며 그 제조방법은 통조림과 유사하다. 레토르트 파우치 식품은 폴리에스테르 필름(외층), 공기와 광선을 차단하는 알루미늄 포일(중층), 접촉성과 가열 밀봉이 용이한 폴리프로필렌 필름(내층)의 유연한 포장 주머니(pouch)에 넣어 밀봉한 후 가압 솥(retort)에서 100℃ 이상의 습열로 살균한 것이다. 통조림과 병조림과 같이 저장성을 가진 식품이며, 가열하지 않고 먹을 수도 있고 열탕 중에 3~5분 넣었다가 즉시 먹을 수 있는 식품을 말한다.

레토르트 파우치 식품은 일반 가공, 저장식품 이외에 군의 비상식품, 병원 급식용, 도시락용, 아폴로 우주 식품 등에 이용되고 있으며, 우리나라에서는 자장, 카레, 쌀밥, 볶음밥 등에 이용되고 있다.

레토르트 파우치 식품의 주요 제조공정은 충진, 탈기(脫氣), 밀봉(密封, sealing) 등이다. 충진한 후 밀봉할 때는 파우치 내에 잔존하는 공기를 없애기 위해 필히 탈기를 해야 한다. 파우치 내의 잔존 공기에 의해 포장이 파열될 수 있으며, 비타민 A의 산화와 식품의 갈변이 일어나 내용물이 변화될 수 있으므로 탈기는 매우 중요하다. 불량 제품의 발생은 대부분 밀봉 불량이 원인이므로 밀봉할 때 온도, 시간, 압력이 적절히 조절되어져야 한다.

레토르트 파우치 식품의 살균 기준은 통조림과 같으며, 내열성 포자를 사멸시킬 수 있는 가장 좋은 방법으로 알려져 있다. 그러나 레토르트 파우치 식품은 통조림에 비하여 표면적이 넓고, 열전도가 우수하다고 할 수 있다. 최근에는 UHT살균법을 레토르트 파우치 식품에 도입하여 우수한 품질의 레토르트 파우치 식품을 생산하고 있다.

레토르트 파우치 식품은 다음과 같은 몇 가지 특징을 가지고 있다.

- 가열처리하여 무균이므로 방부제 등을 첨가할 필요가 없고, 냉장, 냉동하지 않아도 된다.
- 통조림, 병조림에 비해 저장 공간이 적어도 되고, 개봉이 용이하며 폐기 처리가 간편할 뿐만 아니라 유통과정에서 수송과 휴대가 간편하여 포장을 다양하게 할 수

있다.

- 통조림, 병조림에 비하여 얇고, 평편하므로 살균시간이 단축되고 색, 조직, 풍미 및 영양가 손실이 적다.
- 냉동식품을 가열하여 사용할 때 해동하는 데 많은 시간과 열원이 필요하지만 레토르트 식품은 그대로 이용할 수 있고, 가온하는 데 시간과 열원이 절약된다.

그러나 통조림, 병조림보다 충진 속도가 느리고 불량품을 검출하는 방법이 아직 확립되어 있지 않으며, 유연성 때문에 내용물의 형체가 파괴될 우려가 있는 단점을 지니고 있다.

6. 식품첨가물

식품첨가물은 식품 본래의 성분이 아니고 주로 화학적 합성품이므로 그 안정성이 가장 큰 문제점으로 나타나고 있다. 그래서 각국에서는 실정에 따라 식품첨가물을 법으로 규제하여 철저히 관리 운영하고 있다. 식품첨가물에 대한 정의를 살펴보면 우리나라 식품위생법 제1장 제2조 2항에서는 '식품을 제조 가공 또는 보존함에 있어 식품에 첨가 · 혼합 · 침윤(浸潤) 기타의 방법에 의하여 사용되는 물질'이라고 하였고, FAO와 WHO의 식품첨가물 합동전문위원회(Joint FAO and WHO Expert Committee on Food Additives)에서는 '식품의 외관, 향미, 조직 또는 저장성을 향상시키기 위하여 식품에 소량 첨가하는 비영양성 물질'이라고 정의하였다.

결과적으로 천연물이건 화학적 합성품이건 식품에 첨가되어 식품과 공존하는 물질로서 단독으로 이용할 때에는 식생활과 관계가 거의 없는 비식품(非食品)이라고 할 수 있다.

그 작용면에서 관찰해 볼 때 세 가지 경우가 있다. 먼저 보존제, 착향제, 착색제, 조미료, 항산화제 등은 식품 중에 오랫동안 잔류 지속되어 이의 특징을 유지시켜야 하는 경우이고, 다음으로 팽창제와 같은 것은 식품제조 과정에서만 그 작용을 요구하는 경우이다. 세 번째로 강산이나 강알칼리 등에 속하는 첨가물은 제조과정 중에 이의 작용을 요구한 다음, 식품의 완성 전 단계에서 전부 중화시키거나 또는 세척하여 제거시키므로 완제품 중에는 잔류되지 않는 경우도 있다. 그런데 대부분의 식품첨가물들은 화학적 합성품이기 때문에 단기간 또는 장기간 식품 속에 잔류되면 어떤 경우에는 인체에 미치는 영향이 크므로 식품첨가물에 대하여 더욱 관심이 높아지고 있다.

1) 식품첨가물의 분류

식품첨가물은 화학적인 구조, 사용목적, 사용효과 등에 따라 그 종류가 다양하므로 분류하기가 어려우나 첨가물의 기능을 위주로 분류하는 것이 상례이다.

식품첨가물은 우선 천연물과 화학적 합성품으로 대별할 수 있다. 화학적 합성품이란 식품위생법 제2조에 명시된 바로는 '화학적 수단에 의하여 원소 또는 화합물에 분해반응 이외의 화학반응을 일으켜 얻은 물질'이라고 하였다. 이 뜻은 천연물이라 하더라도 화학반응을 일으켜 얻은 물질이면 화학적 합성품의 범주에 속하게 되는데, 예로 β-카로틴, L-아스코르빈산, α-토코페롤, 아미노산류 등이 있다. 그런데 분해반응은 합성반응의 역반응으로서 이 반응에 의하여 얻어진 물질은 그 물리화학적 성상이 비교적 알려져 있고 또한 인체에 미치는 영향도 미약하기 때문에 화학적 합성품처럼 규제하지 않는다.

식품첨가물 중 어떤 것은 제조과정에 따라 천연물로 간주되는 경우와 합성품으로 간주되는 경우가 있다. 예를 들면 밀단백질인 글루텐을 가수분해(분해반응)하여 글루탐산을 생산해낼 때 이는 천연물로 보지만 용해성의 증가를 위해 글루탐산의 나트륨염인 글루탐산나트륨을 얻어낼 경우 화학적 합성품으로 취급된다.

화학적 합성품은 천연품과 달리 미량이라 하더라도 인체에 해로운 것이 대단히 많고, 장기간 섭취 시 만성적인 피해를 일으킬 경우가 많다. 따라서 식품위생법 제6조에 명시된 바와 같이 화학적 합성품에 대해서는 세계 각국에서 천연품보다 법적으로 규제를 강화하고 있다.

한편 Desrosier는 식품첨가물을 식품공학적 기능에 따라 다음과 같이 분류하였다.

㉠ 보존료(preservatives)
㉡ 영양 강화제(nutritional supplements)
㉢ 착색제(color modifiers)
㉣ 향미료(flavouring agents)
㉤ 식품의 기능적 성질에 영향을 주는 화학물질
㉥ 식품가공에 사용되는 화학물질
㉦ 수분을 조절하여 주는 화학물질
㉧ pH조절제
㉨ 품질과 관련된 생리적 기능 조절제
㉩ 기타

2) 식품첨가물의 종류

(1) 보존료

보존료(chemical preservatives)는 식품의 변질이나 부패를 방지하여 식품의 신선도를 보존하는 물질로 보통 방부제로도 불린다.

방부제는 미생물의 발육을 억제하는 정균작용(bacteriostatic acid) 및 살균작용(bacteriocidal action)과 식품 또는 세균이 생산하는 효소의 작용을 억제(antienzyme)함으로써 방부 역할을 한다.

우리나라에서 허가된 보존료의 종류는 다음과 같다.

DHA(dehydroacetic acid) 및 **DHA-S**(dehydroacetic acid의 sodium)는 백색침상 또는 결정성 분말로서 열에 비교적 안정하고 맛과 냄새가 거의 없다. DHA는 물에는 잘 녹지 않으나 아세톤, 에테르, 벤젠 등의 유기용매에는 잘 녹는데 비하여 DHA-S는 유기용매에 잘 녹지 않는다. 그러므로 수용액으로서 식품에 첨가하는 경우에는 주로 이 소듐염이 이용된다. DHA와 DHA-S는 다같이 금속과 작용 시 변색되고 산성에서 효과가 증대되며 항생물체로 알려져 있다. 흰쥐에 대한 경구 독성은 DHA가 LD_{50}=1g/*kg*이고 DHA-S는 LD_{50}=0.57g/*kg*이다.

소르빈산(sorbic acid)은 백색의 결정성 분말로 자극적인 냄새가 약간 있는 듯하다. 광선에 열에 안정하나 공기 중에 오랫동안 방치하면 산화되어 착색되기 쉽다. 물에 녹기 어려우나 더운물, 알코올 등에는 비교적 잘 녹는 편이다. 소르빈산의 칼륨염(potassium sorbate)이나 소듐염은 소르빈산보다 물에 잘 녹으며 공기 중에 방치하면 흡습성이 있다. 각종 미생물들에 대하여 정균작용을 하나 그 작용이 그리 강하지 않으며, 다른 산성 방부제와 마찬가지로 산성 용액에서 그 작용효력이 증대된다. 독성은 경구적으로 흰쥐에 대하여 LD_{50}=10.5g/*kg*이며 이의 Na염은 LD_{50}=4.97g/*kg*이고 K염은 LD_{50}=5.86g/*kg*이다. 이와 같이 소르빈산은 독성이 낮기 때문에 보존료 중에서 안전성이 높아 활용도가 높고, 섭취된 소르빈산은 생체내에서 다른 불포화지방산들과 같이 대사되는 것으로 알려져 있다.

안식향산(benzoic acid)은 결정성 분말로서 승화성이 있고 물에는 잘 녹지 않으나 유기용매나 지방용매에 잘 녹는다. 그러나 소듐염 또는 칼륨염은 물에 잘 녹으며 공기 중에서도 안전하다. 안식향산의 독성은 경구투여 시 흰쥐에서 LD_{50}=2.7g/*kg*으로 비교적 낮고 또 섭취하더라도 체내에 축적되지 않아 배설된다.

안식향산 역시 정균작용과 살균작용을 동시에 가지고 있으나 살균작용은 약하다. pH에 대한 영향이 크기 때문에 일반적으로 pH7에서의 살균력보다 pH3에서 약 열배나 더 강한 것으로 알려졌으며 안식향산의 용도는 간장이나 탄산이 들어 있지 않은 청량 음료수에만 사용되고 있다.

프로피온산(propionic acid) **및 소듐염, 칼슘염**은 곰팡이들에 의한 발효를 억제하는 효과가 커서 오랫동안 사용되었는데 주로 빵류에는 칼슘염을, 과자류에는 소듐염을 사용하고 있다. 왜냐하면 소듐염은 알칼리성이므로 빵효모의 발효를 지연시키는 경향이 있고, 칼슘염은 과자류 제조 중 팽창제로 사용된 중탄산나트륨과 반응하여 불용성의 염을 형성하여 CO_2의 발생을 억제하기 때문이다.

프로피온산은 지방산이므로 향미생물작용은 탈수소효소계의 작용을 억제하여 미생물의 발육 억제하는데 소르빈산보다는 약하다. pH는 낮을수록 작용효력이 증대되며, 이때 pH 조정제로 초산, 젖산, 제일인산칼슘 등이 사용된다.

(2) 살균제

살균제(bacteriocides, sterilizers) 또는 **소독제**(disinfectants)는 식품 중의 부패세균이나 기타 미생물을 사멸시키는 작용이 있는 식품첨가물이므로 독성이 적고 식품에 어떠한 나쁜 영향을 주지 않으면서도 살균력이 강한 것이 바람직하다. 우리나라에서 허가된 살균료는 모두 음료수, 야채 과일류, 식기류의 소독들을 위해서만 그 사용이 허가되고 있다.

차아염소산나트륨(sodium hypochlorite)은 무색 내지는 담황색의 액체로서 염소 냄새가 난다. 광선에 의해 유효염소가 분해되므로 냉암소에 보관해야 한다. 시판품은 유효 염소량을 4% 이상 함유하고 있으며 유효염소(available chlorine)란 차아염소산나트륨이나 표백제에 산을 가할 때 발생하는 염소를 말한다. 향균작용의 주체는 비해리형(非解離型)의 차아염소산(HClO)에 의하며 살균력은 pH가 낮을수록 비해리형

HClO의 양이 커지므로 따라서 살균력도 높아지게 된다.

한편 **염소계 살균제**의 살균효과는 단백질이나 탄수화물 등에 의해서 저하되기 때문에 식기 등을 소독할 때 소독 시 음식 찌꺼기가 많이 붙어 있으면 제대로 효과를 기대할 수 없다.

표백분(bleaching powder)은 백색 분말로 염소 냄새가 강하게 나며, 유효 염소량은 25~60% 정도이다. 공기 중의 CO_2에 의해 차아염소산이 유리되기 때문에 밀폐된 용기에 넣어서 냉암소에 보관하는 것이 바람직하다. 이 표백분은 차아염소산과 염화수소 간의 칼슘염의 혼합물로 살균작용과 아울러 표백작용이 강하다.

(3) 산화방지제

식품이 보존될 때 여러 가지 원인에 의해 변질되는데, 이 중 미생물에 의한 부패 이외에도 공기 중의 산소에 의해 변화를 받는 예가 많다. 특히 유지의 산패는 그 대표적인 예로써 산화와 종합반응이 연쇄적으로 거듭됨에 따라 급기야 유지의 품질을 저하시키며 영양가 면에서도 손실이 크다. 산화는 불포화지방산을 많이 함유하는 유지에서 일반적으로 빨리 일어나는데 수분, 금속, 광선, 효소, 열 등에 의해 산화가 촉진된다. 이와 같이 산화되는 반응을 억제하여 주는 물질을 **산화방지제** 또는 **항산화제**(antioxidants)라고 한다. 산화방지제의 역할은 산화를 억제시켜 산패의 유도기간을 연장하게 된다.

이는 자연품, 합성품, 상승제(synergist)로 구별할 수 있으며, 작용기전은 자동산화과정의 첫 단계에서 생성되는 히드로퍼옥시드(hydroperoxide) 등의 과산화물 생성속도를 억제함으로써 2차적인 반응을 차단시켜 준다. 그런데 과산화물의 최종 분해 생성물질 카르보닐(carbonyl) 화합물 형성과정에는 작용력이 미치지 못하게 된다.

산화방지제는 수용성과 지용성으로 구분할 수 있는데 수용성은 주로 색소의 산화방지제로 사용되고 지용성은 유지를 많이 함유한 식품에 사용한다. 이들은 대체로 활성이 큰 유리기(free radical)나 과산화물과 쉽게 작용할 수 있는 활성을 가진 수소원자를 가지고 있어서 활성수소 원자를 공여함으로써 활성이 없는 안정된 화합물을 만들어 주는 한편, 자신은 공명(resonance) 상태의 안정화된 활성이 낮은 레디칼로 된다. 따라서 히드로퍼옥시드를 형성하여 연쇄반응을 일으킬 유효 레디칼의 수를 대폭 감소시켜 주거나 연쇄반응 속도를 지연시킴으로써 히드록퍼옥시드 생성속도를 억제시켜 준다.

소듐 아스코르빈산(sodium ascorbic acid), **아스코빌 팔미테이트**(ascorbyl palmitate), **아스코르빈산**은 백색~담황색의 분말로 건조상태에서는 비교적 안정하나 쉽게 흡습하며 산화되기 쉽다. 수용성이므로 물에 잘 녹는 대신 유기용매에는 잘 녹지 않는다(단, 아스코빌 팔미테이트는 물에 녹지 않으나 알코올 에테르에 잘 용해된다). 아스코르빈산의 독성은 쥐의 경구 투여 시 LD_{50}은 5g/*kg* 이상이므로 독성은 미약한 것으로 인정된다. 아스코르빈산은 영양 강화제로서 분말주스(0.1%), 잼(0.1%), 유제품(0.005~0.01%) 등에 첨가되기도 하며, 주로 과일 통조림, 주스, 잼, 드롭스 등에 사용하고 소듐 아스코르빈산은 햄, 소시지, 어묵 등의 내색(內色)과 신선도 유지를 위해 많이 사용한다. 아스코빌 팔미테이트는 버터, 치즈, 분유, 마가린, 햄, 소시지, 어묵 등 유지를 함유한 식품에 주로 사용한다.

BHT(dibutyl hydroxy toluence)는 백색의 결정성 분말로 맛과 냄새가 없으며, 물, 글리세롤, 프로필렌 글리콜에는 녹지 않고 유기용매나 유지에 잘 녹는다. 일반적으로 다른 산화방지제에 비하여 안정성이 커서 효력이 오랫동안 유지된다. 구연산, 아스코르빈산 등의 유기산을 상승제로서 사용하면 산화방지에 상승효과가 있다.

BHA(butyl hydroxy anisole)는 무색 내지 담황갈색을 가진 결정성 분말이며 약간의 자극성 맛이 있다. BHT와 같이 안정성이 커서 효력이행(carry through, carry over)의 효과가 있다. 몰식자산 프로필(propyl gallate)은 백색 내지 담황갈색의 결정성 분말로 약간 쓴맛이 있다. 물에 녹기 어려우나 유기용매에 잘 녹는다. 유지에 대한 용해도는 낮으나 비교적 항산화력은 강하다. 다른 항산화제와 병용하면 더욱 효과적이다. 보통 식용유지나 버터 등에 0.005% 정도 첨가하여 사용한다.

에르소르빈산(erythorbic acid)은 백색 내지 담황백색의 결정성 분말로서 냄새는 없으나 신맛이 약간 있다. 광선에 의해 불안정하여 차츰 암색으로 변하며, 물이나 알코올에는 잘 녹으나 유기용매나 유지에는 잘 녹지 않는다. 이 에르소르빈산은 화학적으로 비타민 C와 유사하나 비타민 C로서의 영양적 효과가 없으므로 산화방지의 목적 외에는 사용할 수가 없다. 그런데 산화방지력은 L-아스코르빈산 보다는 강하며 중금속 이온에 의해서 더욱 촉진된다.

토코페롤(DL-α-tocopherol)은 합성품이며 담황갈색의 유상액(油狀液)으로 물에는 녹지 않고 알코올, 유기용매, 식물유 등에 녹는다. 알칼리에는 불안정하나 산에는 안정하다. 주로 마가린, 유지, 버터 등에 사용하며 독성이 매우 낮아 사용제한이 없다.

(4) 착색료

식품의 색은 향미와 함께 식품의 상품적 가치를 유지하는 데 중요한 의미를 지니고 있다. 특히 색은 식품의 외관상에 나타나므로 수요자가 쉽게 눈으로 확인할 수 있고 여러 가지로 변화될 수 있으므로 착색으로 인한 상품적 가치를 상승시킬 수도 있으나 반대로 자칫 오용이나 과용으로 인하여 위해를 받는 경우가 허다하다.

식품영양학적인 견지에서 볼 때 **착색료**(coloring matters)는 착색의 역할과 함께 영양소를 지니고 있으면 더욱 좋은 일이겠으나 천연색소는 불안정하고 또한 색이 선명치 않아 그대로 보존시키기에는 어려운 일이나. 그러므로 인공적으로 합성한 합성착색료를 사용하게 되는데 이의 조건은 독성이 없거나 적어야 하고, 체내에 축적되어서는 안 되고, 미량으로도 착색효과가 높아야 한고, 값이 싸고 취급하기 쉬워야 하며, 물리화학적인 변화에 대하여 안정성이 높아야 한다.

현재 사용이 허가된 합성착색료는 타르(tar) 색소가 8품목, 타르 색소의 알루미늄 레이크(lake)가 7품목, 비타르계 착색료가 6품목으로 모두 21품목이다.

식용 타르 색소는 식용착색료 중에서 사용률이 제일 높다. 타르 색소는 원래 의료품의 염색이 목적이기 때문에 제조가공 과정에서 불순물이 혼입될 가능성이 높고 유독하므로 허용된 것이라 하더라도 사용에 주의를 해야 한다. 타르 색소는 수천 가지나 되지만 식품에 사용할 수 있는 것은 그리 많지 않다. 이는 타르 색소가 함유한 독성 때문에 과거에 사용되었던 것 중에서도 독성이 크거나 또는 잠재적인 독성을 나타낼 가능성이 있는 품목이 상당수 제외되었다. 즉 적색 제1호, 적색 제4호, 적색 제5호, 등색 제1호, 등색 제2호, 황색 제1호, 황색 제2호, 황색 제3호, 황색 제4호는 독성이 강하기 때문이었고, 녹색 제1호, 자색 제1호는 장기간 섭취 시 만성 독성 때문으로 밝혀졌다. 타르 색소에서 문제되는 것은 아조(azo)색소인데 이는 생체 내에서 환원되어 아조기(-N=N-)가 끊어져 유독한 아미기(-NH_2)가 된다. 이러한 방향족 아민은 일반적으로 독성이 강한 것으로 알려져 있다.

식용 타르 색소 알루미늄 레이크는 식용 타르 색소와 염기성 알루미늄염을 작용시켜 만든 불용성의 색소화합물로서 색소 함량은 10~30% 정도이다. 유기용매, 유지 등에는 녹지 않으나 물에는 약간 녹는다. 산이나 알칼리에서는 서서히 용해하는데 이와 같이 잘 용출되지 않기 때문에 일단 착색된 식품은 거의 탈색되지 않아 그 색을 오랫동안 보존할 수 있다. 이 식용 타르 색소 알루미늄 레이크는 수성 혹은 유성식품에 관계없이 단시간 내에 균일하게 착색되기 때문에 분말식품, 유지식품, 껌, 사탕 등의 착색에 많이 사용하고 있다.

비타르계 착색료는 천연품을 수용성이나 안정성을 높이기 위해서 간단히 화학처리를 한 수용성 아나토(annato water soluble), 철클로로필린나트륨(sodium iron chlorophyllin), 동클로로필린나트륨(sodium copper chlorophyllin) 등이 있고 처음부터 합성을 한 β-카로틴, 삼이산화철(iron sesquioxide, Fe_2O_3), 황산동($CuSo_4 \cdot 5H_2O$, cupric sulfate) 등이 있다.

한편 최근에 와서는 자연식품에 관한 관심도가 높아짐에 따라 **천연색소(natural colors)**의 수용가 점차 증가 추세에 있다.

(5) 발색제

발색제(color fixatives)는 식품에 첨가하였을 때 식품 중의 성분과 반응하여 색을 안정화시키거나 발현시키는 물질로서 식육제품, 어육제품, 경육제품에는 질산염 및 아질산염이 사용되고 야채나 과일제품에는 황산철이 사용된다. 그런데 근래 식품 중의 제2급 아민과 아질산염이 반응하여 발암성인 니트로소아민(nitrosoamine)을 생성하기 때문에 제2급 아민의 함량이 높은 수산품에는 질산염 및 아질산염의 사용을 억제하는 것이 바람직하다.

아질산염인 **아질산나트륨(sodium nitrite, $NaNO_2$)**은 미오글로빈(myoglobin) 또는 헤모글로빈(hemoglobin)과 결합하여 비교적 안정한 적색의 니트로소미오글로빈과 니트로소헤모글로빈을 생성하여 적색을 유지한다. 아질산염의 독성은 마우스(mou-se)에 대하여 경구적으로 LD_{50}=0.22g/㎏, 흰쥐에 대하여는 LD_{50}=0.08g/㎏인 것으로 알려졌다.

질산칼륨(KNO_3) 및 질산나트륨($NaNO_3$)은 식품 중에서 세균에 의하여 아질산염으로 환원된 다음 발색되는데 발색의 유효량은 3,000ppm 정도이다.

현재 허가되어 있는 발색제와 그 사용기준은 표 5-4와 같다.

표 5-4 발색제 및 그 사용기준

발색제	사용식품	사용량
Sodium nitrite(아질산나트륨) Sodium nitrate(질산나트륨) Potassium nitrate(질산칼슘)	식육가공품 및 경육제품 어육소시지류 및 어육햄류 명란젓 및 연어알젓	0.07g/kg 0.05g/kg 0.005g/kg
건조 ferrous sulfate(황산제일철) 결정 ferrous sulfate(황산제일철)	사용기준 없음	

(6) 표백제 및 밀가루 개량제

표백제(bleaching agents)는 색깔이 퇴색, 변색된 식품이나 또는 잘못 착색된 식품에 있어서 화학적으로 분해하여 무색 또는 백색으로 탈색하기 위해 사용된다.

표백제는 그 작용에 따라 산화표백제와 환원표백제 두 종으로 구별할 수 있는데 환원제로 표백하였을 때는 공기 중의 산소에 의해 서서히 산화되며 다시 색이 나타나는 경우가 많고 아황산이 잔류할 때가 가끔 있다. 산화표백제는 산화작용에 의해 색소를 파괴하여 표백하는 것으로 이는 환원표백제와 달리 색이 다시 복원되지 않으나 식품의 조직을 손상시킬 경우가 있으며, 특히 과산화수소에 의한 표백은 살균제로서의 역할도 있다.

표 5-5 표백제 및 사용기준

발색제	사용식품	사용량
Sodium metabisulfite	박고지	5.0g/kg
Sodium sulfite(아황산나트륨)	당밀 및 물엿	0.3g/kg
Sulfur dioxide(무수황산)	엿	0.4g/kg
Sodium hyposulfite(차아황산나트륨)	과일주스	0.15g/kg
Sodium bisulfite(산성아황산카트륨)	건조과일류	2.0/kg
Hydrogen peroxide(과산화수소)	최종식품 완성 전에 분해 제거	

밀가루 개량제(flour improving agents, maturing agents, dough conditioners)는 밀가루의 표백과 숙성을 위해 사용된다. 제분한 직후의 밀가루는 카로티노이드계 색소, 각종 효소 등이 함유되어 있어서 제2차적인 가공을 할 때에 색, 향미가 적당하지 못하다. 따라서 2~3개월간 공기 중 산소에 의한 표백과 숙성을 기다려야 되나 이러한 표백과 숙성기간을 단축하기 위해 개량제를 사용한다. 개량제를 과량 사용하면 비타민류의 파괴와 함께 숙성이 너무 빨리 진행되어 오히려 밀가루의 글루텐의 질적인 저하에 따른 노화현상을 초래하여 색깔과 품질이 저하된다.

현재 사용하고 있는 밀가루 개량제와 그 사용기준은 표 5-6과 같다.

표 5-6 밀가루 개량제 및 그 사용기준

발색제	사용식품	사용량
Benzoyl peroxide diluted(과산화벤조일(희석)	소맥분	0.3g/kg 이하
Ammonium persulfate(과황산암모늄)	소맥분	0.3g/kg 이하
Potassium bromate(브롬산칼륨)		

(7) 조미료

조미료(seasonings)는 식품을 조리 또는 가공할 때에 음식의 맛을 한층 돋우거나 각 개인의 미각 취향을 위해 첨가하는 물질로 감미료, 염미료, 산미료, 신미료 등으로 분류할 수 있으나 보통 감미료, 산미료 등 음식물의 맛난 맛을 증가시키려는 목적으로 사용되고 있다. 허용 조미료는 표 5-7과 같다.

표 5-7 허용 조미료

분류	조미료명	성상
핵산계	5‘-sodium inosinic acid	무색~백색의 결정 또는 백색의 결정성 분말
	5‘-Sodium guanilic acid	
	5‘-potassium ribonucleotide 5’-calcium ribonuchleotide	백색~유백색의 결정 또는 분말
아미노산계	L-sodium glutamate	무색~백색의 결정 또는 백색의 결정성 분말
	DL-alanine	
	Glycine	백색의 결정 또는 결정성 분말

(8) 산미료

산미료(acidulants)는 어떤 식품 중 신맛을 부여하여 미각에 청량감을 자극시켜 식욕을 증진시키거나 기타 여러 가지 목적과 기능에 의해 사용되는 물질을 말한다. 즉, 좋지 않은 맛을 제거하기 위해, 식품제조 과정 또는 최종제품 pH를 조절하기 위해, 부패세균의 발육억제, 상승제 역할 등을 위해 사용될 수 있다. 현재 허용된 산미료 종류로는 citric acid(구연산) 결정 또는 무수, glacial acetic acid(빙초산), D-sodium tartrate, sodium citrate, DL-sodium malic acid, succinic acid, malic acid, lactic acid, tartaric acid, acetic acid, fumaric acid, glucose-δ-lactone, carbone dioxide 등이 있다.

(9) 감미료

합성감미료(nonnutritive sweetener)는 당질성분 이외의 물질로서 인공적으로 제조된 단맛 물질을 총칭하며 이는 영양가치가 전혀 없으나 설탕 대용으로 많이 사용되어지고 있다. 대체로 합성감미료는 천연품에 비하여 감미도가 높기 때문에 미량을 사용하더라도 감미의 효과를 기대할 수 있으나 설탕과 같은 보습성이 결여되어 있다. 허용 감미료와 사용기준은 표 5-8와 같다.

표 5-8 감미료 및 그 사용기준

감미료	허용 기준	사용 기준
saccharine sodium	절임류 : 1.0g/kg 이하 음료류 : 0.28g/kg 이하 뻥튀기 : 0.58g/kg 이하	식빵, 이유식, 백설탕, 포도당, 물엿, 벌꿀 및 알사탕류 등에 사용금지
D-sorbitol		된장 및 간장이외의 식품에는 사용해서는 안 된다
Disodium glyrrhizinate Trisodium glyrrhizinate	된장 및 간장 이외의 식품에는 사용금지	된장 및 간장이외의 식품에는 사용해서는 안 된다

(10) 착향료

착향료(flavoring agents)는 향료라고도 흔히 말하는데 향을 강화할 목적이나 본래 향을 바꾸거나 없앨 목적으로 사용된다. 향료는 천연향료와 합성향료로 대별할 수 있고 천연향료는 식물성과 동물성으로 다시 세분할 수 있다. 착향료는 **수용성향료**(essence), **유성향료**(oil), **유화향료**(cloudy), **분말향료** 네 가지 형태로 만들어져 시판되고 있다.

수용성향료는 유상(油狀)의 방향 성분을 알코올, 글리세롤 등의 용액에 녹여 만들어 수용성화한 것이고, 유성향료는 천연의 정유(精油, essential oil) 또는 합성 향료를 서로 혼합하여 만든 것으로 지용성 향료이다. 유화향료는 유화제를 사용하여 물에 분산시켜 만든 향료로 사용목적에 따라 다양하게 제조할 수 있다. 분말향료는 향료가 부형제로 피복되어 미세한 분말상태를 이루고 있는데 이는 향료를 포도당이나 유당과 같은 수용성의 물질을 함께 물에 용해시킨 다음 분무 건조시키면 쉽게 얻어질 수 있다.

착향료의 화학적 합성품은 약 3,000품목이나 되나 이중 자주 사용하는 8품목만을 지정하여 성분 규격을 정하였고 기타 18유목(類目)은 유별(類別)로 명칭하여 규격을 표시하고 있는데 이들은 다같이 착색 목적 외에는 사용이 금지되어 있다. 그러나 초산에틸만은 초산비닐 수지의 용제로 사용할 수 있다. 식품에 사용할 수 있는 개별 또는 유별 지정품목은 다음과 같다.

① 개별 지정품목

- 계피 알데히드(cinnamic aldehyde)
- DL-멘톨(DL-menthol)
- L-멘톨(L-menthol)
- 바닐린(vanillin)
- 벤즈알데히드(benzaldehyde)
- 벤질알코올(benzyl alcohol)
- 시트랄(citral)
- 초산에틸(ethyl acetate)

② 유별 지정품목

- 고급 케톤류(higher ketones)
- 락톤류(lactones)
- 방향족 알데히드류(aromatic aldehydes)
- 방향족 알코올류(aromatic alcohols)
- 에스테르류(esters)
- 에테르류(ethers)
- 이소티오시아네이트류(isothiocyanantes)
- 인돌 및 고급 알데히드류(indole and it's derivatives)
- 지방산류(fatty acids)
- 지방족 고급 알데히드류(aliphatic higher aldehydes)
- 지방족 고급 알코올류(aliphatic higher alcohols)
- 지방족 고급 탄화수소류(aliphatic hydrocarbons)

- 티오알코올류(thioalcohols)
- 티오에테르류(thioethers)
- 페놀류(phenols)
- 페놀에테르류(phenol ethers)
- 푸르푸랄 및 그 유도체(furfural and it's derviatives)

(11) 팽창제

팽창제(leavening agents, blowing agents, baking powders)는 빵류나 과자류 등을 만들 때 잘 부풀게 할 목적으로 첨가하는 물질로 천연품은 효모가 대표적이다.

합성팽창제는 원료의 성분이나 형태에 따라서 암모니아계 합성팽창제, 일제식(一齊式, single action) 합성팽창제 및 이제식(二劑式, double action) 합성팽창제로 분류할 수 있다. 암모니아계 합성팽창제는 암모늄 염류를 주성분으로 하여 여기에다 중탄산소다(sodium bicarbonate, $NaHCO_3$), 탄산마그네슘과 주석산, 소명반, 전분 등을 적당한 비율로 배합하여 만든 팽창제로 열분해가 끝난 후 암모니아 냄새가 약간 남아 있는 것이 결점이다. 따라서 수증기나 열을 가하여 암모니아 냄새를 제거해야만 한다. 일제식 합성팽창제는 알칼리성인 탄산염류에 혼합한 산성 물질을 이용하는데 여기에 분산제로 전분을 혼합하고 일제로 한 것으로 물에 녹이면 CO_2를 잘 발생시킨다. 이제식 합성팽창제는 탄산염류에 전분 등의 분산제를 혼합하여 놓고 다른 한편으로는 산성물질(예 : D 및 DL-주석산 수소칼륨, 제1인산 칼슘, 명반, 소명반, 피로인산소다 등)을 정하여 원료 밀가루에 혼합하는 것으로 일제식 합성팽창제보다 보존기간만 길 뿐 효과는 유사하다. 허용된 합성 팽창제는 표 5-9와 같다.

표 5-9 합성팽창제

합성팽창제	작용
명반(alum), 소명반(bumt alum)	산제
암모늄명반(ammonium alum), 소암모늄명반(bumt ammonium alum)	산제, NH_3
염화암모늄(ammonium chloride)	NH_3
D-주석산수소칼륨(potassium D-bitartrate) DL-주석산수소칼륨(potassium DL-bitartrate)	산제
탄산수소나트륨(sodium bicarbonate)	CO_2
탄산수소암모늄(ammonium carbonate)	NH_3 ,CO_2
탄산암모늄(ammonium carbonate)	NH_3 ,CO_2

(12) 영양 강화제

강화제(dietary supplements, fortitying agenrs)는 영양성분을 보충할 목적으로 식품에 첨가되는 비타민류, 아미노산류, 무기질들을 말한다. 강화제 중에는 산화방지제, 발색제, 두부응고제, 합성팽창제 원료 등 타목적으로 사용되는 것도 있다. 식품용으로 지정되어 있는 강화제는

① **비타민류**로는 비타민 A유(vitamin A in oil), 분말 비타민 A(dry formsed vitamin A), 유성 비타민A 지방산 에스테르(vitamin A fatty acid ester in oil), 비타민 B_1 나프탈렌-1,5-디설폰산염(thiamine naph thalene-1, 5-di-sulfornate), 비타민 B_1 나프탈렌-2,6-디설폰산염(thiamine naphthalene-2,6-disulfornate), 비타민 B_1 라우릴황산염(thiamine dilauryl sulfate), 비타민 B_1 로단산염(thiamine thiocyanate), 비타민 B_1 염산염(thiami -ne hydrochloride), 비타민 B_1 질산염(thiamine mononitrate), 비타민 B_1 프탈린염(thiamine phenolophthalinate), 디벤졸티아민(dibenzoyl thia-mine), 디벤졸티아민염산염(dibenzoyl thiamine hydrochloride), 비타민 B_2(ribofla-vine), 비타민 B_2 인산에스테르나트륨(riboflavine phosph -ate sodium), 비타민 B_6(pyridoxine hydrochloride), 엽산(folic acid),

니코틴산(nicotinic acid), 니코틴산아미드(nicotin amide), 이노시톨(inositol), 비타민 B_{12}(cyanocobala-mine), 판토텐산나트륨(sodium pantothenate), L-아스코르빈산나트륨(sodium L-ascorbate), 비타민 D_2 (calciferol), 비타민 D_3(cholecalciferol), 비타민 E(DL-α-tocopherol) 비타민 C(L-ascorbic acid), 수용성 비타민 P(methyl hesperidin)

② **아미노산류**로는 L-리신염산염(L-lysine monohydrochloride), L-발린(L-valine), DL-메티오닌(DL-methionine), L-메티오닌(L-methionine), DL-트레오닌(DL-threonine), L-트레오닌(L-threonine), L-이소로이신(L-iso-leucine), DL-트립토판(DL-tryptophan), L-트립토판(L-tryptophan), L-페닐알라인(L-phenylalanine), L-히스티딘염산염(L-histidine monohydrochloride)

③ **철제(鐵製)**로는 구연산철(ferric citrate), 구연산철암모늄(ferric ammonium citrate), 젖산철(ferrous lactate), 황산 제1철(건조, ferrous sulfate exsiccated), 황산 제1철(결정, ferrous sulfate)

④ **칼슘제**로는 구연산칼슘(calcium citrate), 글루콘산칼슘(calcium gluconate), 수산화칼슘(calcium hydroxide), 염화칼슘(calcium chloride), 젖산칼슘(calcium lactate), 제1인산칼슘(calcium phosphate monobasic), 제2인산칼슘(calcium phosphate dibasic), 제3인산칼슘(calcium phosphate tribasic), 탄산칼슘(calcium carbonate), 판토텐산칼슘(calcium pantothenate) 등이다.

(13) 유화제

유화제(emulsifiers)는 물과 기름을 잘 혼화시키거나 어떤 용액을 다른 액체에 잘 분산시키는 기능을 가진 물질로서 계면활성제(surface active agents)라고도 한다. 유화제는 분자 내에 친수성기(hydrophilic group)와 친유성기(lipophilic group)를 함께 가지고 있으므로 이들 기의 균형 범위에 따라서 친수성 혹은 친유성 유화제로 구분하여 편의상 HLB(hydrophilic-lipophilic balace) 값으로 나타낸다. 유화제는 HLB값이 클수록 친수성이 증대된다. 따라서 가장 좋은 유화상태를 얻기 위해서는 HLB값이 가장 적당한 것을 선택하여 사용할 필요가 있다. 현재 식품에 사용할 수 있는 유화제의 지정품으로는

① 글리세린 지방에스테르(glycerine fatty ester)
② 소르비탄 지방산에스테르(sorbitan fatty acid ester)
③ 자당 지방산에스테르(sucrose fatty acid ester)
④ 프로필렌글리콜 지방산에스테르(propylene glycol fatty acid ester)
⑤ 대두인지질(대두 레시틴, soybean phospholipids, soybean lecithine)
⑥ 폴리소르베이트 20(polysorbate 20) 등이 있다.

(14) 호료

호료(thickening agents)는 일명 점착제로 식품의 점착성을 증가시켜 교질상의 미각을 증진시키는 데 효과가 있다. 이에 속하는 물질들은 주로 천연물질과 이의 유도체들로 식품제조에 허용이 지정된 아홉 종의 품목은 표 5-10과 같다.

천연물 중 호료의 성질을 나타내는 것들로 전분, 밀가루의 글루텐, 찹쌀의 아밀로 펙틴, 과일의 펙틴, 해조류의 알긴산 및 한천, 어류단백인 젤라틴 등을 들 수 있다.

지정호료 품목 중 천연물은 카세인이고, 순합성품은 폴리아크릴산나트륨 뿐이며, 그 외는 천연 동식물을 원료로 하여 제조된 것이다.

표 5-10 지정호료 및 사용기준

첨 가 물 명	사용기준
알긴산나트륨(sodium alginate)	사용기준 없음
카제인(casein)	
카제인나트륨(sodium caseinate)	
폴리아크릴산나트륨(sodium polyacrylate)	0.2% 이하
알긴산프로필렌글리콜(propylene glycol alginate)	1% 이하
메틸셀룰로오스(methyl cellulose)	사용기준 없음
카르복시 메틸셀룰로오스나트륨(sodium carboxyl methyl cellulose)	2% 이내
카르복시 메틸셀룰로오스칼슘(calcium carboxyl methyl cellulose)	2% 이하
카르복시 메틸스타치나트륨(sodium carboxyl methyl starch)	병용할 때에는 그 합계가 2%이하

(15) 품질개량제

품질 개량제(texturizers, texture modifying agents)는 기호에 알맞은 맛의 조화와 풍미를 증가시키기 위해서 첨가하는 물질로 결착제(結着劑)라고도 한다. 주로 햄, 소시지 등의 식육연제품류에 사용한다. 품질 개량제에 사용되는 것은 다음과 같은 것들이 있는데 여러 품목을 혼합하여 사용하여 상승효과를 높이고 있다.

① 축합(또는 중합) 인산염

- 피로인산염 : 피로인산나트륨(결정, sodium pyrophosphate), 피로인산나트륨(무수, sodium pyrophosphate anhydrous), 피로인산칼륨(potassium pyrophosphate)
- 폴리인산염 : 폴리인산나트륨(sodium polyphosphate), 폴리인산칼륨(po-tassium polyphosphate)
- 메타인산염 : 메타인산나트륨(sodium metaphosphate), 메타인산칼륨(po-tassium metaphosphate)

② 인산염

- 제1인산나트륨(결정, sodium phosphate monobasic)
- 제1인산나트륨(무수, sodium phosphate monobasic anhydrous)
- 제2인산나트륨(결정, sodium phosphate dibasic)
- 제2인산나트륨(무수, sodium phosphate dibasic anhydrous)
- 제3인산칼륨(potassium phosphate tribasic)

(16) 피막세, 껌 기초제, 방충제, 소포제, 용제, 추출제, 이형제

피막제(coating agents)는 주로 과실이나 야채의 신선도를 오랫동안 유지하기 위해 사용하는 것이다. 표면에 피막을 만들어 호흡작용을 적당히 제한하고 수분 증발을 막아 표피의 위축을 방지할 목적으로 사용되는 물질로서 morpholine지방산염, 초산비닐수지, 쉘락 세 종이 허용되고 있다.

껌 기초제(chewing gum bases)로는 적당한 점탄성을 유지하기 위하여 화학적 합성품인 합성수지가 많이 사용되고 있다. 추잉껌에는 기초제 외에 가소제, 감미제, 착향료 등이 첨가된다. 현재 지정된 껌 기초제로는 에스테르 껌(ester gum), 폴리부텐(poly butene), 폴리이소부틸렌(poly isobutylene), 폴리비닐아세테이트(poly-vinyl acetate, 과채류의 피막제로도 사용)가 있다.

방충 및 살충제(insect repellant)는 곡류 저장 시 각종 해충의 피해를 방지할 목적으로 사용하는 약제로 피레로닐 부톡시드(piperonyl butoxide)와 에틸렌옥사이드(ethyleneoxide)만이 허용되어 있다. 사용 최대한도는 곡류는 1㎏당 24㎎ 이하로 되어 있다.

소포제(antiforming agents)는 식품의 가공 제조공정에서 생기는 거품을 억제 혹은 소멸시키는 물질로서 실리콘 수지(silicon resin)만이 허용되어 있다. 사용기준은 식품 1㎏당 50㎎ 이하이다.

용제(溶劑, solvents)는 식품첨가물을 식품에 첨가할 때 균일하게 혼합시킬 목적으로 사용한다. 용제는 식품첨가물을 용해시키는 물질로 물과 잘 혼합되거나 풍미에 영향을 주지 않는 것이라야 한다. 현재 허용되고 있는 용제는 글리세린(glycerine)과 프로필렌 글리콜(propylene glycol)이 있다.

추출제(extracting agents)는 천연식물에서 그 성분을 용출하기 위해 사용하는 물질로서, 노르말헥산(n-hexane)만이 허용되고 있다. 이는 식용유지 추출 시 사용하는데 이외의 목적에는 사용하여서는 안 되고 제품이 완성되기 전에 추출제는 다시 전부 제거해야 한다.

이형제(離型劑, release agents)는 제빵과정 중 반죽할 때나 구울 때에 달라붙지 않고 모양을 그대로 유지하기 위하여 사용되며, 유동 파라핀만이 허용되고 있다.

사용기준은 최대 잔존량이 0.1% 이하이다.

(17) 식품제조용제 및 기타

이상에서 열거한 첨가물 이외에 식품의 제조 가공공정이나 기타 널리 사용되는 첨가물들에는 사용 기준이 없이 이용되고 있는 것들도 있다.

표 5-11 첨가물 중 사용기준이 없는 것

용도	첨가물명
두부 응고	염화마그네슘(magnesium chloride)
pH 조정제	인산(phosphoric acid)
완충제	초산나트륨(결정, sodium acetate)
분말 식초	초산나트륨(무수, sodium acetate anhydrous)
결착제	탄산나트륨(결정, sodium carbonate) 탄산나트륨(무수, sodium carbonate anhydrous) 제3인산나트륨(결정, sodium phosphate tribasic) 제3인산나트륨(무수, sodium phosphate tribasic anhydrous) 탄산칼륨(무수, potassium carbonate anhydrous)
질소원	제1인산암모늄(ammonium phosphate monobasic) 제2인산암모늄(ammonium phosphate dibasic) 황산암모늄(ammonium sulfate)
인(燐)원	제1인산칼륨(potassium phosphate monobasic) 제2인산칼륨(potassium phosphate dibasic)
식용색소, 희석제	황산나트륨(sodium sulfate)

Mg원	황산마그네슘(magnesium sulfate)
탈취제, 탈색, 흡착제	활성탄(active carbon)
소금 대용, gel화제	염화칼륨(potassium chloride)

7. 식품재료의 새로운 자원

세계 인구의 반 이상이 다소 정도의 차이는 있으나 대체로 단백질 섭취 부족 상태에 있다. 따라서 양질의 단백질 자원이 가급적 빨리 개발되지 않는 한, 단백질의 자원문제가 심각한 문제로 남게 될 것이다. 그러므로 오래전부터 고단백질 자원을 개발하는 노력이 꾸준히 이루어져 왔다. 현재까지 연구되어 온 고단백질 자원으로서는 미생물 단백질(microbial protein 또는 single cell protein : SCP), 어분 단백질 농축물(fish protein concentrate : FPC), 녹엽 단백질 농축물(leaf protein concentrate : LPC) 등이 있다. 이러한 새로운 식품재료인 단백질들은 그 품질이 우수하고 가격이 매우 저렴하므로 앞으로 새로운 단백질 자원으로서 각광을 받을 것으로 생각된다.

1) 미생물 단백질

미생물 단백질, 즉 단일세포 단백질은 미생물의 종류에 따라 효모 단백질(yeast protein), 곰팡이 단백질(fungi protein), 세균 단백질(bacterial protein), 조류 단백질(algal protein) 등으로 분류할 수 있다.

(1) 효모 단백질

토룰라(torula) 효모들인 Torulopsis utilis, Cryptococcus utilis, Geotrichum candidum 들이 식용효모들로 그 사용에 대하여 연구되어 왔다. 토룰라 효모들은 당밀(molasses), 유장(milk whey), 목재 가수분해물, 감자에서 전분을 추출하여 남은 찌꺼기들 등에서 배양하여 얻어진 효모 단백질이다. 이 효모 단백질의 단백질 함량이나 비타민 함량은 전유(while milk)로 만든 분유(dry milk)보다 오히려 많으며, 그 단백질의 품질도 육류 단백질만큼 우수하다. 다만 메티오닌의 함량이 적은 것이 결점이며, 현재로서는 널리 사용하고 있지 않는 실정이다.

(2) 곰팡이 단백질

Norcardia, Candida 등에 속하는 곰팡이들은 여러 폐기물이나 찌꺼기 등을 발효시켜 체내 단백질을 형성하는데, 이렇게 해서 증식시킨 곰팡이는 30~60%에 달하는 단백질과 여러 종류의 비타민을 함유하고 있다. 메티오닌과 트립토판의 함량이 적은 것이 결점이지만, 필수아미노산들의 함량은 풍부하다고 보고되고 있다.

(3) 세균 단백질

세균들도 고단백질 자원으로 이용되고 있는데, 곰팡이, 효모, 해조들과는 달리 세균 단백질은 그 단백질 함량이 균종이나 배양 조건에 따라 크게 다르며 대략 47~87% 정도가 된다.

세균 단백질은 효모 또는 곰팡이 단백질에 부족한 메티오닌, 트립토판 시스테인 등의 함량이 비교적 풍부한 것이 장점이다.

(4) 해조 단백질

해조 단백질 중에서 식품 단백질 자원으로 가장 널리 연구된 것은 클로렐라(chlorella)가 있다. 건조된 클로렐라의 성분은 단백질 56%, 조지방질 7.5%, 탄수화물 18%, 회분 8%, 수분 7%, 조섬유 3.1%이다. 단백질은 이소로이신, 메티오닌, 시스테인 등이 부족하지만 리신 함량은 많다. 이 클로렐라는 질소를 외부에서 공급해 주어야 하며, 탄소는 대기 중의 CO_2 가스를 이용할 수 있다. 그러나 클로렐라는 향미가 좋지 못하고 소화율도 떨어지기 때문에 단백질 식품의 자원으로서 바람직하지 못하였으나, 최근 이를 개선하여 국내에서 시판되고 있다.

2) 어류 단백질 농축물

어류 단백질 농축물은 사람의 식량, 또는 가축의 사료로서 단백질의 한 자원으로 개발되어 왔다. 이 농축물은 어류를 찐 다음 마쇄(磨碎)하여 다시 압착해서 수분과 일부 지방질을 제거하여 이소프로필 알코올, 아세톤 등으로 단백질을 추출한 다음 추출 용매를 증발, 제거하여 만든다.

3) 녹엽 단백질 농축물

녹엽 단백질은 식물의 녹엽을 마쇄하여 펄프(pulp)상으로 만든 다음, 그 속의 단백질을 추출하여 추출액을 80℃로 급격히 가열하여 응고시켜서 치즈상의 응고물을 만든다. 이 응고물은 약 60%의 수분을 함유하고 있으므로 건조시킨 후 분쇄하여 분말로 만들어 사용한다. 이 녹엽 단백질의 농축물은 60~70%의 단백질과 20~30%의 고도의 불포화지방을 함유하고 있다. 또한 그 품질도 매우 우수하다고 보고되고 있다.

4) 석유 단백질

석유 단백질은 효모, 세균 등과 같은 미생물에 의하여 얻어지는 단백질이므로 미생물 단백질이라 할 수 있으나, 그 배양액이 순수한 n-파라핀 또는 중유 등과 같은 석유화합물들을 배양액으로 사용하기 때문에 석유 단백질이라 한다. 석유 단백질은 단백질 함량이 많고 리신, 트레오닌 등 중요한 아미노산 함량이 많아 그 필수아미노산 조성은 동물성 단백질들과 비등하며, 또 비타민 B류의 함량도 많아 양질의 단백질 부족을 보충하는 데 효과적인 단백질 자원의 하나가 된다.

아미노산의 합성과정에서 탄화수소의 미생물에 의한 분해과정 및 이용과정은 미생물들이 탄화수소의 분자상 산소에 의한 산화분해 과정을 도우며, 이 산화분해 과정에서 형성된 지방산들을 미생물들이 이용하는 것으로 생각되고 있다.

탄화수소의 말단에 있는 메틸기가 먼저 산화되어 일급 알코올이 형성된 후 이 알코올이 계속 산화되어 지방산이 형성되고, 형성된 지방산은 β-산화 과정에 의해서 계속 산화되어 초산의 형태로 미생물에 이용되어 미생물은 이들 지방산을 여러 화합물들의 형성과정을 통해서 아미노산의 합성과정에 이용된다고 한다.

찾아보기

ㅈ

ㅎ